应用型本科院校"十三五"规划教材/数学

主　编　孔繁亮
副主编　王礼萍　高恒嵩　王剑飞
参　编　王　颖

线性代数

（第2版）

Linear Algebra

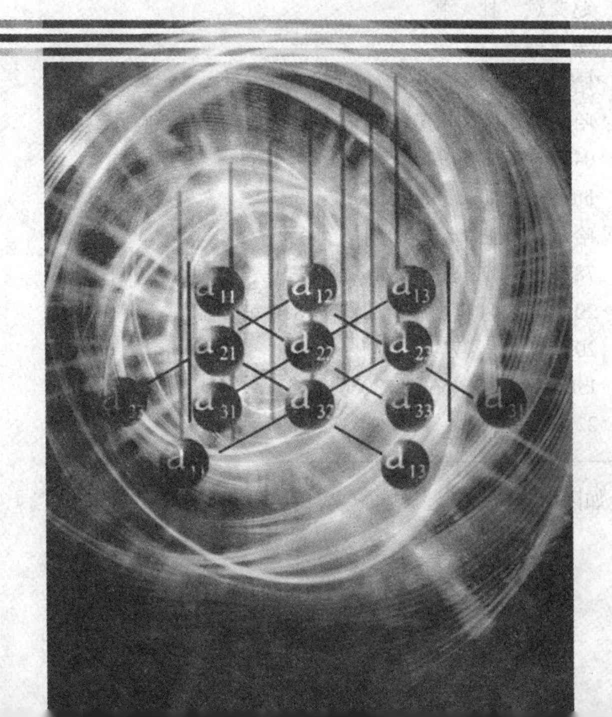

哈爾濱工業大學出版社

内 容 简 介

本书是高等院校应用型本科教材，根据编者多年的教学实践，按照新形势教材改革精神，并结合教育部高等院校课程教学指导委员会提出的“线性代数课程教学基本要求”及应用性、职业型、开放式的应用型本科院校培养目标编写而成。内容包括行列式、矩阵、n 维向量和线性方程组、相似矩阵及二次型、应用选讲、上机计算(III)。本书附有习题答案与提示，配备了学习指导书，并对全书的习题做了详细解答，同时也配备了多媒体教学课件，方便教学。本书结构严谨、逻辑清晰、叙述详细、通俗易懂，突出了应用性。

本书可供应用型本科院校各专业学生及工程类、经济管理类院校学生使用，也可供工程技术、科技人员参考使用。

图书在版编目(CIP)数据

线性代数/孔繁亮主编. —2 版. —哈尔滨：哈尔滨工业大学出版社，2011.8(2017.8 重印)
应用型本科院校“十三五”规划教材
ISBN 978-7-5603-3066-2

Ⅰ.①线… Ⅱ.①孔… Ⅲ.①线性代数-高等学校-教材 Ⅳ.①0151.2

中国版本图书馆 CIP 数据核字(2011)第 151241 号

策划编辑 赵文斌 杜 燕
责任编辑 王勇钢
出版发行 哈尔滨工业大学出版社
社 址 哈尔滨市南岗区复华四道街 10 号 邮编 150006
传 真 0451-86414749
网 址 http://hitpress.hit.edu.cn
印 刷 哈尔滨市工大节能印刷厂
开 本 787mm×1092mm 1/16 印张 10.5 字数 229 千字
版 次 2010 年 8 月第 1 版 2011 年 8 月第 2 版
2017 年 8 月第 7 次印刷
书 号 ISBN 978-7-5603-3066-2
定 价 22.00 元

序

哈尔滨工业大学出版社策划的《应用型本科院校“十三五”规划教材》即将付梓,诚可贺也。

该系列教材卷帙浩繁,凡百余种,涉及众多学科门类,定位准确,内容新颖,体系完整,实用性强,突出实践能力培养。不仅便于教师教学和学生学习,而且满足就业市场对应用型人才的迫切需求。

应用型本科院校的人才培养目标是面对现代社会生产、建设、管理、服务等一线岗位,培养能直接从事实际工作、解决具体问题、维持工作有效运行的高等应用型人才。应用型本科与研究型本科和高职高专院校在人才培养上有着明显的区别,其培养的人才特征是:①就业导向与社会需求高度吻合;②扎实的理论基础和过硬的实践能力紧密结合;③具备良好的人文素质和科学技术素质;④富于面对职业应用的创新精神。因此,应用型本科院校只有着力培养“进入角色快、业务水平高、动手能力强、综合素质好”的人才,才能在激烈的就业市场竞争中站稳脚跟。

目前国内应用型本科院校所采用的教材往往只是对理论性较强的本科院校教材的简单删减,针对性、应用性不够突出,因材施教的目的难以达到。因此亟须既有一定的理论深度又注重实践能力培养的系列教材,以满足应用型本科院校教学目标、培养方向和办学特色的需要。

哈尔滨工业大学出版社出版的《应用型本科院校“十三五”规划教材》,在选题设计思路上认真贯彻教育部关于培养适应地方、区域经济和社会发展需要的“本科应用型高级专门人才”精神,根据前黑龙江省委书记吉炳轩同志提出的关于加强应用型本科院校建设的意见,在应用型本科试点院校成功经验总结的基础上,特邀请黑龙江省9所知名的应用型本科院校的专家、学者联合编写。

本系列教材突出与办学定位、教学目标的一致性和适应性,既严格遵照学科体系的知识构成和教材编写的一般规律,又针对应用型本科人才培养目标及与之相适应的教学特点，精心设计写作体例，科学安排知识内容，围绕应用讲授理论，做到“基础知识够用、实践技能实用、专业理论管用”。同时注意适当融入新理论、新技术、新工艺、新成果，并且制作了与本书配套的PPT多媒体教学课件，形成立体化教材，供教师参考使用。

《应用型本科院校“十三五”规划教材》的编辑出版，是适应“科教兴国”战略对复合型、应用型人才的需求，是推动相对滞后的应用型本科院校教材建设的一种有益尝试，在应用型创新人才培养方面是一件具有开创意义的工作，为应用型人才的培养提供了及时、可靠、坚实的保证。

希望本系列教材在使用过程中，通过编者、作者和读者的共同努力，厚积薄发、推陈出新、细上加细、精益求精，不断丰富、不断完善、不断创新，力争成为同类教材中的精品。

第 2 版前言

为了贯彻全国高等院校教育工作会议精神和落实教育部关于抓好教材建设的指示；为了更好地适应培养高等技术应用型人才的需要，促进和加强应用型本科院校“线性代数”的教学改革和教材建设，由黑龙江东方学院、哈尔滨理工大学、哈尔滨剑桥学院、哈尔滨师范大学、哈尔滨学院等院校的部分教师参与编写了本教材。

在编写中，我们依据教育部课程教学委员会提出的“线性代数课程教学基本要求”，结合应用性、职业型、开放式的应用型本科院校的培养目标，努力体现以应用为目的、以掌握概念、强化应用为教学重点、以必需够用为度的原则，并根据我们的教改与科研实践，在内容上进行了适当地取舍。在保证科学性的基础上，注意处理基础与应用、经典与现代、理论与实践、手算与电算的关系。注意讲清概念，建立数学模型，适当削弱数理论证，注重两算（笔算与上机计算）能力以及分析问题、解决问题能力的培养，重视理论联系实际，叙述通俗易懂，既便于教师教，又便于学生学。

本书 40 学时可讲完主要部分，加 * 号的部分可根据专业需要选用（另加学时），或供学生自学。本书除可作为高等工科院校工程类、经济类、管理类等专业的线性代数教材使用外，也可供成人教育学院等其他院校作为教材，还可作为工程技术人员、企业管理人员的参考书。

我们邀请了以刘伯夫教授为首的哈尔滨剑桥学院的部分数学教师参加，东方学院的任课教师与哈尔滨剑桥学院的任课教师共同讨论、切磋，担出了许多宝贵的意见和建议，孙英华教授审阅了全部书稿，也提出了很多建议，在此一并表示谢意。

本书由孔繁亮教授担任主编，王礼萍、高恒嵩、王剑飞担任副主编，王颖担任参编。

高等应用型本科院校的蓬勃发展，为我国高等教育的发展增添了新的活力。如何搞好这个层次的教材建设，是教学改革的一个当务之急。我们编写的这套教材，就是其中的一个探索。

由于我们的水平有限，书中难免有疏漏之处，敬请广大师生、社会各界读者不吝指正。

编　者

2011 年 7 月

目　　录

第 1 章 行 列 式

1.1 行列式的定义、性质及计算

无论在数学本身,还是在其他科学领域中,行列式都有着广泛的应用.它是一种基本的数学工具,本章将给出 n 阶行列式的概念、性质、计算方法及在解线性方程组方面的某些应用.

1.1.1 行列式的概念

在中学代数里,对于2元线性方程组

$$\begin{cases} a_{11}x_1 + a_{12}x_2 = b_1 \\ a_{21}x_1 + a_{22}x_2 = b_2 \end{cases}$$

当 $a_{11}a_{22} - a_{12}a_{21} \neq 0$ 时,有唯一解,且其解为

$$x_1 = \frac{b_1a_{22} - a_{12}b_2}{a_{11}a_{22} - a_{12}a_{21}}, x_2 = \frac{a_{11}b_2 - b_1a_{21}}{a_{11}a_{22} - a_{12}a_{21}}$$

若采用下面记号

$$\begin{vmatrix} a_{11} & a_{12} \\ a_{21} & a_{22} \end{vmatrix} = a_{11}a_{22} - a_{12}a_{21}$$

则上述方程组的解可写为

$$x_1 = \frac{\begin{vmatrix} b_1 & a_{12} \\ b_2 & a_{22} \end{vmatrix}}{\begin{vmatrix} a_{11} & a_{12} \\ a_{21} & a_{22} \end{vmatrix}}, x_2 = \frac{\begin{vmatrix} a_{11} & b_1 \\ a_{21} & b_2 \end{vmatrix}}{\begin{vmatrix} a_{11} & a_{12} \\ a_{21} & a_{22} \end{vmatrix}}$$

称 $\begin{vmatrix} a_{11} & a_{12} \\ a_{21} & a_{22} \end{vmatrix} = a_{11}a_{22} - a_{12}a_{21}$ 为二阶行列式.

定义 1.1 由 2^2 个数排成2行2列得到如下算式

$$\begin{vmatrix} a_{11} & a_{12} \\ a_{21} & a_{22} \end{vmatrix} = a_{11}a_{22} - a_{12}a_{21} \tag{1.1}$$

式(1.1) 称为二阶行列式. 记为 D.

数 $a_{ij}(i,j=1,2)$ 称为二阶行列式的元素. 元素 a_{ij} 的第一个下标 i 称为行标，表明该元素位于第 i 行;第二个下标 j 称为列标，表明该元素位于第 j 列. a_{ij} 表示行列式第 i 行第 j 列相交处的元素.

$a_{11}a_{22}-a_{12}a_{21}$ 可以看做是两项的和, $a_{11}a_{22}+(-a_{12}a_{21})$ 称为行列式的展开式. 第一项 $a_{11}a_{22}$ 可以看做是二阶行列式的第 1 行第 1 列的元素 a_{11} 与划去该元素所在的第 1 行和第 1 列后余下的元素之积，符号为 $(-1)^{1+1}$；第二项 $-a_{12}a_{21}$ 可以看做是第 1 行第 2 列的元素 a_{12} 与划去该元素所在的第 1 行和第 2 列后余下的元素之积，符号为 $(-1)^{1+2}$. 二阶行列式展开式有 2！项,即

$$\begin{vmatrix} a_{11} & a_{12} \\ a_{21} & a_{22} \end{vmatrix} = a_{11}(-1)^{1+1}a_{22} + a_{12}(-1)^{1+2}a_{21}$$

利用二阶行列式的这种特征，可定义三阶行列式.

定义 1.2　由 3^2 个数排成 3 行 3 列得到如下算式

$$D = \begin{vmatrix} a_{11} & a_{12} & a_{13} \\ a_{21} & a_{22} & a_{23} \\ a_{31} & a_{32} & a_{33} \end{vmatrix} =$$

$$a_{11}(-1)^{1+1}\begin{vmatrix} a_{22} & a_{23} \\ a_{32} & a_{33} \end{vmatrix} + a_{12}(-1)^{1+2}\begin{vmatrix} a_{21} & a_{23} \\ a_{31} & a_{33} \end{vmatrix} + a_{13}(-1)^{1+3}\begin{vmatrix} a_{21} & a_{22} \\ a_{31} & a_{32} \end{vmatrix} =$$

$$a_{11}a_{22}a_{33} + a_{12}a_{23}a_{31} + a_{13}a_{21}a_{32} - a_{13}a_{22}a_{31} - a_{11}a_{23}a_{32} - a_{12}a_{21}a_{33} \tag{1.2}$$

式(1.2) 称为三阶行列式. 三阶行列式展开式共有 3！项.

利用数学归纳法,可得到 n 阶行列式的定义.

定义 1.3　由 n^2 个数排成 n 行 n 列得到如下算式

$$D = \begin{vmatrix} a_{11} & a_{12} & \cdots & a_{1n} \\ a_{21} & a_{22} & \cdots & a_{2n} \\ \vdots & \vdots & & \vdots \\ a_{n1} & a_{n2} & \cdots & a_{nn} \end{vmatrix} = a_{11}A_{11} + a_{12}A_{12} + \cdots + a_{1n}A_{1n} \tag{1.3}$$

式(1.3) 称为 n 阶行列式. 其中

$$A_{1j} = (-1)^{1+j}\begin{vmatrix} a_{21} & \cdots & a_{2\ j-1} & a_{2\ j+1} & \cdots & a_{2n} \\ a_{31} & \cdots & a_{3\ j-1} & a_{3\ j+1} & \cdots & a_{3n} \\ \vdots & & \vdots & \vdots & & \vdots \\ a_{n1} & \cdots & a_{n\ j-1} & a_{n\ j+1} & \cdots & a_{nn} \end{vmatrix} \quad (j=1,2,\cdots,n)$$

这个算式表示所有位于不同的行不同的列的 n 个元素乘积的代数和. 即等式右侧每项是原行列式中第一行的元素 a_{1j} 与划去该元素所在的第一行和第 j 列后的一个 $n-1$ 阶行列式之积,再乘上符号为 $(-1)^{1+j}$,其中 $j(j=1,2,\cdots,n)$ 为该元素所在列数. 再由 $n-1$ 阶行列式的定义继续展开下去,直至到二阶行列式展开后得 n 阶行列式所有项,共有 n！项. 它的每一项一般形式可表示为

$$\pm a_{1j_1}a_{2j_2}\cdots a_{nj_n}$$

其中$j_1,j_2,\cdots,j_n$是$1,2,\cdots,n$的一种排列.

例1　计算三阶行列式$D=\begin{vmatrix}1&2&0\\2&3&-1\\3&6&1\end{vmatrix}$.

解　根据三阶行列式的定义,得

$$D=\begin{vmatrix}1&2&0\\2&3&-1\\3&6&1\end{vmatrix}=$$

$$1\times(-1)^{1+1}\begin{vmatrix}3&-1\\6&1\end{vmatrix}+2\times(-1)^{1+2}\begin{vmatrix}2&-1\\3&1\end{vmatrix}+0\times(-1)^{1+3}\begin{vmatrix}2&3\\3&6\end{vmatrix}=$$

$$\begin{vmatrix}3&-1\\6&1\end{vmatrix}-2\begin{vmatrix}2&-1\\3&1\end{vmatrix}=-1$$

例2　计算n阶下三角形行列式$D=\begin{vmatrix}a_{11}&0&0&\cdots&0\\a_{21}&a_{22}&0&\cdots&0\\\vdots&\vdots&\vdots&&\vdots\\a_{n1}&a_{n2}&a_{n3}&\cdots&a_{nn}\end{vmatrix}$.

解　连续用行列式的定义,得到

$$D=\begin{vmatrix}a_{11}&0&0&\cdots&0\\a_{21}&a_{22}&0&\cdots&0\\\vdots&\vdots&\vdots&&\vdots\\a_{n1}&a_{n2}&a_{n3}&\cdots&a_{nn}\end{vmatrix}=a_{11}\times(-1)^{1+1}\begin{vmatrix}a_{22}&0&\cdots&0\\a_{32}&a_{33}&\cdots&0\\\vdots&\vdots&&\vdots\\a_{n2}&a_{n3}&\cdots&a_{nn}\end{vmatrix}=$$

$$a_{11}a_{22}\times(-1)^{1+1}\begin{vmatrix}a_{33}&0&\cdots&0\\a_{43}&a_{44}&\cdots&0\\\vdots&\vdots&&\vdots\\a_{n3}&a_{n4}&\cdots&a_{nn}\end{vmatrix}=\cdots=a_{11}a_{22}\cdots a_{nn}$$

特别地,n阶对角形行列式

$$D=\begin{vmatrix}a_{11}&0&0&\cdots&0\\0&a_{22}&0&\cdots&0\\\vdots&\vdots&\vdots&&\vdots\\0&0&0&\cdots&a_{nn}\end{vmatrix}=a_{11}a_{22}\cdots a_{nn}$$

1.1.2　行列式的展开法则

三阶行列式展开得

$$D=\begin{vmatrix}a_{11}&a_{12}&a_{13}\\a_{21}&a_{22}&a_{23}\\a_{31}&a_{32}&a_{33}\end{vmatrix}=$$

$$a_{11}(-1)^{1+1}\begin{vmatrix} a_{22} & a_{23} \\ a_{32} & a_{33} \end{vmatrix} + a_{12}(-1)^{1+2}\begin{vmatrix} a_{21} & a_{23} \\ a_{31} & a_{33} \end{vmatrix} + a_{13}(-1)^{1+3}\begin{vmatrix} a_{21} & a_{22} \\ a_{31} & a_{32} \end{vmatrix}$$

再根据二阶行列式的定义,得

$$D = \begin{vmatrix} a_{11} & a_{12} & a_{13} \\ a_{21} & a_{22} & a_{23} \\ a_{31} & a_{32} & a_{33} \end{vmatrix} =$$

$$a_{11}a_{22}a_{33} + a_{12}a_{23}a_{31} + a_{13}a_{21}a_{32} - a_{11}a_{23}a_{32} - a_{12}a_{21}a_{33} - a_{13}a_{22}a_{31}$$

将上式按照此行列式第二行元素进行分组，得到

$$D = \begin{vmatrix} a_{11} & a_{12} & a_{13} \\ a_{21} & a_{22} & a_{23} \\ a_{31} & a_{32} & a_{33} \end{vmatrix} =$$

$$(a_{13}a_{21}a_{32} - a_{12}a_{21}a_{33}) + (a_{11}a_{22}a_{33} - a_{13}a_{22}a_{31}) + (a_{12}a_{23}a_{31} - a_{11}a_{23}a_{32}) =$$

$$-a_{21}(a_{12}a_{33} - a_{13}a_{32}) + a_{22}(a_{11}a_{33} - a_{13}a_{31}) - a_{23}(a_{11}a_{32} - a_{12}a_{31}) =$$

$$-a_{21}\begin{vmatrix} a_{12} & a_{13} \\ a_{32} & a_{33} \end{vmatrix} + a_{22}\begin{vmatrix} a_{11} & a_{13} \\ a_{31} & a_{33} \end{vmatrix} - a_{23}\begin{vmatrix} a_{11} & a_{12} \\ a_{31} & a_{32} \end{vmatrix} =$$

$$a_{21}(-1)^{2+1}\begin{vmatrix} a_{12} & a_{13} \\ a_{32} & a_{33} \end{vmatrix} + a_{22}(-1)^{2+2}\begin{vmatrix} a_{11} & a_{13} \\ a_{31} & a_{33} \end{vmatrix} + a_{23}(-1)^{2+3}\begin{vmatrix} a_{11} & a_{12} \\ a_{31} & a_{32} \end{vmatrix}$$

据此，三阶行列式 $D = \begin{vmatrix} a_{11} & a_{12} & a_{13} \\ a_{21} & a_{22} & a_{23} \\ a_{31} & a_{32} & a_{33} \end{vmatrix}$ 还可以表示为

$$D = \begin{vmatrix} a_{11} & a_{12} & a_{13} \\ a_{21} & a_{22} & a_{23} \\ a_{31} & a_{32} & a_{33} \end{vmatrix} =$$

$$a_{21}(-1)^{2+1}\begin{vmatrix} a_{12} & a_{13} \\ a_{32} & a_{33} \end{vmatrix} + a_{22}(-1)^{2+2}\begin{vmatrix} a_{11} & a_{13} \\ a_{31} & a_{33} \end{vmatrix} + a_{23}(-1)^{2+3}\begin{vmatrix} a_{11} & a_{12} \\ a_{31} & a_{32} \end{vmatrix}$$

由此可见，三阶行列式不仅可以通过第一行用二阶行列式表示，而且还可以借助于第二行用二阶行列式表示.

同样地，三阶行列式还可以借助于其他行或列用二阶行列式表示. 为了刻画这个结论，先引入下面的定义.

定义 1.4 n 阶行列式中划去元素 a_{ij} 所在的第 i 行和第 j 列的元素,余下的元素按照原来位置构成的 $n-1$ 阶行列式,称为元素 a_{ij} 的余子式,记作 M_{ij}，称 $A_{ij}=(-1)^{i+j}M_{ij}$ 为元素 a_{ij} 的代数余子式.

定理 1.1 三阶行列式等于它任意一行(列) 的所有元素与其对应的代数余子式乘积之和. 即

$$D=\begin{vmatrix}a_{11}&a_{12}&a_{13}\\a_{21}&a_{22}&a_{23}\\a_{31}&a_{32}&a_{33}\end{vmatrix}=$$

$$a_{i1}A_{i1}+a_{i2}A_{i2}+a_{i3}A_{i3}=\sum_{j=1}^{3}a_{ij}A_{ij}=$$

$$a_{1j}A_{1j}+a_{2j}A_{2j}+a_{3j}A_{3j}=\sum_{i=1}^{3}a_{ij}A_{ij}\quad(i,j=1,2,3)\tag{1.4}$$

证 仅证式(1.4)中 $i=2$ 时情况,其余证法相同.

由二、三阶行列式定义得三阶行列式的展开式为

$$D=\begin{vmatrix}a_{11}&a_{12}&a_{13}\\a_{21}&a_{22}&a_{23}\\a_{31}&a_{32}&a_{33}\end{vmatrix}=$$

$$a_{11}a_{22}a_{33}+a_{12}a_{23}a_{31}+a_{13}a_{21}a_{32}-a_{11}a_{23}a_{32}-a_{12}a_{21}a_{33}-a_{13}a_{22}a_{31}=$$

$$(a_{13}a_{21}a_{32}-a_{12}a_{21}a_{33})+(a_{11}a_{22}a_{33}-a_{13}a_{22}a_{31})+(a_{12}a_{23}a_{31}-a_{11}a_{23}a_{32})=$$

$$-a_{21}(a_{12}a_{33}-a_{13}a_{32})+a_{22}(a_{11}a_{33}-a_{13}a_{31})-a_{23}(a_{11}a_{32}-a_{12}a_{31})=$$

$$a_{21}(-1)^{2+1}\begin{vmatrix}a_{12}&a_{13}\\a_{32}&a_{33}\end{vmatrix}+a_{22}(-1)^{2+2}\begin{vmatrix}a_{11}&a_{13}\\a_{31}&a_{33}\end{vmatrix}+a_{23}(-1)^{2+3}\begin{vmatrix}a_{11}&a_{12}\\a_{31}&a_{32}\end{vmatrix}=$$

$$a_{21}A_{21}+a_{22}A_{22}+a_{23}A_{23}$$

这就是三阶行列式的按行(列)展开法则.

对于 n 阶行列式也有一样的结论.

定理1.2 n 阶行列式等于它任意一行(列)的所有元素与其对应的代数余子式乘积之和. 即

$$D=\begin{vmatrix}a_{11}&a_{12}&\cdots&a_{1n}\\a_{21}&a_{22}&\cdots&a_{2n}\\\vdots&\vdots&&\vdots\\a_{n1}&a_{n2}&\cdots&a_{nn}\end{vmatrix}=a_{i1}A_{i1}+a_{i2}A_{i2}+\cdots+a_{in}A_{in}=$$

$$a_{1j}A_{1j}+a_{2j}A_{2j}+\cdots+a_{nj}A_{nj}\quad(i,j=1,2,\cdots,n)\tag{1.5}$$

证明略.

式(1.5)也称为拉普拉斯展开式.

例3 计算三阶行列式 $D=\begin{vmatrix}1&2&3\\0&4&7\\0&-1&-5\end{vmatrix}$.

解 根据三阶行列式的按行(列)展开法则,将此行列式按第1列展开,得到

$$D=\begin{vmatrix}1&2&3\\0&4&7\\0&-1&-5\end{vmatrix}=1\times(-1)^{1+1}\begin{vmatrix}4&7\\-1&-5\end{vmatrix}=-13$$

例 4　计算 n 阶上三角形行列式 $D=\begin{vmatrix} a_{11} & a_{12} & a_{13} & \cdots & a_{1n} \\ 0 & a_{22} & a_{23} & \cdots & a_{2n} \\ 0 & 0 & a_{33} & \cdots & a_{3n} \\ \vdots & \vdots & \vdots & & \vdots \\ 0 & 0 & 0 & \cdots & a_{nn} \end{vmatrix}$.

解　连续用行列式的按行(列)展开法则，将此行列式按第 1 列展开，得到

$$D=\begin{vmatrix} a_{11} & a_{12} & a_{13} & \cdots & a_{1n} \\ 0 & a_{22} & a_{23} & \cdots & a_{2n} \\ 0 & 0 & a_{33} & \cdots & a_{3n} \\ \vdots & \vdots & \vdots & & \vdots \\ 0 & 0 & 0 & \cdots & a_{nn} \end{vmatrix}=a_{11}\times(-1)^{1+1}\begin{vmatrix} a_{22} & a_{23} & \cdots & a_{2n} \\ 0 & a_{33} & \cdots & a_{3n} \\ \vdots & \vdots & & \vdots \\ 0 & 0 & \cdots & a_{nn} \end{vmatrix}=$$

$$a_{11}a_{22}\times(-1)^{1+1}\begin{vmatrix} a_{33} & a_{34} & \cdots & a_{3n} \\ 0 & a_{44} & \cdots & a_{4n} \\ \vdots & \vdots & & \vdots \\ 0 & 0 & \cdots & a_{nn} \end{vmatrix}=\cdots=a_{11}a_{22}\cdots a_{nn}$$

1.1.3　行列式的性质

用行列式的定义与拉普拉斯展开法计算行列式一般比较麻烦，比如计算一个五阶行列式就要算 $5!=120$ 项. 下面给出行列式的几个性质，利用这些性质，可以简化行列式的计算.

将行列式 D 的行与相应的列互换后，得到的新的行列式称为 D 的转置行列式，记为 D^{T}. 即

$$D=\begin{vmatrix} a_{11} & a_{12} & \cdots & a_{1n} \\ a_{21} & a_{22} & \cdots & a_{2n} \\ \vdots & \vdots & & \vdots \\ a_{n1} & a_{n2} & \cdots & a_{nn} \end{vmatrix},\ D^{\mathrm{T}}=\begin{vmatrix} a_{11} & a_{21} & \cdots & a_{n1} \\ a_{12} & a_{22} & \cdots & a_{n2} \\ \vdots & \vdots & & \vdots \\ a_{1n} & a_{2n} & \cdots & a_{nn} \end{vmatrix}$$

行列式 D^{T} 称为行列式 D 的转置行列式.

性质 1　行列式 D 与它的转置行列式 D^{T} 相等.

此性质表明，行列式中的行与列具有同等的地位. 凡是对行成立的性质对列也成立，反之亦然.

性质 2　互换行列式的两行(列)，行列式变号.(证明略)

互换行列式的第 i 行(列)与第 j 行(列)，记作 $r_i \leftrightarrow r_j$ 或 $c_i \leftrightarrow c_j$.

推论 1　如果行列式有两行(列)完全相同，则此行列式等于零.

证　把相同的两行(列)交换，有 $D=-D$，故 $D=0$.

推论 2　设有 n 阶行列式 $D = \begin{vmatrix} a_{11} & a_{12} & \cdots & a_{1n} \\ a_{21} & a_{22} & \cdots & a_{2n} \\ \vdots & \vdots & & \vdots \\ a_{n1} & a_{n2} & \cdots & a_{nn} \end{vmatrix}$，$A_{ij}(i,j=1,2,\cdots,n)$ 是 D 中元素 a_{ij} 的代数余子式，则

$$a_{i1}A_{j1} + a_{i2}A_{j2} + \cdots + a_{in}A_{jn} = 0 \quad (i,j=1,2,\cdots,n,i \neq j)$$
$$a_{1i}A_{1j} + a_{2i}A_{2j} + \cdots + a_{ni}A_{nj} = 0 \quad (i,j=1,2,\cdots,n,i \neq j) \tag{1.6}$$

证　把行列式 D 按第 j 行展开，有

$$a_{j1}A_{j1} + a_{j2}A_{j2} + \cdots + a_{jn}A_{jn} = \begin{vmatrix} a_{11} & \cdots & a_{1n} \\ \vdots & & \vdots \\ a_{i1} & \cdots & a_{in} \\ \vdots & & \vdots \\ a_{j1} & \cdots & a_{jn} \\ \vdots & & \vdots \\ a_{n1} & \cdots & a_{nn} \end{vmatrix}$$

在上式中把 a_{jk} 换成 $a_{ik}(k=1,2,\cdots,n)$，可得

$$a_{i1}A_{j1} + a_{i2}A_{j2} + \cdots + a_{in}A_{jn} = \begin{vmatrix} a_{11} & \cdots & a_{1n} \\ \vdots & & \vdots \\ a_{i1} & \cdots & a_{in} \\ \vdots & & \vdots \\ a_{i1} & \cdots & a_{in} \\ \vdots & & \vdots \\ a_{n1} & \cdots & a_{nn} \end{vmatrix} \begin{matrix} \\ \\ \leftarrow \text{第 } i \text{ 行} \\ \\ \leftarrow \text{第 } j \text{ 行} \\ \\ \\ \end{matrix}$$

当 $i \neq j$ 时，上式右端行列式中有两行对应元素相同，故行列式为零，即

$$a_{i1}A_{j1} + a_{i2}A_{j2} + \cdots + a_{in}A_{jn} = 0 \quad (i,j=1,2,\cdots,n,i \neq j)$$

上述证法如按列进行，即可得

$$a_{1i}A_{1j} + a_{2i}A_{2j} + \cdots + a_{ni}A_{nj} = 0 \quad (i,j=1,2,\cdots,n,i \neq j)$$

性质 3　行列式的某一行(列)中所有元素都乘以同一个数 k，等于用数 k 乘以此行列式.

第 i 行(列)乘数 k，记作 $r_i \times k$ 或 $c_i \times k$.

证　仅证明用数 k 乘第一行所有元素情况，其他情况证明略.

利用行列式定义，得

$$\begin{vmatrix} ka_{11} & ka_{12} & \cdots & ka_{1n} \\ a_{21} & a_{22} & \cdots & a_{2n} \\ \vdots & \vdots & & \vdots \\ a_{n1} & a_{n2} & \cdots & a_{nn} \end{vmatrix} = ka_{11}A_{11} + ka_{12}A_{12} + \cdots + ka_{1n}A_{1n} =$$

$$k(a_{11}A_{11}+a_{12}A_{12}+\cdots+a_{1n}A_{1n})=k\begin{vmatrix} a_{11} & a_{12} & \cdots & a_{1n} \\ a_{21} & a_{22} & \cdots & a_{2n} \\ \vdots & \vdots & & \vdots \\ a_{n1} & a_{n2} & \cdots & a_{nn} \end{vmatrix}$$

推论 行列式的某一行(列)中所有元素公因子可以提到行列式记号的外面.

性质4 如果行列式有两行(列)元素成比例,则此行列式等于零.

证 设行列式 D 的第 i 行与第 j 行对应元素成比例,即

$$D=\begin{vmatrix} a_{11} & a_{12} & \cdots & a_{1n} \\ \vdots & \vdots & & \vdots \\ a_{i1} & a_{i2} & \cdots & a_{in} \\ \vdots & \vdots & & \vdots \\ ka_{i1} & ka_{i2} & \cdots & ka_{in} \\ \vdots & \vdots & & \vdots \\ a_{n1} & a_{n2} & \cdots & a_{nn} \end{vmatrix}\begin{matrix} \\ \\ \leftarrow \text{第 } i \text{ 行} \\ \\ \leftarrow \text{第 } j \text{ 行} \\ \\ \\ \end{matrix}$$

由性质3 的推论,得 $D=kD_1$,其中

$$D_1=\begin{vmatrix} a_{11} & a_{12} & \cdots & a_{1n} \\ \vdots & \vdots & & \vdots \\ a_{i1} & a_{i2} & \cdots & a_{in} \\ \vdots & \vdots & & \vdots \\ a_{i1} & a_{i2} & \cdots & a_{in} \\ \vdots & \vdots & & \vdots \\ a_{n1} & a_{n2} & \cdots & a_{nn} \end{vmatrix}\begin{matrix} \\ \\ \leftarrow \text{第 } i \text{ 行} \\ \\ \leftarrow \text{第 } j \text{ 行} \\ \\ \\ \end{matrix}=0$$

所以 $D=0$.

性质5 如果行列式的某一行(列)元素都是两个数之和,例如第 i 行的元素都是两个数之和,即

$$D=\begin{vmatrix} a_{11} & a_{12} & \cdots & a_{1n} \\ a_{21} & a_{22} & \cdots & a_{2n} \\ \vdots & \vdots & & \vdots \\ a_{i1}+b_{i1} & a_{i2}+b_{i2} & \cdots & a_{in}+b_{in} \\ \vdots & \vdots & & \vdots \\ a_{n1} & a_{n2} & \cdots & a_{nn} \end{vmatrix}$$

那么 D 等于下列两个行列式之和,即

$$D=\begin{vmatrix} a_{11} & a_{12} & \cdots & a_{1n} \\ a_{21} & a_{22} & \cdots & a_{2n} \\ \vdots & \vdots & & \vdots \\ a_{i1} & a_{i2} & \cdots & a_{in} \\ \vdots & \vdots & & \vdots \\ a_{n1} & a_{n2} & \cdots & a_{nn} \end{vmatrix}+\begin{vmatrix} a_{11} & a_{12} & \cdots & a_{1n} \\ a_{21} & a_{22} & \cdots & a_{2n} \\ \vdots & \vdots & & \vdots \\ b_{i1} & b_{i2} & \cdots & b_{in} \\ \vdots & \vdots & & \vdots \\ a_{n1} & a_{n2} & \cdots & a_{nn} \end{vmatrix}$$

证明略.

性质6 如果行列式的某一行(列)元素都乘以同一个数然后加到另一行(列)对应的元素上去，行列式不变. 行列式的第 i 行(列)乘以数 k 加到第 j 行(列)上，记作 $r_j + kr_i(c_j + kc_i)$.

证 设行列式 D 的第 i 行乘以数 k 加到第 j 行上去,所得行列式为 D_1,即

$$D_1=\begin{vmatrix} a_{11} & a_{12} & \cdots & a_{1n} \\ \vdots & \vdots & & \vdots \\ a_{i1} & a_{i2} & \cdots & a_{in} \\ \vdots & \vdots & & \vdots \\ a_{j1}+ka_{i1} & a_{j2}+ka_{i2} & \cdots & a_{jn}+ka_{in} \\ \vdots & \vdots & & \vdots \\ a_{n1} & a_{n2} & \cdots & a_{nn} \end{vmatrix}$$

由性质5得

$$D_1=\begin{vmatrix} a_{11} & a_{12} & \cdots & a_{1n} \\ \vdots & \vdots & & \vdots \\ a_{i1} & a_{i2} & \cdots & a_{in} \\ \vdots & \vdots & & \vdots \\ a_{j1} & a_{j2} & \cdots & a_{jn} \\ \vdots & \vdots & & \vdots \\ a_{n1} & a_{n2} & \cdots & a_{nn} \end{vmatrix}+\begin{vmatrix} a_{11} & a_{12} & \cdots & a_{1n} \\ \vdots & \vdots & & \vdots \\ a_{i1} & a_{i2} & \cdots & a_{in} \\ \vdots & \vdots & & \vdots \\ ka_{i1} & ka_{i2} & \cdots & ka_{in} \\ \vdots & \vdots & & \vdots \\ a_{n1} & a_{n2} & \cdots & a_{nn} \end{vmatrix}$$

由性质4知上式右端第二个行列式为零,故 $D = D_1$.

利用行列式的按行(列)展开法则及其性质可简化行列式的计算.

例5 计算行列式 $D=\begin{vmatrix} 1 & 5 & 7 & 8 \\ 1 & 1 & 1 & 1 \\ 2 & 0 & 3 & 6 \\ 1 & 2 & 3 & 4 \end{vmatrix}$.

解 可得

$$D \xlongequal{r_1 \leftrightarrow r_2} -\begin{vmatrix} 1 & 1 & 1 & 1 \\ 1 & 5 & 7 & 8 \\ 2 & 0 & 3 & 6 \\ 1 & 2 & 3 & 4 \end{vmatrix} \xlongequal[r_4 - r_1]{\substack{r_2 - r_1 \\ r_3 - 2r_1}} -\begin{vmatrix} 1 & 1 & 1 & 1 \\ 0 & 4 & 6 & 7 \\ 0 & -2 & 1 & 4 \\ 0 & 1 & 2 & 3 \end{vmatrix} =$$

$$-\begin{vmatrix} 4 & 6 & 7 \\ -2 & 1 & 4 \\ 1 & 2 & 3 \end{vmatrix} \xlongequal{r_1 \leftrightarrow r_3} \begin{vmatrix} 1 & 2 & 3 \\ -2 & 1 & 4 \\ 4 & 6 & 7 \end{vmatrix} \xlongequal{\substack{r_2 + 2r_1 \\ r_2 - 4r_1}}$$

$$\begin{vmatrix} 1 & 2 & 3 \\ 0 & 5 & 10 \\ 0 & -2 & -5 \end{vmatrix} = \begin{vmatrix} 5 & 10 \\ -2 & -5 \end{vmatrix} = 5\begin{vmatrix} 1 & 2 \\ -2 & -5 \end{vmatrix} = -5$$

例 6 设 $D = \begin{vmatrix} 1 & 5 & 7 & 8 \\ 1 & 1 & 1 & 1 \\ 2 & 0 & 3 & 6 \\ 1 & 2 & 3 & 4 \end{vmatrix}$，求 $A_{41} + A_{42} + A_{43} + A_{44}$，其中 A_{4j} 是 D 中元素 $a_{4j}(j = 1,2,3,4)$ 的代数余子式.

解 根据行列式的按行(列) 展开法则及其性质,得

$$A_{41} + A_{42} + A_{43} + A_{44} = 1 \cdot A_{41} + 1 \cdot A_{42} + 1 \cdot A_{43} + 1 \cdot A_{44} =$$

$$\begin{vmatrix} 1 & 5 & 7 & 8 \\ 1 & 1 & 1 & 1 \\ 2 & 0 & 3 & 6 \\ 1 & 1 & 1 & 1 \end{vmatrix} = 0$$

例 7 计算行列式 $D = \begin{vmatrix} 6 & 1 & 1 & 1 \\ 1 & 6 & 1 & 1 \\ 1 & 1 & 6 & 1 \\ 1 & 1 & 1 & 6 \end{vmatrix}$.

解 可得

$$D \xlongequal[r_1 + r_4]{\substack{r_1 + r_2 \\ r_1 + r_3}} \begin{vmatrix} 9 & 9 & 9 & 9 \\ 1 & 6 & 1 & 1 \\ 1 & 1 & 6 & 1 \\ 1 & 1 & 1 & 6 \end{vmatrix} = 9\begin{vmatrix} 1 & 1 & 1 & 1 \\ 1 & 6 & 1 & 1 \\ 1 & 1 & 6 & 1 \\ 1 & 1 & 1 & 6 \end{vmatrix} \xlongequal[r_4 - r_1]{\substack{r_2 - r_1 \\ r_3 - r_1}}$$

$$9\begin{vmatrix} 1 & 1 & 1 & 1 \\ 0 & 5 & 0 & 0 \\ 0 & 0 & 5 & 0 \\ 0 & 0 & 0 & 5 \end{vmatrix} = 1\ 125$$

例8 计算 n 阶行列式 $D_n = \begin{vmatrix} a & b & b & \cdots & b \\ b & a & b & \cdots & b \\ b & b & a & \cdots & b \\ \vdots & \vdots & \vdots & & \vdots \\ b & b & b & \cdots & a \end{vmatrix}$.

解 可得

$$D_n \xlongequal[\substack{\vdots \\ c_1+c_n}]{\substack{c_1+c_2 \\ c_1+c_3}} \begin{vmatrix} a+(n-1)b & b & b & \cdots & b \\ a+(n-1)b & a & b & \cdots & b \\ a+(n-1)b & b & a & \cdots & b \\ \vdots & \vdots & \vdots & & \vdots \\ a+(n-1)b & b & b & \cdots & a \end{vmatrix} =$$

$$[a+(n-1)b] \begin{vmatrix} 1 & b & b & \cdots & b \\ 1 & a & b & \cdots & b \\ 1 & b & a & \cdots & b \\ \vdots & \vdots & \vdots & & \vdots \\ 1 & b & b & \cdots & a \end{vmatrix} \xlongequal[\substack{\vdots \\ r_n-r_1}]{\substack{r_2-r_1 \\ r_3-r_1}}$$

$$[a+(n-1)b] \begin{vmatrix} 1 & b & b & \cdots & b \\ 0 & a-b & 0 & \cdots & 0 \\ 0 & 0 & a-b & \cdots & 0 \\ \vdots & \vdots & \vdots & & \vdots \\ 0 & 0 & 0 & \cdots & a-b \end{vmatrix} =$$

$$(a-b)^{n-1}[a+(n-1)b]$$

例9 证明 n 阶范德蒙德(Vandermonde)行列式

$$D_n = \begin{vmatrix} 1 & 1 & 1 & \cdots & 1 \\ x_1 & x_2 & x_3 & \cdots & x_n \\ x_1^2 & x_2^2 & x_3^2 & \cdots & x_n^2 \\ \vdots & \vdots & \vdots & & \vdots \\ x_1^{n-1} & x_2^{n-1} & x_3^{n-1} & \cdots & x_n^{n-1} \end{vmatrix} = \prod_{n \geqslant i > j \geqslant 1} (x_i - x_j) \tag{1.7}$$

证 这是一个关于正整数 n 的命题，我们考虑采用数学归纳法进行证明.

因为 $D_2 = \begin{vmatrix} 1 & 1 \\ x_1 & x_2 \end{vmatrix} = x_2 - x_1 = \prod_{2 \geqslant i > j \geqslant 1} (x_i - x_j)$，所以当 $n=2$ 时式(1.7) 成立.

假设式(1.7) 对于 $n-1$ 阶范德蒙德行列式成立，则对于 n 阶范德蒙德行列式，有

$$D_n \xlongequal[\substack{r_{n-1}-x_1r_{n-2}\\ \vdots \\ r_2-x_1r_1}]{r_n-x_1r_{n-1}} \begin{vmatrix} 1 & 1 & 1 & \cdots & 1 \\ 0 & x_2-x_1 & x_3-x_1 & \cdots & x_n-x_1 \\ 0 & x_2(x_2-x_1) & x_3(x_3-x_1) & \cdots & x_n(x_n-x_1) \\ \vdots & \vdots & \vdots & & \vdots \\ 0 & x_2^{n-2}(x_2-x_1) & x_3^{n-2}(x_3-x_1) & \cdots & x_n^{n-2}(x_n-x_1) \end{vmatrix} =$$

$$\begin{vmatrix} x_2-x_1 & x_3-x_1 & \cdots & x_n-x_1 \\ x_2(x_2-x_1) & x_3(x_3-x_1) & \cdots & x_n(x_n-x_1) \\ \vdots & \vdots & & \vdots \\ x_2^{n-2}(x_2-x_1) & x_3^{n-2}(x_3-x_1) & \cdots & x_n^{n-2}(x_n-x_1) \end{vmatrix} =$$

$$(x_2-x_1)(x_3-x_1)\cdots(x_n-x_1)\begin{vmatrix} 1 & 1 & \cdots & 1 \\ x_2 & x_3 & \cdots & x_n \\ \vdots & \vdots & & \vdots \\ x_2^{n-2} & x_3^{n-2} & \cdots & x_n^{n-2} \end{vmatrix} =$$

$$(x_2-x_1)(x_3-x_1)\cdots(x_n-x_1)\prod_{n\geqslant i>j\geqslant 2}(x_i-x_j) =$$

$$\prod_{n\geqslant i>j\geqslant 1}(x_i-x_j)$$

由数学归纳法知对任意正整数 n,有

$$D_n = \begin{vmatrix} 1 & 1 & 1 & \cdots & 1 \\ x_1 & x_2 & x_3 & \cdots & x_n \\ x_1^2 & x_2^2 & x_3^2 & \cdots & x_n^2 \\ \vdots & \vdots & \vdots & & \vdots \\ x_1^{n-1} & x_2^{n-1} & x_3^{n-1} & \cdots & x_n^{n-1} \end{vmatrix} = \prod_{n\geqslant i>j\geqslant 1}(x_i-x_j)$$

1.2 克莱姆法则

对于二元线性方程组

$$\begin{cases} a_{11}x_1+a_{12}x_2=b_1 \\ a_{21}x_1+a_{22}x_2=b_2 \end{cases}$$

的解可用二阶行列式来表示. 类似地,n 元线性方程组

$$\begin{cases} a_{11}x_1+a_{12}x_2+\cdots+a_{1n}x_n=b_1 \\ a_{21}x_1+a_{22}x_2+\cdots+a_{2n}x_n=b_2 \\ \qquad\qquad\vdots \\ a_{n1}x_1+a_{n2}x_2+\cdots+a_{nn}x_n=b_n \end{cases} \tag{1.8}$$

的解可用 n 阶行列式来表示,即有下面的法则.

克莱姆法则 如果线性方程组(1.8) 的系数行列式

$$D=\begin{vmatrix} a_{11} & a_{12} & \cdots & a_{1n} \\ a_{21} & a_{22} & \cdots & a_{2n} \\ \vdots & \vdots & & \vdots \\ a_{n1} & a_{n2} & \cdots & a_{nn} \end{vmatrix} \neq 0$$

那么方程组(1.8) 有唯一解,即

$$x_1=\frac{D_1}{D}, x_2=\frac{D_2}{D}, \cdots, x_n=\frac{D_n}{D}$$

其中 D_j 是把系数行列式 D 中第 j 列的元素用方程组(1.8) 右端的常数项代替后所得到的 n 阶行列式，即

$$D_j=\begin{vmatrix} a_{11} & \cdots & a_{1,j-1} & b_1 & a_{1,j+1} & \cdots & a_{1n} \\ a_{21} & \cdots & a_{2,j-1} & b_2 & a_{2,j+1} & \cdots & a_{2n} \\ \vdots & & \vdots & \vdots & \vdots & & \vdots \\ a_{n1} & \cdots & a_{n,j-1} & b_n & a_{n,j+1} & \cdots & a_{nn} \end{vmatrix} \quad (j=1,2,\cdots,n)$$

证 用系数行列式 D 中第 j 列的元素的代数余子式 $A_{1j}, A_{2j}, \cdots, A_{nj}$ $(j=1,2,\cdots,n)$ 依次乘方程组的 n 个方程，再把它们相加,得到

$$(a_{11}A_{1j}+a_{21}A_{2j}+\cdots+a_{n1}A_{nj})x_1+\cdots+(a_{1j}A_{1j}+a_{2j}A_{2j}+\cdots+a_{nj}A_{nj})x_j+\cdots+$$
$$(a_{1n}A_{1j}+a_{2n}A_{2j}+\cdots+a_{nn}A_{nj})x_n=b_1A_{1j}+b_2A_{2j}+\cdots+b_nA_{nj}$$

即
$$Dx_j=D_j \quad (j=1,2,\cdots,n)$$

可见,当 $D\neq 0$ 时，方程组(1.8) 有唯一解,即

$$x_j=\frac{D_j}{D} \quad (j=1,2,\cdots,n)$$

克莱姆法则还可以叙述为以下定理.

定理1.3 如果线性方程组(1.8) 的系数行列式 $D\neq 0$，那么方程组(1.8) 一定有解，且解是唯一的.

其逆否命题为下面的定理.

定理1.3′ 如果线性方程组(1.8) 无解或有不唯一的解,那么它的系数行列式 $D=0$.

对于线性方程组(1.8)，当右端的常数项 $b_1, b_2, \cdots, b_n$ 不全为零时，线性方程组(1.8) 称为非齐次线性方程组；当 $b_1, b_2, \cdots, b_n$ 全为零时，线性方程组(1.8) 称为齐次线性方程组.

下面讨论齐次线性方程组

$$\begin{cases} a_{11}x_1+a_{12}x_2+\cdots+a_{1n}x_n=0 \\ a_{21}x_1+a_{22}x_2+\cdots+a_{2n}x_n=0 \\ \qquad\vdots \\ a_{n1}x_1+a_{n2}x_2+\cdots+a_{nn}x_n=0 \end{cases} \tag{1.9}$$

可见 $x_1=x_2=\cdots=x_n=0$ 一定是它的解，这个解称为齐次线性方程组的零解. 如果一组不全为零的数是方程组(1.9) 的解，则称之为齐次线性方程组的非零解.

将定理 1.3 应用到齐次线性方程组(1.9)，可得下面的定理.

定理 1.4　如果齐次线性方程组(1.9)的系数行列式 $D \neq 0$，那么方程组(1.9)只有零解.

其逆否命题为下面的定理.

定理 1.4′　如果齐次线性方程组(1.9)有非零解，那么它的系数行列式 $D = 0$.

例 10　解线性方程组

$$\begin{cases} x_1 - x_2 - 5x_3 - x_4 = 1 \\ x_1 - x_3 + 2x_4 = 1 \\ 3x_1 - x_2 - 7x_3 + 4x_4 = 5 \\ x_1 + x_2 + 2x_3 - 2x_4 = 1 \end{cases}$$

解　此线性方程组的系数行列式为

$$D = \begin{vmatrix} 1 & -1 & -5 & -1 \\ 1 & 0 & -1 & 2 \\ 3 & -1 & -7 & 4 \\ 1 & 1 & 2 & -2 \end{vmatrix} \xlongequal[r_4 - r_1]{\substack{r_2 - r_1 \\ r_3 - 3r_1}} \begin{vmatrix} 1 & -1 & -5 & -1 \\ 0 & 1 & 4 & 3 \\ 0 & 2 & 8 & 7 \\ 0 & 2 & 7 & -1 \end{vmatrix} = \begin{vmatrix} 1 & 4 & 3 \\ 2 & 8 & 7 \\ 2 & 7 & -1 \end{vmatrix}$$

$$\xlongequal[r_3 - 2r_1]{r_2 - 2r_1} \begin{vmatrix} 1 & 4 & 3 \\ 0 & 0 & 1 \\ 0 & -1 & -7 \end{vmatrix} = 1 \times (-1)^{2+3} \begin{vmatrix} 1 & 4 \\ 0 & -1 \end{vmatrix} = 1 \neq 0$$

故此线性方程组有唯一解.

类似地，可求得

$$D_1 = \begin{vmatrix} 1 & -1 & -5 & -1 \\ 1 & 0 & -1 & 2 \\ 5 & -1 & -7 & 4 \\ 1 & 1 & 2 & -2 \end{vmatrix} = -17$$

$$D_2 = \begin{vmatrix} 1 & 1 & -5 & -1 \\ 1 & 1 & -1 & 2 \\ 3 & 5 & -7 & 4 \\ 1 & 1 & 2 & -2 \end{vmatrix} = 50$$

$$D_3 = \begin{vmatrix} 1 & -1 & 1 & -1 \\ 1 & 0 & 1 & 2 \\ 3 & -1 & 5 & 4 \\ 1 & 1 & 1 & -2 \end{vmatrix} = -14$$

$$D_4 = \begin{vmatrix} 1 & -1 & -5 & 1 \\ 1 & 0 & -1 & 1 \\ 3 & -1 & -7 & 5 \\ 1 & 1 & 2 & 1 \end{vmatrix} = 2$$

于是得到 $x_1 = -17, x_2 = 50, x_3 = -14, x_4 = 2$.

例 11 k 取何值时,齐次线性方程组

$$\begin{cases} x_1 + kx_2 + x_3 = 0 \\ 2x_1 + x_2 + x_3 = 0 \\ kx_2 + 3x_3 = 0 \end{cases}$$

有非零解?

解 根据定理 1.4′,若齐次线性方程组有非零解,那么其系数行列式 $D = 0$. 而

$$D = \begin{vmatrix} 1 & k & 1 \\ 2 & 1 & 1 \\ 0 & k & 3 \end{vmatrix} = \begin{vmatrix} 1 & k & 1 \\ 0 & 1-2k & -1 \\ 0 & k & 3 \end{vmatrix} = \begin{vmatrix} 1-2k & -1 \\ k & 3 \end{vmatrix} = 3 - 5k$$

由 $D = 0$ 得到 $k = \dfrac{3}{5}$.

故 $k = \dfrac{3}{5}$ 时, 所给齐次线性方程组有非零解.

习题一

1. 填空题

(1) a, b 为实数, 则当 $a =$ ________, $b =$ ________时, $\begin{vmatrix} a & b & 0 \\ -b & a & 0 \\ 3 & 2 & -1 \end{vmatrix} = 0$.

(2) 设 $\begin{vmatrix} a_{11} & a_{12} & a_{13} \\ a_{21} & a_{22} & a_{23} \\ a_{31} & a_{32} & a_{33} \end{vmatrix} = -2$, 则 $\begin{vmatrix} a_{31}-2a_{11} & a_{32}-2a_{12} & a_{33}-2a_{13} \\ 3a_{21} & 3a_{22} & 3a_{23} \\ a_{11} & a_{12} & a_{13} \end{vmatrix} =$ ________.

(3) 方程 $\begin{vmatrix} 1 & 1 & 2 & 3 \\ 1 & 2-x^2 & 2 & 3 \\ 2 & 3 & 1 & 5 \\ 2 & 3 & 1 & 9-x^2 \end{vmatrix} = 0$ 的解为 $x =$ ________.

(4) 设 n 阶行列式 $D = \begin{vmatrix} a_{11} & a_{12} & \cdots & a_{1n} \\ a_{21} & a_{22} & \cdots & a_{2n} \\ \vdots & \vdots & & \vdots \\ a_{n1} & a_{n2} & \cdots & a_{nn} \end{vmatrix} = 3$, 则 n 阶行列式 $D = \begin{vmatrix} 2a_{11} & 2a_{12} & \cdots & 2a_{1n} \\ 2a_{21} & 2a_{22} & \cdots & 2a_{2n} \\ \vdots & \vdots & & \vdots \\ 2a_{n1} & 2a_{n2} & \cdots & 2a_{nn} \end{vmatrix} =$ ________.

2. 选择题

(1) 行列式 $\begin{vmatrix} 103 & 100 & 204 \\ 199 & 200 & 395 \\ 301 & 300 & 600 \end{vmatrix} =$ ________.

(A)1 000　　(B) − 1 000　　(C)2 000　　(D) − 2 000

(2) 设行列式 $\begin{vmatrix} a_{11} & a_{12} & a_{13} \\ 2a_{21} & 2a_{22} & 2a_{23} \\ 3a_{31} & 3a_{32} & 3a_{33} \end{vmatrix} = 18$，$\begin{vmatrix} b_{11} & b_{12} & b_{13} \\ a_{21} & a_{22} & a_{23} \\ a_{31} & a_{32} & a_{33} \end{vmatrix} = 2$，则 $\begin{vmatrix} a_{11}-b_{11} & a_{12}-b_{12} & a_{13}-b_{13} \\ a_{21} & a_{22} & a_{23} \\ 2a_{31} & 2a_{32} & 2a_{33} \end{vmatrix} =$________.

(A)1　　(B)2　　(C)3　　(D)4

(3) 线性方程组 $\begin{cases} bx_1 - ax_2 + x_3 = -2ad \\ -2cx_2 + 3bx_3 = bc \\ cx_1 + ax_3 = 0 \end{cases}$，则________.

(A) 当 a,b,c 为任意实数时，方程组均有解　　(B) 当 $a=0$ 时，方程组无解

(C) 当 $b=0$ 时，方程组无解　　(D) 当 $c=0$ 时，方程组无解

(4) 对于非齐次线性方程组 $\begin{cases} a_{11}x_1 + a_{12}x_2 + \cdots + a_{1n}x_n = b_1 \\ a_{21}x_1 + a_{22}x_2 + \cdots + a_{2n}x_n = b_2 \\ \qquad\vdots \\ a_{n1}x_1 + a_{n2}x_2 + \cdots + a_{nn}x_n = b_n \end{cases}$.

下列结论中________不正确.

(A) 若方程组有解，则系数行列式 $D \neq 0$

(B) 若方程组无解，则系数行列式 $D = 0$

(C) 若方程组有解，则或者有唯一解，或者有无穷多解

(D) $D \neq 0$ 是方程组有唯一解的充分必要条件

3. 用定义计算下列行列式

(1) $\begin{vmatrix} 1 & 2 & 3 \\ 4 & 5 & 6 \\ 7 & 8 & 9 \end{vmatrix}$.

(2) $\begin{vmatrix} 0 & 1 & 0 & \cdots & 0 \\ 0 & 0 & 2 & \cdots & 0 \\ \vdots & \vdots & \vdots & & \vdots \\ 0 & 0 & 0 & \cdots & n-1 \\ n & 0 & 0 & \cdots & 0 \end{vmatrix}$.

4. 计算下列行列式

(1) $\begin{vmatrix} a & b & c \\ a^2 & b^2 & c^2 \\ b+c & c+a & a+b \end{vmatrix}$.

(2) $\begin{vmatrix} 1 & 1 & 1 & 1 \\ 1+a_1 & 1+a_2 & 1+a_3 & 1+a_4 \\ a_1+a_1^2 & a_2+a_2^2 & a_3+a_3^2 & a_4+a_4^2 \\ a_1^2+a_1^3 & a_2^2+a_2^3 & a_3^2+a_3^3 & a_4^2+a_4^3 \end{vmatrix}$.

5. 证明下列各式

(1) $\begin{vmatrix} 1 & a^2 & a^3 \\ 1 & b^2 & b^3 \\ 1 & c^2 & c^3 \end{vmatrix} = (ab+bc+ca)\begin{vmatrix} 1 & a & a^2 \\ 1 & b & b^2 \\ 1 & c & c^2 \end{vmatrix}$.

(2) $\begin{vmatrix} 1+x & 1 & 1 & 1 \\ 1 & 1-x & 1 & 1 \\ 1 & 1 & 1+y & 1 \\ 1 & 1 & 1 & 1-y \end{vmatrix} = x^2y^2$.

6. 计算下列 n 阶行列式

(1) $D_n = \begin{vmatrix} 3 & 1 & 1 & \cdots & 1 \\ 1 & 3 & 1 & \cdots & 1 \\ 1 & 1 & 3 & \cdots & 1 \\ \vdots & \vdots & \vdots & & \vdots \\ 1 & 1 & 1 & \cdots & 3 \end{vmatrix}$.

(2) $D_n = \begin{vmatrix} x & a & a & \cdots & a \\ a & x & a & \cdots & a \\ a & a & x & \cdots & a \\ \vdots & \vdots & \vdots & & \vdots \\ a & a & a & \cdots & x \end{vmatrix}$.

(3) $D_n = \begin{vmatrix} 5 & 2 & 0 & \cdots & 0 & 0 \\ 3 & 5 & 2 & \cdots & 0 & 0 \\ 0 & 3 & 5 & \cdots & 0 & 0 \\ \vdots & \vdots & \vdots & & \vdots & \vdots \\ 0 & 0 & 0 & \cdots & 5 & 2 \\ 0 & 0 & 0 & \cdots & 3 & 5 \end{vmatrix}$.

$$(4)D_n = \begin{vmatrix} 1+a_1 & 1 & \cdots & 1 \\ 1 & 1+a_2 & \cdots & 1 \\ \vdots & \vdots & & \vdots \\ 1 & 1 & \cdots & 1+a_n \end{vmatrix} (a_1 a_2 \cdots a_n \neq 0).$$

7. 用克莱姆法则解线性方程组

$$\begin{cases} x_1 + x_2 + x_3 + x_4 = 5 \\ x_1 + 2x_2 - x_3 + 4x_4 = -2 \\ 2x_1 - 3x_2 - x_3 - 5x_4 = 5 \\ 3x_1 + x_2 + 2x_3 + 11x_4 = 0 \end{cases}$$

8. 当 λ 满足怎样的条件时,齐次线性方程组

$$\begin{cases} (1-\lambda)x_1 - 2x_2 + 4x_3 = 0 \\ 2x_1 + (3-\lambda)x_2 + x_3 = 0 \\ x_1 + x_2 + (1-\lambda)x_3 = 0 \end{cases}$$

只有零解.

第2章

矩　阵

矩阵是线性代数的重要组成部分,它贯穿于线性代数的各个方面,是以后各章中计算的重要工具.同时,矩阵理论也是数学的各个分支、工程技术、经济及科研领域等不可缺少的重要计算方法.本章将介绍矩阵的基本概念及其运算以及在解方程组中的应用.

2.1　矩阵的概念及运算

2.1.1　矩阵的概念

为了给出矩阵的概念,先看下面两个例子.

例1　某货物有四个产地,三个销地.它们之间的产销关系可用一张表表示,即

重量 \ 产地 \ 销地	x_1	x_2	x_3	x_4
y_1	15 t	4 t	7 t	11 t
y_2	7 t	0 t	9 t	6 t
y_3	13 t	17 t	0 t	19 t

如果产地和销地的次序排定了,则产销关系可简记为

$$\begin{pmatrix} 15 & 4 & 7 & 11 \\ 7 & 0 & 9 & 6 \\ 13 & 17 & 0 & 19 \end{pmatrix}$$

这是一张反映产销关系的数表.

例2　设线性方程组

$$\begin{cases} a_{11}x_1 + a_{12}x_2 + \cdots + a_{1n}x_n = b_1 \\ a_{21}x_1 + a_{22}x_2 + \cdots + a_{2n}x_n = b_2 \\ \qquad\qquad \vdots \\ a_{m1}x_1 + a_{m2}x_2 + \cdots + a_{mn}x_n = b_m \end{cases} \tag{2.1}$$

其中 m 与 n 不一定相等. 把方程组中未知的系数按原来的相对位置排成一个 m 行 n 列的数表

$$\begin{pmatrix} a_{11} & a_{12} & \cdots & a_{1n} \\ a_{21} & a_{22} & \cdots & a_{2n} \\ \vdots & \vdots & & \vdots \\ a_{m1} & a_{m2} & \cdots & a_{mn} \end{pmatrix}$$

有了这张表,方程组(2.1)的系数就完全确定了.

1. 矩阵

定义 2.1 由 $m \times n$ 个数 $a_{ij}(i = 1,2,\cdots,m;j = 1,2,\cdots,n)$ 排成的 m 行 n 列数表

$$\begin{pmatrix} a_{11} & a_{12} & \cdots & a_{1n} \\ a_{21} & a_{22} & \cdots & a_{2n} \\ \vdots & \vdots & & \vdots \\ a_{m1} & a_{m2} & \cdots & a_{mn} \end{pmatrix}$$

称为 $m \times n$ 阶矩阵. 矩阵一般用大写黑体字母 $\boldsymbol{A}$,$\boldsymbol{B}$ 等表示,也可以记成(a_{ij}),$(a_{ij})_{m\times n}$ 或 $\boldsymbol{A}_{m\times n}$ 等. 其中 a_{ij} 为矩阵的第 i 行第 j 列元素,i 称为行标,$i = 1,2,\cdots,m$,j 称为列标,$j =1,2,\cdots,n$.

(1) 实(复)矩阵:元素均为实(复)数的矩阵.

(2) 方阵:$m = n$ 时,称 $\boldsymbol{A}$ 为 n 阶方阵,也称为 n 阶矩阵.

(3) 同型矩阵:两个矩阵的行数对应相同,列数也对应相同.

(4) 相等矩阵:两个矩阵既是同型的,又对应元素相同,记为 $\boldsymbol{A} = \boldsymbol{B}$.

特别规定:一阶方阵为实数.

2. 几种常用矩阵

(1) 行矩阵:称 $1 \times n$ 矩阵 $\boldsymbol{A} = (a_1,a_2,\cdots,a_n)$ 为行矩阵或行向量.

(2) 列矩阵:称 $m \times 1$ 矩阵 $\boldsymbol{A} = \begin{pmatrix} a_1 \\ a_2 \\ \vdots \\ a_m \end{pmatrix}$ 为列矩阵或列向量.

(3) 零矩阵:称 $m \times n$ 矩阵 $\boldsymbol{A} = \begin{pmatrix} 0 & 0 & \cdots & 0 \\ 0 & 0 & \cdots & 0 \\ \vdots & \vdots & & \vdots \\ 0 & 0 & \cdots & 0 \end{pmatrix}$ 为零矩阵,记为 $\mathbf{0} = (0)_{m\times n}$.

注:不同型的零矩阵不相等.

(4) 对角矩阵:称 n 阶方阵 $\boldsymbol{A} = \begin{pmatrix} a_1 & 0 & \cdots & 0 \\ 0 & a_2 & \cdots & 0 \\ \vdots & \vdots & & \vdots \\ 0 & 0 & \cdots & a_n \end{pmatrix}$ 为对角矩阵,记为 $\boldsymbol{A} = \mathrm{diag}(a_1,$

$a_2,\cdots,a_n)$.

(5) 单位矩阵：称 n 阶方阵 $\boldsymbol{A}=\begin{pmatrix}1 & & & \\ & 1 & & \\ & & \ddots & \\ & & & 1\end{pmatrix}$ 为 n 阶单位矩阵.

这里矩阵的空白处元素全为零(下同). 以后总用 $\boldsymbol{E}$ 或 $\boldsymbol{I}$ 表示单位矩阵.

(6) 上三角矩阵：称 n 阶方阵 $\boldsymbol{A}=\begin{pmatrix}a_{11} & a_{12} & \cdots & a_{1n} \\ & a_{22} & \cdots & a_{2n} \\ & & \ddots & \vdots \\ & & & a_{nn}\end{pmatrix}$ 为上三角矩阵.

(7) 下三角矩阵:称 n 阶方阵 $\boldsymbol{A}=\begin{pmatrix}a_{11} & & & \\ a_{21} & a_{22} & & \\ \vdots & \vdots & \ddots & \\ a_{n1} & a_{n2} & \cdots & a_{nn}\end{pmatrix}$ 为下三角矩阵.

2.1.2 矩阵的运算

1. 矩阵加法

定义 2.2 设 $\boldsymbol{A}=(a_{ij})$,$\boldsymbol{B}=(b_{ij})$ 都是 $m\times n$ 矩阵, 矩阵 $\boldsymbol{A}$ 与 $\boldsymbol{B}$ 的和记成 $\boldsymbol{A}+\boldsymbol{B}$,即

$$\boldsymbol{A}+\boldsymbol{B}=\begin{pmatrix}a_{11}+b_{11} & a_{12}+b_{12} & \cdots & a_{1n}+b_{1n} \\ a_{21}+b_{21} & a_{22}+b_{22} & \cdots & a_{2n}+b_{2n} \\ \vdots & \vdots & & \vdots \\ a_{m1}+b_{m1} & a_{m2}+b_{m2} & \cdots & a_{mn}+b_{mn}\end{pmatrix}$$

只有当两个矩阵是同阶矩阵时,这两个矩阵才能进行加法运算.

矩阵的加法运算满足规律(设 $\boldsymbol{A},\boldsymbol{B},\boldsymbol{C}$ 都是 $m\times n$ 矩阵)：

(1)$\boldsymbol{A}+\boldsymbol{B}=\boldsymbol{B}+\boldsymbol{A}$;

(2)$(\boldsymbol{A}+\boldsymbol{B})+\boldsymbol{C}=\boldsymbol{A}+(\boldsymbol{B}+\boldsymbol{C})$;

(3)$\boldsymbol{A}+\boldsymbol{0}=\boldsymbol{A}$;

(4)$\boldsymbol{A}=(a_{ij})_{m\times n}$,记 $-\boldsymbol{A}=(-a_{ij})_{m\times n}$,称 $-\boldsymbol{A}$ 为 $\boldsymbol{A}$ 的负矩阵.

易知 $\boldsymbol{A}+(-\boldsymbol{A})=\boldsymbol{0}$.

规定 $\boldsymbol{A}-\boldsymbol{B}=\boldsymbol{A}+(-\boldsymbol{B})$.

2. 数与矩阵的乘法

定义 2.3 以数 λ(λ 为任意数) 乘矩阵 $\boldsymbol{A}$ 中的每一个元素所得的矩阵称为数 λ 与矩阵 $\boldsymbol{A}$ 的积,记为 $\lambda\boldsymbol{A}$,即

$$\lambda\boldsymbol{A}=\begin{pmatrix}\lambda a_{11} & \lambda a_{12} & \cdots & \lambda a_{1n} \\ \lambda a_{21} & \lambda a_{22} & \cdots & \lambda a_{2n} \\ \vdots & \vdots & & \vdots \\ \lambda a_{m1} & \lambda a_{m2} & \cdots & \lambda a_{mn}\end{pmatrix}$$

数乘矩阵的运算满足下列运算(其中 λ,μ 为任意数,$\boldsymbol{A},\boldsymbol{B}$ 为同阶矩阵):

(1) $\lambda(\mu\boldsymbol{A})=(\lambda\mu)\boldsymbol{A}$;

(2) $(\lambda+\mu)\boldsymbol{A}=\lambda\boldsymbol{A}+\mu\boldsymbol{A}$;

(3) $\lambda(\boldsymbol{A}+\boldsymbol{B})=\lambda\boldsymbol{A}+\lambda\boldsymbol{B}$.

矩阵加法运算和数乘运算统称为矩阵的线性运算.

3. 矩阵的乘法

定义 2.4 矩阵 $\boldsymbol{A}=(a_{ij})_{m\times p}$ 与矩阵 $\boldsymbol{B}=(b_{ij})_{p\times n}$ 的乘积 $\boldsymbol{AB}$ 是一个 $m\times n$ 阶矩阵 $\boldsymbol{C}=(c_{ij})_{m\times n}$,其中

$$c_{ij}=a_{i1}b_{1j}+a_{i2}b_{2j}+\cdots+a_{ip}b_{pj}=\sum a_{ik}b_{kj}\quad(i=1,2,\cdots,m;j=1,2,\cdots,n)$$

并记作 $\boldsymbol{C}=\boldsymbol{AB}$. 表示如下

$$\begin{pmatrix} a_{11} & a_{12} & \cdots & a_{1p} \\ \vdots & \vdots & & \vdots \\ \boxed{a_{i1} \quad a_{i2} \quad \cdots \quad a_{ip}} \\ \vdots & \vdots & & \vdots \\ a_{m1} & a_{m2} & \cdots & a_{mp} \end{pmatrix}\begin{pmatrix} b_{11} & \cdots & b_{1j} & \cdots & b_{1n} \\ b_{21} & \cdots & b_{2j} & \cdots & b_{2n} \\ \vdots & & \vdots & & \vdots \\ b_{p1} & \cdots & b_{pj} & \cdots & b_{pn} \end{pmatrix}=\begin{pmatrix} c_{11} & \cdots & c_{1j} & \cdots & c_{1n} \\ \vdots & & \vdots & & \vdots \\ c_{i1} & \cdots & \boxed{c_{ij}} & \cdots & c_{in} \\ \vdots & & \vdots & & \vdots \\ c_{m1} & \cdots & c_{mj} & \cdots & c_{mn} \end{pmatrix}$$

由矩阵乘法定义知,只有矩阵$\boldsymbol{A}$的列数等于矩阵$\boldsymbol{B}$的行数,$\boldsymbol{A}$与$\boldsymbol{B}$相乘$\boldsymbol{AB}$才有意义,且矩阵 $\boldsymbol{C}=\boldsymbol{AB}$ 的行数为 $\boldsymbol{A}$ 的行数,列数为 $\boldsymbol{B}$ 的列数.

例 3 设 $\boldsymbol{A}=\begin{pmatrix} 2 & 3 & -1 \\ -1 & 0 & 2 \end{pmatrix}$,$\boldsymbol{B}=\begin{pmatrix} 1 & 2 \\ 2 & 0 \\ -1 & 4 \end{pmatrix}$,求 $\boldsymbol{AB}$.

解 可得

$$\boldsymbol{AB}=\begin{pmatrix} 2 & 3 & -1 \\ -1 & 0 & 2 \end{pmatrix}\begin{pmatrix} 1 & 2 \\ 2 & 0 \\ -1 & 4 \end{pmatrix}=$$

$$\begin{pmatrix} 2\times1+3\times2+(-1)\times(-1) & 2\times2+3\times0+(-1)\times4 \\ (-1)\times1+0\times2+2\times(-1) & (-1)\times2+0\times0+2\times4 \end{pmatrix}=$$

$$\begin{pmatrix} 9 & 0 \\ -3 & 6 \end{pmatrix}$$

例 4 设矩阵 $\boldsymbol{A}=(a_{ij})_{m\times n}$,单位阵 $\boldsymbol{E}_m$ 和 $\boldsymbol{E}_n$,求 $\boldsymbol{E}_m\boldsymbol{A}$ 和 $\boldsymbol{AE}_n$.

解 可得

$$\boldsymbol{E}_m\boldsymbol{A}=\begin{pmatrix} 1 & 0 & \cdots & 0 \\ 0 & 1 & \cdots & 0 \\ \vdots & \vdots & & \vdots \\ 0 & 0 & \cdots & 1 \end{pmatrix}\begin{pmatrix} a_{11} & a_{12} & \cdots & a_{1n} \\ a_{21} & a_{22} & \cdots & a_{2n} \\ \vdots & \vdots & & \vdots \\ a_{m1} & a_{m2} & \cdots & a_{mn} \end{pmatrix}=\boldsymbol{A}_{m\times n}$$

同样可得

$$\boldsymbol{A}_{m\times n}\boldsymbol{E}_n=\boldsymbol{A}_{m\times n}$$

可见单位矩阵 $\boldsymbol{E}$ 在矩阵乘法中的作用类似数 1 在数的乘法中的作用.

例5 设矩阵 $\boldsymbol{A}=\begin{pmatrix}-2 & 4\\ 1 & -2\end{pmatrix}$，$\boldsymbol{B}=\begin{pmatrix}2 & 4\\ -3 & -6\end{pmatrix}$，求 $\boldsymbol{AB}$ 及 $\boldsymbol{BA}$.

解 可得

$$\boldsymbol{AB}=\begin{pmatrix}-2 & 4\\ 1 & -2\end{pmatrix}\begin{pmatrix}2 & 4\\ -3 & -6\end{pmatrix}=\begin{pmatrix}-16 & -32\\ 8 & 16\end{pmatrix}$$

$$\boldsymbol{BA}=\begin{pmatrix}2 & 4\\ -3 & -6\end{pmatrix}\begin{pmatrix}-2 & 4\\ 1 & -2\end{pmatrix}=\begin{pmatrix}0 & 0\\ 0 & 0\end{pmatrix}$$

此例说明，矩阵乘法一般不满足交换律，即 $\boldsymbol{AB}\neq\boldsymbol{BA}$，且虽然 $\boldsymbol{A}\neq\boldsymbol{0}$，$\boldsymbol{B}\neq\boldsymbol{0}$，但乘积 $\boldsymbol{AB}$ 却可能是零矩阵，这是矩阵乘法的又一特点. 因此，不能从 $\boldsymbol{AB}=\boldsymbol{AC}$ 推出 $\boldsymbol{B}=\boldsymbol{C}$ 的结论，即矩阵乘法消去律一般不成立. 当 $\boldsymbol{AB}=\boldsymbol{BA}$ 时，称矩阵 $\boldsymbol{A}$，$\boldsymbol{B}$ 可交换.

矩阵的乘法满足下述运算规律（假设运算都是可行的）：

(1) $(\boldsymbol{AB})\boldsymbol{C}=\boldsymbol{A}(\boldsymbol{BC})$；

(2) $\boldsymbol{A}(\boldsymbol{B}+\boldsymbol{C})=\boldsymbol{AB}+\boldsymbol{AC}$；$(\boldsymbol{B}+\boldsymbol{C})\boldsymbol{A}=\boldsymbol{BA}+\boldsymbol{CA}$；

(3) $\lambda(\boldsymbol{AB})=(\lambda\boldsymbol{A})\boldsymbol{B}=\boldsymbol{A}(\lambda\boldsymbol{B})$（其中 λ 为数）.

矩阵 $\lambda\boldsymbol{E}$ 称为纯量矩阵. 当 $\boldsymbol{A}$ 为 n 阶方阵时，有纯量阵与任何同阶方阵都是可交换，即 $(\lambda\boldsymbol{E}_n)\boldsymbol{A}_n=\lambda\boldsymbol{A}_n=\boldsymbol{A}_n(\lambda\boldsymbol{E}_n)$.

例6 设 $\boldsymbol{A}=\begin{pmatrix}1 & 1 & 1\\ 1 & 1 & -1\\ 1 & -1 & 1\end{pmatrix}$，$\boldsymbol{B}=\begin{pmatrix}1 & 2 & 3\\ -1 & -2 & 4\\ 0 & 5 & 1\end{pmatrix}$，求 $3\boldsymbol{AB}-2\boldsymbol{A}$.

解 可得

$$3\boldsymbol{AB}-2\boldsymbol{A}=3\begin{pmatrix}1 & 1 & 1\\ 1 & 1 & -1\\ 1 & -1 & 1\end{pmatrix}\begin{pmatrix}1 & 2 & 3\\ -1 & -2 & 4\\ 0 & 5 & 1\end{pmatrix}-2\begin{pmatrix}1 & 1 & 1\\ 1 & 1 & -1\\ 1 & -1 & 1\end{pmatrix}=$$

$$3\begin{pmatrix}0 & 5 & 8\\ 0 & -5 & 6\\ 2 & 9 & 0\end{pmatrix}-2\begin{pmatrix}1 & 1 & 1\\ 1 & 1 & -1\\ 1 & -1 & 1\end{pmatrix}=\begin{pmatrix}-2 & 13 & 22\\ -2 & -17 & 20\\ 4 & 29 & -2\end{pmatrix}$$

例7 设 $\boldsymbol{A}=\begin{pmatrix}2 & 1 & 4\\ 1 & -1 & 3\end{pmatrix}$，$\boldsymbol{B}=\begin{pmatrix}1 & 0 & 1\\ 3 & -1 & -3\\ 1 & 2 & 1\end{pmatrix}$，求 $\boldsymbol{AB}$.

解 可得

$$\boldsymbol{AB}=\begin{pmatrix}2\times1+1\times3+4\times1 & 2\times0+1\times(-1)+4\times2 & 2\times1+1\times(-3)+4\times1\\ 1\times1+(-1)\times3+3\times1 & 1\times0+(-1)\times(-1)+3\times2 & 1\times1+(-1)\times(-3)+3\times1\end{pmatrix}=$$

$$\begin{pmatrix}9 & 7 & 3\\ 1 & 7 & 7\end{pmatrix}$$

4. 矩阵的幂

定义2.5 设 $\boldsymbol{A}$ 是一个 n 阶矩阵，定义

$$\boldsymbol{A}^1=\boldsymbol{A},\boldsymbol{A}^2=\boldsymbol{A}^1\boldsymbol{A}^1,\cdots,\boldsymbol{A}^{k+1}=\boldsymbol{A}^k\boldsymbol{A}^1$$

其中 k 是一个正整数,规定 $\boldsymbol{A}^k=\underbrace{\boldsymbol{AA}\cdots\boldsymbol{A}}_{k个}$.

显然只有方阵才有幂的运算. 规定 $\boldsymbol{A}^0=\boldsymbol{E}$.

矩阵的幂满足规律:$\boldsymbol{A}^k\boldsymbol{A}^l=\boldsymbol{A}^{k+l}$,$(\boldsymbol{A}^k)^l=\boldsymbol{A}^{kl}$. (其中 k,l 为正整数)

注:(1) 如果 $\boldsymbol{A}^k=\boldsymbol{0}$,也不一定有 $\boldsymbol{A}=\boldsymbol{0}$.

例如,取 $\boldsymbol{A}=\begin{pmatrix}1&1\\-1&-1\end{pmatrix}\neq\boldsymbol{0}$,而 $\boldsymbol{A}^2=\begin{pmatrix}1&1\\-1&-1\end{pmatrix}\begin{pmatrix}1&1\\-1&-1\end{pmatrix}=\begin{pmatrix}0&0\\0&0\end{pmatrix}$.

(2) 由于乘法不满足交换律,故对于两个 n 阶矩阵 $\boldsymbol{A}$ 与 $\boldsymbol{B}$,一般说 $(\boldsymbol{AB})^k\neq\boldsymbol{A}^k\boldsymbol{B}^k$.

例 8 设 $\boldsymbol{A}=\begin{pmatrix}\lambda&1&0\\0&\lambda&1\\0&0&\lambda\end{pmatrix}$,求 $\boldsymbol{A}^k$.

解 首先观察

$$\boldsymbol{A}^2=\begin{pmatrix}\lambda&1&0\\0&\lambda&1\\0&0&\lambda\end{pmatrix}\begin{pmatrix}\lambda&1&0\\0&\lambda&1\\0&0&\lambda\end{pmatrix}=\begin{pmatrix}\lambda^2&2\lambda&1\\0&\lambda^2&2\lambda\\0&0&\lambda^2\end{pmatrix}$$

$$\boldsymbol{A}^3=\boldsymbol{A}^2\cdot\boldsymbol{A}=\begin{pmatrix}\lambda^3&3\lambda^2&3\lambda\\0&\lambda^3&3\lambda^2\\0&0&\lambda^3\end{pmatrix}$$

$$\boldsymbol{A}^4=\boldsymbol{A}^3\cdot\boldsymbol{A}=\begin{pmatrix}\lambda^4&4\lambda^3&6\lambda^2\\0&\lambda^4&4\lambda^3\\0&0&\lambda^4\end{pmatrix}$$

$$\boldsymbol{A}^5=\boldsymbol{A}^4\cdot\boldsymbol{A}=\begin{pmatrix}\lambda^5&5\lambda^4&10\lambda^3\\0&\lambda^5&5\lambda^4\\0&0&\lambda^5\end{pmatrix}$$

$$\vdots$$

$$\boldsymbol{A}^k=\begin{pmatrix}\lambda^k&k\lambda^{k-1}&\dfrac{k(k-1)}{2}\lambda^{k-2}\\0&\lambda^k&k\lambda^{k-1}\\0&0&\lambda^k\end{pmatrix}$$

用数学归纳法证明.

首先,当 $k=2$ 时

$$\boldsymbol{A}^2=\begin{pmatrix}\lambda^2&2\lambda&1\\0&\lambda^2&2\lambda\\0&0&\lambda^2\end{pmatrix}$$

显然成立.

其次,假设 k 时成立,则 $k+1$ 时

$$A^{k+1}=A^k\cdot A=\begin{pmatrix}\lambda^k & k\lambda^{k-1} & \frac{k(k-1)}{2}\lambda^{k-2}\\ 0 & \lambda^k & k\lambda^{k-1}\\ 0 & 0 & \lambda^k\end{pmatrix}\begin{pmatrix}\lambda & 1 & 0\\ 0 & \lambda & 1\\ 0 & 0 & \lambda\end{pmatrix}=$$

$$\begin{pmatrix}\lambda^{k+1} & (k+1)\lambda^{k-1} & \frac{(k+1)k}{2}\lambda^{k-1}\\ 0 & \lambda^{k+1} & (k+1)\lambda^{k-1}\\ 0 & 0 & \lambda^{k+1}\end{pmatrix}$$

所以,由数学归纳法原理知

$$A^k=\begin{pmatrix}\lambda^k & k\lambda^{k-1} & \frac{k(k-1)}{2}\lambda^{k-2}\\ 0 & \lambda^k & k\lambda^{k-1}\\ 0 & 0 & \lambda^k\end{pmatrix}$$

5. 矩阵的转置

定义 2.6 将矩阵A的所有行换成相应的列所得的矩阵称为A的转置矩阵,记为A^{T}. 设

$$A=\begin{pmatrix}a_{11} & a_{12} & \cdots & a_{1n}\\ a_{21} & a_{22} & \cdots & a_{2n}\\ \vdots & \vdots & & \vdots\\ a_{m1} & a_{m2} & \cdots & a_{mn}\end{pmatrix}$$

则

$$A^{\mathrm{T}}=\begin{pmatrix}a_{11} & a_{21} & \cdots & a_{m1}\\ a_{12} & a_{22} & \cdots & a_{m2}\\ \vdots & \vdots & & \vdots\\ a_{1n} & a_{2n} & \cdots & a_{mn}\end{pmatrix}$$

例 9 设$A=\begin{pmatrix}1 & 2 & 3\\ -1 & 0 & 4\end{pmatrix}$,则$A^{\mathrm{T}}=\begin{pmatrix}1 & -1\\ 2 & 0\\ 3 & 4\end{pmatrix}$.

矩阵的转置也是一种运算,满足下述运算性质(假设运算都是有意义的):

(1) $(A^{\mathrm{T}})^{\mathrm{T}}=A$;

(2) $(A+B)^{\mathrm{T}}=A^{\mathrm{T}}+B^{\mathrm{T}}$;

(3) $(\lambda A)^{\mathrm{T}}=\lambda A^{\mathrm{T}}$($\lambda$ 为任意实数);

(4) $(AB)^{\mathrm{T}}=B^{\mathrm{T}}A^{\mathrm{T}}$.

性质(2) 和(4) 都可以推广到有限个矩阵情形. 例如$(A_1A_2\cdots A_s)^{\mathrm{T}}=A_s^{\mathrm{T}}A_{s-1}^{\mathrm{T}}\cdots A_2^{\mathrm{T}}A_1^{\mathrm{T}}$.

前三条性质由定义不难推得,我们仅证第四条性质.

证 设$A=(a_{ij})_{m\times s}$,$B=(b_{ij})_{s\times n}$,记$AB=C=(c_{ij})_{m\times n}$,$B^{\mathrm{T}}A^{\mathrm{T}}=D=(d_{ij})_{n\times m}$. 于是由矩阵乘法,得$c_{ij}=\sum_{k=1}^{s}a_{ik}b_{kj}$,而$B^{\mathrm{T}}$第$i$行为$(b_{1i},\cdots,b_{si})$,$A^{\mathrm{T}}$的第$j$列为$(a_{j1},\cdots,a_{js})^{\mathrm{T}}$. 因此

$$d_{ij}=\sum_{k=1}^{s}b_{ki}a_{jk}=\sum_{k=1}^{s}a_{jk}b_{ki}$$

所以 $$d_{ij}=c_{ji}\quad(i=1,2,\cdots,n;j=1,2,\cdots,m)$$

因此 $$\boldsymbol{D}=\boldsymbol{C}^{\mathrm{T}}$$

亦即 $$(\boldsymbol{AB})^{\mathrm{T}}=\boldsymbol{B}^{\mathrm{T}}\boldsymbol{A}^{\mathrm{T}}$$

如果 $\boldsymbol{A}^{\mathrm{T}}=\boldsymbol{A}$,矩阵 $\boldsymbol{A}$ 称为对称矩阵. 容易知道, $\boldsymbol{A}=(a_{ij})_{n\times n}$ 是对称矩阵的充要条件是

$$a_{ij}=a_{ji}\quad(i,j=1,2,\cdots,n)$$

特点是:其元素以对角线为对称轴对应相等.

如果 $\boldsymbol{A}^{\mathrm{T}}=-\boldsymbol{A}$,矩阵 $\boldsymbol{A}$ 称为反对称矩阵. 矩阵 $\boldsymbol{A}=(a_{ij})_{n\times n}$ 是反对称矩阵的充要条件是

$$a_{ij}=-a_{ji}\quad(i,j=1,2,\cdots,n)$$

特点是:其元素以对角线为对称轴互为相反数.

例 10 设 $\boldsymbol{A},\boldsymbol{B}$ 为 n 阶矩阵,且 $\boldsymbol{A}$ 为对称矩阵,证明 $\boldsymbol{B}^{\mathrm{T}}\boldsymbol{AB}$ 也是对称矩阵.

证 因为 $$\boldsymbol{A}^{\mathrm{T}}=\boldsymbol{A}$$

所以 $$(\boldsymbol{B}^{\mathrm{T}}\boldsymbol{AB})^{\mathrm{T}}=\boldsymbol{B}^{\mathrm{T}}(\boldsymbol{B}^{\mathrm{T}}\boldsymbol{A})^{\mathrm{T}}=\boldsymbol{B}^{\mathrm{T}}\boldsymbol{A}^{\mathrm{T}}\boldsymbol{B}=\boldsymbol{B}^{\mathrm{T}}\boldsymbol{AB}$$

从而 $\boldsymbol{B}^{\mathrm{T}}\boldsymbol{AB}$ 是对称矩阵.

例 11 设 $\boldsymbol{A},\boldsymbol{B}$ 都是 n 阶对称矩阵,证明 $\boldsymbol{AB}$ 是对称矩阵的充分必要条件是 $\boldsymbol{AB}=\boldsymbol{BA}$.

证 (1) 充分性.

因为 $\boldsymbol{A}^{\mathrm{T}}=\boldsymbol{A},\boldsymbol{B}^{\mathrm{T}}=\boldsymbol{B}$,且 $\boldsymbol{AB}=\boldsymbol{BA}$,所以

$$(\boldsymbol{AB})^{\mathrm{T}}=(\boldsymbol{BA})^{\mathrm{T}}=\boldsymbol{A}^{\mathrm{T}}\boldsymbol{B}^{\mathrm{T}}=\boldsymbol{AB}$$

即 $\boldsymbol{AB}$ 是对称矩阵.

(2) 必要性.

因为 $\boldsymbol{A}^{\mathrm{T}}=\boldsymbol{A},\boldsymbol{B}^{\mathrm{T}}=\boldsymbol{B}$,且 $(\boldsymbol{AB})^{\mathrm{T}}=\boldsymbol{AB}$,所以

$$\boldsymbol{AB}=(\boldsymbol{AB})^{\mathrm{T}}=\boldsymbol{B}^{\mathrm{T}}\boldsymbol{A}^{\mathrm{T}}=\boldsymbol{BA}$$

6. 方阵的行列式

定义 2.7 由 n 阶矩阵 $\boldsymbol{A}$ 的元素按原来的位置构成的行列式,称为方阵 $\boldsymbol{A}$ 的行列式,记作 $|\boldsymbol{A}|$ 或 $\det\boldsymbol{A}$.

应该注意, $\boldsymbol{A}_n$ 与 $|\boldsymbol{A}_n|$ 是两个不同的概念:

(1) $\boldsymbol{A}_n$ 是 n^2 个数按一定方式排成的数表;

(2) $|\boldsymbol{A}_n|$ 是数表 $\boldsymbol{A}_n$ 按一定的运算法则所确定的一个数.

方阵的行列式运算满足下述性质(其中 $\boldsymbol{A},\boldsymbol{B}$ 是 n 阶矩阵, λ 为数):

(1) $|\boldsymbol{A}^{\mathrm{T}}|=|\boldsymbol{A}|$;

(2) $|\lambda\boldsymbol{A}|=\lambda^n|\boldsymbol{A}|$;

(3) $|\boldsymbol{AB}|=|\boldsymbol{A}||\boldsymbol{B}|$($\boldsymbol{A},\boldsymbol{B}$ 是同阶方阵).

对于 n 阶矩阵 $\boldsymbol{A},\boldsymbol{B}$,一般来说 $\boldsymbol{AB}\neq\boldsymbol{BA}$,但总有 $|\boldsymbol{AB}|=|\boldsymbol{A}||\boldsymbol{B}|=|\boldsymbol{BA}|$. 这个性质可以推广到有限个矩阵相乘的情形,即 $|\boldsymbol{A}_1\boldsymbol{A}_2\cdots\boldsymbol{A}_n|=|\boldsymbol{A}_1||\boldsymbol{A}_2|\cdots|\boldsymbol{A}_n|$($\boldsymbol{A}_i$ 是同阶方阵, $i=1,2,\cdots,n$).

例12 设$A=\begin{pmatrix}2&1\\-1&2\end{pmatrix}$,$E$为2阶单位矩阵,$B$满足$BA=B+2E$,求$|B|$.

解 由$BA=B+2E$,得

$$B(A-E)=2E$$

于是

$$|B||A-E|=2^2$$

即

$$|B|=\frac{2^2}{|A-E|}=\frac{4}{2}=2$$

例13 某企业对职工进行分批脱产技术培训,每年从在岗人员中调30%的人员参加培训,而参加培训的职工中有60%的人结业回岗,假设现有在岗职工800人,参加培训人员是200人,试问两年后在岗与脱产培训的职工各有多少人?(假设职工人数不变)

解 设i年后在岗与脱产培训的职工人数分别为x_i,y_i,且x_0,y_0分别为现有在岗与脱产培训的职工人数,则

$$\begin{cases}x_i=0.7x_{i-1}+0.6y_{i-1}\\y_i=0.3x_{i-1}+0.4y_{i-1}\end{cases}$$

用矩阵表示,有

$$\begin{pmatrix}x_i\\y_i\end{pmatrix}=\begin{pmatrix}0.7&0.6\\0.3&0.4\end{pmatrix}\begin{pmatrix}x_{i-1}\\y_{i-1}\end{pmatrix}$$

于是

$$\begin{pmatrix}x_2\\y_2\end{pmatrix}=\begin{pmatrix}0.7&0.6\\0.3&0.4\end{pmatrix}\begin{pmatrix}x_1\\y_1\end{pmatrix}=\begin{pmatrix}0.7&0.6\\0.3&0.4\end{pmatrix}^2\begin{pmatrix}x_0\\y_0\end{pmatrix}=$$

$$\begin{pmatrix}0.7&0.6\\0.3&0.4\end{pmatrix}^2\begin{pmatrix}800\\200\end{pmatrix}=\begin{pmatrix}668\\332\end{pmatrix}$$

两年后在岗职工668人,脱产培训职工332人.

2.2 逆矩阵

2.2.1 逆矩阵的概念

1.逆矩阵的概念

定义2.8 设A是n阶矩阵,如果有n阶矩阵B,使$AB=BA=E$,则称A是可逆的,且称B为A的逆矩阵,记为A^{-1}.

如果矩阵A是可逆的,则A的逆矩阵是唯一的.事实上,若B_1和B_2都是矩阵A的逆矩阵,即B_1和B_2都满足$B_1A=AB_1=E,B_2A=AB_2=E$,则

$$B_1=B_1E=B_1(AB_2)=(B_1A)B_2=EB_2=B_2$$

这就说明,若方阵A有逆矩阵,则逆矩阵是唯一的.

2.伴随矩阵

定义2.9 设A是n阶矩阵,由行列式$|A|$的各元素的代数余子式A_{ij}所构成的矩阵

$$A^* = \begin{pmatrix} A_{11} & A_{21} & \cdots & A_{n1} \\ A_{12} & A_{22} & \cdots & A_{n2} \\ \vdots & \vdots & & \vdots \\ A_{1n} & A_{2n} & \cdots & A_{nn} \end{pmatrix}$$ 称为矩阵 A 的伴随矩阵.

例 14 已知方阵 A 与它的伴随矩阵 A^*,证明 $AA^* = A^*A = |A|E$.

证 设 $A = (a_{ij})_{n\times n}$,记 $AA^* = (b_{ij})$,则

$$b_{ij} = a_{i1}A_{j1} + a_{i2}A_{j2} + \cdots + a_{in}A_{jn} = \begin{cases} |A| & \text{当 } i = j \text{ 时} \\ 0 & \text{当 } i \neq j \text{ 时} \end{cases}$$

故
$$AA^* = \left(\sum_{k=1}^{n} a_{ik}A_{jk}\right) = |A|E$$

类似地,有
$$A^*A = \left(\sum_{k=1}^{n} A_{ki}a_{kj}\right) = |A|E$$

伴随矩阵的性质:

设 A 是 n 阶矩阵,A^* 是矩阵 A 的伴随矩阵,则:

(1) $AA^* = A^*A = |A|E$;

(2) $(A^*)^l = (A^l)^*$;

(3) $(aA)^* = a^{n-1}A^*$;

(4) $|A^*| = |A|^{n-1}$;

(5) $(A^*)^* = |A|^{n-2}A$;

(6) $(AB)^* = B^*A^*$.

例 15 设矩阵 $A = (a_{ij})_{3\times 3}$,满足 $A^* = A^{\mathrm{T}}$,其中 A^* 为 A 的伴随矩阵,A^{T} 为 A 的转置矩阵. 若 a_{11}, a_{12}, a_{13} 为三个相等的正数,求 a_{11}.

解 由
$$A^* = A^{\mathrm{T}}$$
得
$$a_{ij} = A_{ij}$$
于是
$$|A| = a_{11}A_{11} + a_{12}A_{12} + a_{13}A_{13} = a_{11}^2 + a_{12}^2 + a_{13}^2 = 3a_{11}^2 > 0$$
又因为
$$AA^* = A^*A = |A|E$$
两边取行列式得
$$|A||A^{\mathrm{T}}| = |A|^3$$
即
$$|A|^2 = |A|^3$$
从而
$$|A| = 1$$
故
$$3a_{11}^2 = |A| = 1$$
解得
$$a_{11} = \frac{1}{\sqrt{3}}$$

3. 矩阵可逆的条件

当 $\det A = 0$ 时,A 称为奇异矩阵,否则称非奇异矩阵.

定理2.1　n 阶方阵 $\boldsymbol{A}$ 可逆的充分必要条件是 $\boldsymbol{A}$ 为非奇异矩阵，且 $\boldsymbol{A}^{-1}=\frac{1}{|\boldsymbol{A}|}\boldsymbol{A}^*$，其中 $\boldsymbol{A}^*$ 是 $\boldsymbol{A}$ 的伴随矩阵.

证　(1) 充分性.

因为 $|\boldsymbol{A}|\neq 0$，由 $\boldsymbol{A}\boldsymbol{A}^*=\boldsymbol{A}^*\boldsymbol{A}=|\boldsymbol{A}|\boldsymbol{E}$ 得

$$\boldsymbol{A}\frac{1}{|\boldsymbol{A}|}\boldsymbol{A}^*=\frac{1}{|\boldsymbol{A}|}\boldsymbol{A}^*\boldsymbol{A}=\boldsymbol{E}$$

所以，根据逆矩阵的定义，得

$$\boldsymbol{A}^{-1}=\frac{1}{|\boldsymbol{A}|}\boldsymbol{A}^*$$

(2) 必要性.

若方阵 $\boldsymbol{A}$ 可逆，则 $\boldsymbol{A}\boldsymbol{A}^{-1}=\boldsymbol{E}$. 从而 $|\boldsymbol{A}\boldsymbol{A}^{-1}|=|\boldsymbol{E}|=1$. 又 $|\boldsymbol{A}\boldsymbol{A}^{-1}|=|\boldsymbol{A}||\boldsymbol{A}^{-1}|$，所以 $|\boldsymbol{A}|\neq 0$，即 $\boldsymbol{A}$ 是非奇异的.

例16　求二阶矩阵 $\boldsymbol{A}=\begin{pmatrix}a & b\\ c & d\end{pmatrix}$ 的逆矩阵.

解　$|\boldsymbol{A}|=ad-bc$，$\boldsymbol{A}^*=\begin{pmatrix}d & -b\\ -c & a\end{pmatrix}$.

由逆矩阵计算公式，当 $|\boldsymbol{A}|\neq 0$ 时，有

$$\boldsymbol{A}^{-1}=\frac{1}{|\boldsymbol{A}|}\boldsymbol{A}^*=\frac{1}{ad-bc}\begin{pmatrix}d & -b\\ -c & a\end{pmatrix}$$

例17　求矩阵 $\boldsymbol{A}=\begin{pmatrix}2 & 1 & 1\\ 3 & 1 & 2\\ 1 & -1 & 0\end{pmatrix}$ 的逆矩阵.

解　因为

$$|\boldsymbol{A}|=\begin{vmatrix}2 & 1 & 1\\ 3 & 1 & 2\\ 1 & -1 & 0\end{vmatrix}=2\neq 0$$

故 $\boldsymbol{A}$ 可逆，再求 $\boldsymbol{A}^{-1}$，有

$$A_{11}=2, A_{12}=2, A_{13}=-4, A_{21}=-1, A_{22}=-1$$
$$A_{23}=3, A_{31}=1, A_{32}=-1, A_{33}=-1$$

$$\boldsymbol{A}^*=\begin{pmatrix}2 & -1 & 1\\ 2 & -1 & -1\\ -4 & 3 & -1\end{pmatrix}$$

所以

$$\boldsymbol{A}^{-1}=\frac{1}{|\boldsymbol{A}|}\boldsymbol{A}^*=\frac{1}{2}\begin{pmatrix}2 & -1 & 1\\ 2 & -1 & -1\\ -4 & 3 & -1\end{pmatrix}=\begin{pmatrix}1 & -\frac{1}{2} & \frac{1}{2}\\ 1 & -\frac{1}{2} & -\frac{1}{2}\\ -2 & \frac{3}{2} & -\frac{1}{2}\end{pmatrix}$$

例 18 设 A,B,C 均为 n 阶矩阵，E 为 n 阶单位矩阵，若 $B=E+AB$，$C=A+CA$，求 $B-C$.

解 由
$$B=E+AB$$
得
$$(E-A)B=E$$
即 B 和 $E-A$ 可逆，且
$$B=(E-A)^{-1}$$
而由
$$C=A+CA$$
得
$$C(E-A)=A$$
即
$$C=A(E-A)^{-1}$$
于是
$$B-C=(E-A)^{-1}-A(E-A)^{-1}=(E-A)(E-A)^{-1}=E$$

例 19 设 $A=\begin{pmatrix}0&3&3\\1&1&0\\-1&2&3\end{pmatrix}$，$AB=A+2B$，求 B.

解 由
$$AB=A+2B$$
可得
$$(A-2E)B=A$$
因为
$$|A-2E|=\begin{vmatrix}-2&3&3\\1&-1&0\\-1&2&1\end{vmatrix}=2\neq 0$$
所以 $A-2E$ 可逆. 故
$$B=(A-2E)^{-1}A=\begin{pmatrix}-2&3&3\\1&-1&0\\-1&2&1\end{pmatrix}^{-1}\begin{pmatrix}0&3&3\\1&1&0\\-1&2&3\end{pmatrix}=\begin{pmatrix}0&3&3\\-1&2&3\\1&1&0\end{pmatrix}$$

2.2.2 逆矩阵的性质

(1) 若 A 可逆，则 A^{-1} 也可逆，且 $(A^{-1})^{-1}=A$.

证 因为 A 可逆，则 A^{-1} 存在，所以 $AA^{-1}=E$，$|A||A^{-1}|=1$，故 $|A^{-1}|\neq 0$，由定理2.1，$(A^{-1})^{-1}$ 存在. 又 $(A^{-1})(A^{-1})^{-1}=E$. 两边左乘 A 得 $(AA^{-1})(A^{-1})^{-1}=AE$，即
$$(A^{-1})^{-1}=A$$

(2) 若 A 可逆，数 $\lambda\neq 0$，则 λA 也可逆，且 $(\lambda A)^{-1}=\frac{1}{\lambda}A^{-1}$.（证明略）

(3) 设 A,B 为同阶可逆矩阵，则 AB 也可逆，且 $(AB)^{-1}=B^{-1}A^{-1}$.

证 因为
$$(AB)(B^{-1}A^{-1})=A(BB^{-1})A^{-1}=AA^{-1}=E$$
$$(B^{-1}A^{-1})(AB)=B^{-1}(A^{-1}A)B=B^{-1}B=E$$
所以
$$(AB)^{-1}=B^{-1}A^{-1}$$

(4) 若 A 可逆，则 A^{T} 也可逆，且 $(A^{T})^{-1}=(A^{-1})^{T}$.（证明略）

(5) 若 A 可逆，$A^{*}=|A|A^{-1}$，且 A^{*} 亦可逆，其逆为 $(A^{*})^{-1}=(A^{-1})^{*}=|A|^{-1}A$.

例 20　设矩阵 $\boldsymbol{A}$ 可逆,证明其伴随阵 $\boldsymbol{A}^*$ 也可逆且 $(\boldsymbol{A}^*)^{-1}=(\boldsymbol{A}^{-1})^*$.

证　由
$$\boldsymbol{A}^{-1}=\frac{1}{|\boldsymbol{A}|}\boldsymbol{A}^*$$
得
$$\boldsymbol{A}^*=|\boldsymbol{A}|\boldsymbol{A}^{-1}$$
所以当 $\boldsymbol{A}$ 可逆时有
$$|\boldsymbol{A}^*|=|\boldsymbol{A}|^n|\boldsymbol{A}^{-1}|=|\boldsymbol{A}|^{n-1}\neq 0$$
从而 $\boldsymbol{A}^*$ 也可逆,因为
$$\boldsymbol{A}^*=|\boldsymbol{A}|\boldsymbol{A}^{-1}$$
所以
$$(\boldsymbol{A}^*)^{-1}=|\boldsymbol{A}|^{-1}\boldsymbol{A}$$
又
$$\boldsymbol{A}=\frac{1}{|\boldsymbol{A}^{-1}|}(\boldsymbol{A}^{-1})^*=|\boldsymbol{A}|(\boldsymbol{A}^{-1})^*$$
所以
$$(\boldsymbol{A}^*)^{-1}=|\boldsymbol{A}|^{-1}\boldsymbol{A}=|\boldsymbol{A}|^{-1}|\boldsymbol{A}|(\boldsymbol{A}^{-1})^*=(\boldsymbol{A}^{-1})^*$$

例 21　设 n 阶矩阵 $\boldsymbol{A}$ 的伴随矩阵为 $\boldsymbol{A}^*$,证明:

(1) 若 $|\boldsymbol{A}|=0$,则 $|\boldsymbol{A}^*|=0$;

(2) $|\boldsymbol{A}^*|=|\boldsymbol{A}|^{n-1}$.

证　(1) 用反证法证明.

假设
$$|\boldsymbol{A}^*|\neq 0$$
则有
$$\boldsymbol{A}^*(\boldsymbol{A}^*)^{-1}=\boldsymbol{E}$$
由此得
$$\boldsymbol{A}=\boldsymbol{A}\boldsymbol{A}^*(\boldsymbol{A}^*)^{-1}=|\boldsymbol{A}|\boldsymbol{E}(\boldsymbol{A}^*)^{-1}=\boldsymbol{0}$$
所以
$$\boldsymbol{A}^*=\boldsymbol{0}$$
这与 $|\boldsymbol{A}^*|\neq 0$ 矛盾,故当 $|\boldsymbol{A}|=0$ 时,有 $|\boldsymbol{A}^*|=0$.

(2) 当 $|A|=0$ 时,由(1) 知结论成立,当 $|A|\neq 0$ 时,有 $A^{-1}=\frac{1}{|A|}\cdot A^*$,则
$$A\cdot A^*=|A|\cdot E$$
取行列式得
$$|A|\cdot|A^*|=|A|^n$$
则
$$|A^*|=|A|^{n-1}$$

例 22　设矩阵 $\boldsymbol{A}=\begin{pmatrix}2&1&0\\1&2&0\\0&0&1\end{pmatrix}$,矩阵 $\boldsymbol{B}$ 满足 $\boldsymbol{ABA}^*=2\boldsymbol{BA}^*+\boldsymbol{E}$,其中 $\boldsymbol{A}^*$ 是 $\boldsymbol{A}$ 的伴随矩阵,$\boldsymbol{E}$ 是单位矩阵,求 $|\boldsymbol{B}|$.

解　可求得 $|\boldsymbol{A}|=3$.

等式 $\boldsymbol{ABA}^*=2\boldsymbol{BA}^*+\boldsymbol{E}$ 两边右乘矩阵 $\boldsymbol{A}$,并利用
$$\boldsymbol{A}^*\boldsymbol{A}=|\boldsymbol{A}|\boldsymbol{E}=3\boldsymbol{E}$$
得
$$3\boldsymbol{AB}=6\boldsymbol{B}+\boldsymbol{A}$$
于是
$$3(\boldsymbol{A}-2\boldsymbol{E})\boldsymbol{B}=\boldsymbol{A}$$

即
$$B=\frac{1}{3}(A-2E)^{-1}A$$

故
$$|B|=\left|\frac{1}{3}(A-2E)^{-1}A\right|=\left(\frac{1}{3}\right)^3\frac{|A|}{|A-2E|}=\frac{1}{9}$$

例 23 设 $A=\begin{pmatrix}0&-1&0\\1&0&0\\0&0&-1\end{pmatrix}$，$B=P^{-1}AP$，其中 P 为三阶可逆矩阵，求 $B^{2\,004}-2A^2$.

解 可求得 $A^2=\begin{pmatrix}-1&0&0\\0&-1&0\\0&0&1\end{pmatrix}$，于是

$$B^{2\,004}-2A^2=P^{-1}A^{2\,004}P-2A^2=P^{-1}(A^2)^{1\,002}P-2A^2=$$
$$P^{-1}EP-2A^2=E-2A^2=$$
$$\begin{pmatrix}1&0&0\\0&1&0\\0&0&1\end{pmatrix}-2\begin{pmatrix}-1&0&0\\0&-1&0\\0&0&1\end{pmatrix}=\begin{pmatrix}3&0&0\\0&3&0\\0&0&-1\end{pmatrix}$$

2.3 矩阵的初等变换

2.3.1 矩阵的初等变换

定义 2.10 下述三种变换称为矩阵的初等行变换：

（1）对调两行（交换 i,j 两行，记作 $r_i\leftrightarrow r_j$）；

（2）以非零数 k 乘某行的所有元素（第 i 行乘 k 记作 $r_i\times k$）；

（3）把某一行的所有元素的 k 倍加到另一行对应的元素上去（第 j 行的 k 倍加到第 i 行上，记作 r_i+kr_j）.

把上述的"行"换成"列"即为初等列变换的定义（所用记号把 r 换成 c）.

矩阵的初等行变换和初等列变换统称为矩阵的初等变换.

初等变换均可逆，其逆变换均为初等变换，即：

$(r_i\leftrightarrow r_j)$ 逆变换为 $(r_j\leftrightarrow r_i)$；

$(r_i\times k)$ 逆变换为 $\left(r_i\times\frac{1}{k}\right)$；

(r_i+kr_j) 逆变换为 $(r_i+(-k)r_j)$.

定义 2.11（等价矩阵） 如果矩阵 A 经有限次初等变换变成矩阵 B，就称矩阵 A，B 等价. 记为 $A\sim B$.

矩阵等价关系满足以下性质：

（1）反身性：$A\sim A$；

（2）对称性：若 $A\sim B$，则 $B\sim A$；

（3）传递性：若 $A\sim B$，$B\sim C$，则 $A\sim C$.

定义 2.12(初等矩阵) 由单位矩阵 $\boldsymbol{E}$ 经一次初等变换得到的矩阵称为初等矩阵. 三种初等变换对应着三种初等矩阵.

(1) 把单位矩阵中第 i 行与第 j 行对调($r_i \leftrightarrow r_j$),得初等矩阵

$$\boldsymbol{E}(i,j)=\begin{pmatrix}1&&&&&&&&\\&\ddots&&&&&&&\\&&1&&&&&&\\&&&0&\cdots&1&&&\\&&&1&&&&&\\&&&\vdots&\ddots&\vdots&&&\\&&&&&1&&&\\&&&1&\cdots&0&&&\\&&&&&&1&&\\&&&&&&&\ddots&\\&&&&&&&&1\end{pmatrix}\begin{matrix}\\\\\\(\text{第 } i \text{ 行})\\\\\\\\(\text{第 } j \text{ 行})\\\\\\\\\end{matrix}$$

用 $\boldsymbol{E}_m(i,j)$ 左乘 $\boldsymbol{A}=(a_{ij})_{m\times n}$,其结果相当于对 $\boldsymbol{A}$ 施行第一种初等行变换;用 $\boldsymbol{E}_n(i,j)$ 右乘 $\boldsymbol{A}=(a_{ij})_{m\times n}$,其结果相当于对 $\boldsymbol{A}$ 施行第一种初等列变换.

(2) 以数 $k\neq 0$ 乘单位阵的第 i 行($k\times r_i$),得初等矩阵

$$\boldsymbol{E}(i(k))=\begin{pmatrix}1&&&&&\\&\ddots&&&&\\&&1&&&\\&&&k&&\\&&&&1&\\&&&&&\ddots&\\&&&&&&1\end{pmatrix}(\text{第 } i \text{ 行})$$

用 $\boldsymbol{E}_m(i(k))$ 左乘 $\boldsymbol{A}=(a_{ij})_{m\times n}$,其结果相当于对 $\boldsymbol{A}$ 施行第二种初等行变换;用 $\boldsymbol{E}_n(i(k))$ 右乘 $\boldsymbol{A}=(a_{ij})_{m\times n}$,其结果相当于对 $\boldsymbol{A}$ 施行第二种初等列变换.

(3) 以数 k 乘单位阵的第 j 行加到第 i 行上(r_i+kr_j),得初等矩阵

$$\boldsymbol{E}(i,j(k))=\begin{pmatrix}1&&&&&\\&\ddots&&&&\\&&1&\cdots&k&&\\&&&\ddots&\vdots&&\\&&&&1&&\\&&&&&\ddots&\\&&&&&&1\end{pmatrix}\begin{matrix}\\\\(\text{第 } i \text{ 行})\\\\(\text{第 } j \text{ 行})\\\\\\\end{matrix}$$

用 $\boldsymbol{E}_m(i,j(k))$ 左乘 $\boldsymbol{A}=(a_{ij})_{m\times n}$,其结果相当于对 $\boldsymbol{A}$ 施行第三种初等行变换;用 $\boldsymbol{E}_n(i,j(k))$ 右乘 $\boldsymbol{A}=(a_{ij})_{m\times n}$,其结果相当于对 $\boldsymbol{A}$ 施行第三种初等列变换.

例 24 设 $\boldsymbol{A}$ 为三阶方阵,将 $\boldsymbol{A}$ 的第一列与第二列交换得 $\boldsymbol{B}$,再把 $\boldsymbol{B}$ 的第二列加到第三列得 $\boldsymbol{C}$,求满足 $\boldsymbol{AQ}=\boldsymbol{C}$ 的可逆矩阵 $\boldsymbol{Q}$.

解　记初等矩阵

$$E_1=\begin{pmatrix}0&1&0\\1&0&0\\0&0&1\end{pmatrix},E_2=\begin{pmatrix}1&0&0\\0&1&1\\0&0&1\end{pmatrix}$$

则由题设条件得

$$B=AE_1,C=BE_2$$

于是

$$C=BE_2=AE_1E_2=AQ$$

其中

$$Q=E_1E_2=\begin{pmatrix}0&1&0\\1&0&0\\0&0&1\end{pmatrix}\begin{pmatrix}1&0&0\\0&1&1\\0&0&1\end{pmatrix}=\begin{pmatrix}0&1&1\\1&0&0\\0&0&1\end{pmatrix}$$

2.3.2　利用初等变换求逆矩阵

设 A 是一个 $m\times n$ 矩阵，对矩阵 A 施行一次初等行变换，相当于以相应的 m 阶初等矩阵左乘 A；对矩阵 A 施行一次初等列变换，相当于以相应的 n 阶初等矩阵右乘 A.

一般地，有：

(1) 初等矩阵是可逆矩阵，且其逆矩阵是同类型的初等矩阵；

(2) 初等矩阵的转置矩阵仍是初等矩阵.

定理 2.2　n 阶矩阵 A 是可逆矩阵的充分必要条件是 A 可以写成有限个初等矩阵的乘积.

证　必要性. 对可逆矩阵 A 施行有限次初等行变换，可以将 A 变成单位阵；由初等变换与初等矩阵的关系知，这有限次初等行变换相当于用有限个初等矩阵 $P_1,P_2,\cdots,P_k$ 左乘矩阵 A，即

$$(P_1P_2\cdots P_k)A=E$$

用 A^{-1} 右乘上式两端，得

$$(P_1P_2\cdots P_k)AA^{-1}=EA^{-1}$$

即
$$A^{-1}=P_1P_2\cdots P_k$$

故
$$A=P_k^{-1}\cdots P_2^{-1}P_1^{-1}$$

因初等矩阵可逆，所以充分性是显然的.

推论 1　方阵 A 可逆的充分必要条件是 $A\overset{r}{\sim}E$.

推论 2　$m\times n$ 矩阵 $A\sim B$（A 与 B 等价）的充要条件是存在 m 阶可逆矩阵 P 和 n 阶可逆矩阵 Q，使 $PAQ=B$.

利用初等行变换求逆矩阵（设 A 为可逆矩阵）

$$(A\,\vdots\,E)\sim(E\,\vdots\,A^{-1})$$

方法：在通过行初等变换把可逆矩阵 A 化为单位矩阵 E 时，对单位矩阵 E 施行同样的初等变换，就得到 A 的逆矩阵 A^{-1}.

例 25 求矩阵 $A=\begin{pmatrix}1&2&3\\1&3&4\\1&4&4\end{pmatrix}$ 的逆矩阵.

解 可得

$$(A,E)=\begin{pmatrix}1&2&3&1&0&0\\1&3&4&0&1&0\\1&4&4&0&0&1\end{pmatrix}\xrightarrow[r_3-r_1]{r_2-r_1}\begin{pmatrix}1&2&3&1&0&0\\0&1&1&-1&1&0\\0&2&1&-1&0&1\end{pmatrix}\xrightarrow{r_3-2r_2}$$

$$\begin{pmatrix}1&0&2&2&0&-1\\0&1&1&-1&1&0\\0&0&-1&1&-2&1\end{pmatrix}\xrightarrow[-r_3]{\substack{r_1+2r_3\\ r_2+r_3}}$$

$$\begin{pmatrix}1&0&0&4&-4&1\\0&1&0&0&-1&1\\0&0&1&-1&2&-1\end{pmatrix}=(E,A^{-1})$$

所以

$$A^{-1}=\begin{pmatrix}4&-4&1\\0&-1&1\\-1&2&-1\end{pmatrix}$$

例 26 设 $A=\begin{pmatrix}1&2&3\\2&1&2\\1&3&4\end{pmatrix}$,证明 A 可逆,并求 A^{-1}.

解 用初等行变换把(A,E)化成(F,P),其中 F 为 A 的行最简形,如果 $F=E$,则 A 可逆,并由 $PA=E$,知 $P=A^{-1}$.

运算如下

$$(A,E)=\begin{pmatrix}1&2&3&1&0&0\\2&1&2&0&1&0\\1&3&4&0&0&1\end{pmatrix}\xrightarrow[r_3-r_1]{r_2-2r_1}\begin{pmatrix}1&2&3&1&0&0\\0&-3&-4&-2&1&0\\0&1&1&-1&0&1\end{pmatrix}\xrightarrow{r_2+3r_3}$$

$$\begin{pmatrix}1&2&3&1&0&0\\0&0&-1&-5&1&3\\0&1&1&-1&0&1\end{pmatrix}\xrightarrow[-r_3]{r_2\leftrightarrow r_3}$$

$$\begin{pmatrix}1&2&3&1&0&0\\0&1&1&-1&0&1\\0&0&1&5&-1&-3\end{pmatrix}\xrightarrow[r_1-3r_3]{r_2-r_3}$$

$$\begin{pmatrix}1&2&0&-14&3&9\\0&1&0&-6&1&4\\0&0&1&5&-1&-3\end{pmatrix}\xrightarrow{r_1-2r_2}\begin{pmatrix}1&0&0&-2&1&1\\0&1&0&-6&1&4\\0&0&1&5&-1&-3\end{pmatrix}$$

因为$A \xrightarrow{r} E$,所以A可逆,且$A^{-1}=\begin{pmatrix}-2 & 1 & 1\\ -6 & 1 & 4\\ 5 & -1 & -3\end{pmatrix}$.

例 27 求解矩阵方程$AX=B$,其中$A=\begin{pmatrix}2 & 1 & -3\\ 1 & 2 & -2\\ -1 & 3 & 2\end{pmatrix}$,$B=\begin{pmatrix}1 & -1\\ 2 & 0\\ -2 & 5\end{pmatrix}$.

解 设可逆矩阵P使$PA=F$为行最简形,则

$$P(A,B)=(F,PB)$$

因此对矩阵(A,B)作初等行变换把A变为F,同时B变为PB.若$F=E$,则A可逆,且$P=A^{-1}$,这时所给方程有唯一解$X=PB=A^{-1}B$,即

$$(A,B)=\begin{pmatrix}2 & 1 & -3 & 1 & -1\\ 1 & 2 & -2 & 2 & 0\\ -1 & 3 & 2 & -2 & 5\end{pmatrix}\xrightarrow[r_3+r_1]{\substack{r_1\leftrightarrow r_2\\ r_2-2r_1}}$$

$$\begin{pmatrix}1 & 2 & -2 & 2 & 0\\ 0 & -3 & 1 & -3 & -1\\ 0 & 5 & 0 & 0 & 5\end{pmatrix}\xrightarrow[r_3+3r_2]{\substack{r_3\leftrightarrow r_2\\ r_2\div 5}}$$

$$\begin{pmatrix}1 & 2 & -2 & 2 & 0\\ 0 & 1 & 0 & 0 & 1\\ 0 & 0 & 1 & -3 & 2\end{pmatrix}\xrightarrow{r_1-2r_2+2r_3}$$

$$\begin{pmatrix}1 & 0 & 0 & -4 & 2\\ 0 & 1 & 0 & 0 & 1\\ 0 & 0 & 1 & -3 & 2\end{pmatrix}$$

可见$A \xrightarrow{r} E$,因此A可逆,且

$$X=A^{-1}B=\begin{pmatrix}-4 & 2\\ 0 & 1\\ -3 & 2\end{pmatrix}$$

即为所给方程的唯一解.

2.4 矩阵的秩

2.4.1 矩阵的秩的概念

定义 2.13(矩阵的k阶子式) 在矩阵A中任取k行k列,位于这些行与列相交处的元素按照原来相应位置构成的k阶行列式,叫做A的k阶子式.$m\times n$矩阵A的k阶子式共$C_m^k\cdot C_n^k$个.

定义 2.14(矩阵的秩) 如果矩阵A中有一个r阶子式$D\neq 0$,且所有的$r+1$阶子式(如果存在的话)都等于0,则称D为A的一个最高阶非零子式.数r称为矩阵A的秩,矩

阵 $\boldsymbol{A}$ 的秩记成 $R(\boldsymbol{A})$. 零矩阵的秩规定为0. 若 $\boldsymbol{A}=(a_{ij})_{n\times n}$, $R(\boldsymbol{A})=n$,则称 $\boldsymbol{A}$ 为满秩矩阵,若 $R(\boldsymbol{A})<n$,则称 $\boldsymbol{A}$ 为降秩矩阵(奇异矩阵).

例 28 求矩阵 $\boldsymbol{A}$ 和 $\boldsymbol{B}$ 的秩,其中

$$\boldsymbol{A}=\begin{pmatrix}1&2&3\\2&3&-5\\4&7&1\end{pmatrix},\boldsymbol{B}=\begin{pmatrix}2&-1&0&3&-2\\0&3&1&-2&5\\0&0&0&4&-3\\0&0&0&0&0\end{pmatrix}$$

解 在 $\boldsymbol{A}$ 中 2 阶子式 $\begin{vmatrix}1&2\\2&3\end{vmatrix}\neq 0$, $\boldsymbol{A}$ 的 3 阶子式只有一个 $|\boldsymbol{A}|$,且 $|\boldsymbol{A}|=0$. 因此 $R(\boldsymbol{A})=2$.

在 $\boldsymbol{B}$ 中所有 4 阶子式全为零,而 $\begin{vmatrix}2&-1&3\\0&3&-2\\0&0&4\end{vmatrix}=24\neq 0$. 因此 $R(\boldsymbol{B})=3$.

矩阵的秩的性质:

(1) $0\leqslant R(\boldsymbol{A}_{m\times n})\leqslant \min\{m,n\}$;

(2) $R(\boldsymbol{A}^{\mathrm{T}})=R(\boldsymbol{A})$;

(3) 若 $\boldsymbol{A}\sim\boldsymbol{B}$,则 $R(\boldsymbol{A})=R(\boldsymbol{B})$;

(4) 若 $\boldsymbol{P},\boldsymbol{Q}$ 可逆,则 $R(\boldsymbol{PAQ})=R(\boldsymbol{A})$;

(5) $\max\{R(\boldsymbol{A}),R(\boldsymbol{B})\}\leqslant R(\boldsymbol{A},\boldsymbol{B})\leqslant R(\boldsymbol{A})+R(\boldsymbol{B})$;

(6) $R(\boldsymbol{A}+\boldsymbol{B})\leqslant R(\boldsymbol{A})+R(\boldsymbol{B})$;

(7) $R(\boldsymbol{AB})\leqslant \min\{R(\boldsymbol{A}),R(\boldsymbol{B})\}$.

例 29 设 $\boldsymbol{A}$ 为 n 阶矩阵,证明 $R(\boldsymbol{A}+\boldsymbol{E})+R(\boldsymbol{A}-\boldsymbol{E})\geqslant n$.

证 因

$$(\boldsymbol{A}+\boldsymbol{E})+(\boldsymbol{E}-\boldsymbol{A})=2\boldsymbol{E}$$

由性质(6),有

$$R(\boldsymbol{A}+\boldsymbol{E})+R(\boldsymbol{E}-\boldsymbol{A})\geqslant R(2\boldsymbol{E})=n$$

而

$$R(\boldsymbol{E}-\boldsymbol{A})=R(\boldsymbol{A}-\boldsymbol{E})$$

所以

$$R(\boldsymbol{A}+\boldsymbol{E})+R(\boldsymbol{A}-\boldsymbol{E})\geqslant n$$

2.4.2 利用初等变换求矩阵的秩

用初等变换把矩阵 $\boldsymbol{A}$ 化成行阶梯形矩阵 $\boldsymbol{B}$(行阶梯形矩阵特点:可画一条阶梯线,线下方元素全是0;每个台阶只有一行,台阶数即非零行的行数;阶梯线竖线后面第一个元素为非零元).

定理 2.3 设矩阵 $\boldsymbol{A}$ 经过有限次初等变换化成阶梯形矩阵 $\boldsymbol{B}$,则 $R(\boldsymbol{A})=R(\boldsymbol{B})$.(证明略)

例 30 设 $\boldsymbol{A}=\begin{pmatrix}3&2&0&5&0\\3&-2&3&6&-1\\2&0&1&5&-3\\1&6&-4&-1&4\end{pmatrix}$,求矩阵 $\boldsymbol{A}$ 的秩.

解 可得

$$A=\begin{pmatrix}3&2&0&5&0\\3&-2&3&6&-1\\2&0&1&5&-3\\1&6&-4&-1&4\end{pmatrix}\xrightarrow{r_1\leftrightarrow r_4}\begin{pmatrix}1&6&-4&-1&4\\3&-2&3&6&-1\\2&0&1&5&-3\\3&2&0&5&0\end{pmatrix}\xrightarrow[r_4-3r_1]{r_2-3r_1,\ r_3-2r_1}$$

$$\begin{pmatrix}1&6&-4&-1&4\\0&-20&15&9&-13\\0&-12&9&7&-11\\0&-16&12&8&-12\end{pmatrix}\xrightarrow[r_2\div 4]{r_2\leftrightarrow r_4}$$

$$\begin{pmatrix}1&6&-4&-1&4\\0&-4&3&2&-3\\0&-12&9&7&-11\\0&-20&15&9&-13\end{pmatrix}\xrightarrow[r_4-5r_2]{r_3-3r_2}$$

$$\begin{pmatrix}1&6&-4&-1&4\\0&-4&3&2&-3\\0&0&0&1&-2\\0&0&0&-1&2\end{pmatrix}\xrightarrow{r_4+r_3}$$

$$\begin{pmatrix}1&6&-4&-1&4\\0&-4&3&2&-3\\0&0&0&1&-2\\0&0&0&0&0\end{pmatrix}$$

因此

$$R(A)=3$$

例 31 用初等行变换求矩阵 $A=\begin{pmatrix}1&-1&2&1&0\\2&-2&4&-2&0\\3&0&6&-1&1\\0&3&0&0&1\end{pmatrix}$ 的秩.

解 可得

$$A=\begin{pmatrix}1&-1&2&1&0\\2&-2&4&-2&0\\3&0&6&-1&1\\0&3&0&0&1\end{pmatrix}\xrightarrow[r_3-3r_1]{r_2-2r_1}\begin{pmatrix}1&-1&2&1&0\\0&0&0&-4&0\\0&3&0&-4&1\\0&3&0&0&1\end{pmatrix}\xrightarrow{r_4-r_3}$$

$$\begin{pmatrix}1&-1&2&1&0\\0&0&0&-4&0\\0&3&0&-4&1\\0&0&0&4&0\end{pmatrix}\xrightarrow[r_4+r_3]{r_2\leftrightarrow r_3}$$

$$\begin{pmatrix} 1 & -1 & 2 & 1 & 0 \\ 0 & 3 & 0 & -4 & 1 \\ 0 & 0 & 0 & -4 & 0 \\ 0 & 0 & 0 & 0 & 0 \end{pmatrix}$$

所以

$$R(\boldsymbol{A}) = 3$$

2.5 线性方程组的解

1. n 元非齐次线性方程组

设有 n 个未知数 m 个方程的线性方程组

$$\begin{cases} a_{11}x_1 + a_{12}x_2 + \cdots + a_{1n}x_n = b_1 \\ a_{21}x_1 + a_{22}x_2 + \cdots + a_{2n}x_n = b_2 \\ \qquad \vdots \\ a_{m1}x_1 + a_{m2}x_2 + \cdots + a_{mn}x_n = b_m \end{cases}$$

记

$$\boldsymbol{A} = \begin{pmatrix} a_{11} & a_{12} & \cdots & a_{1n} \\ a_{21} & a_{22} & \cdots & a_{2n} \\ \vdots & \vdots & & \vdots \\ a_{m1} & a_{m2} & \cdots & a_{mn} \end{pmatrix}, \boldsymbol{x} = \begin{pmatrix} x_1 \\ x_2 \\ \vdots \\ x_n \end{pmatrix}, \boldsymbol{b} = \begin{pmatrix} b_1 \\ b_2 \\ \vdots \\ b_m \end{pmatrix}, \boldsymbol{B} = (\boldsymbol{A},\boldsymbol{b})$$

$\boldsymbol{A}$ 称为非齐次线性方程组的系数矩阵, $\boldsymbol{B}$ 称为增广矩阵. 于是,这个非齐次方程组可以记为 $\boldsymbol{Ax} = \boldsymbol{b}$.

若线性方程组 $\boldsymbol{Ax} = \boldsymbol{b}$ 有解,就称它是相容的,如果无解,就称它不相容. 利用系数矩阵 $\boldsymbol{A}$ 和增广矩阵 $\boldsymbol{B} = (\boldsymbol{A},\boldsymbol{b})$ 的秩,可以方便地讨论线性方程组是否有解(即是否相容)以及有解时解是否唯一等问题.

定理 2.4 设线性方程组 $\boldsymbol{Ax} = \boldsymbol{b}$,系数矩阵为 $\boldsymbol{A}$,增广矩阵为 $\boldsymbol{B} = (\boldsymbol{A} \mid \boldsymbol{b})$. 若 $\boldsymbol{B} = (\boldsymbol{A} \mid \boldsymbol{b}) \xrightarrow{\text{初等行变换}} \boldsymbol{B}' = (\boldsymbol{A}' \mid \boldsymbol{b}')$,则线性方程组 $\boldsymbol{Ax} = \boldsymbol{b}$ 与线性方程组 $\boldsymbol{A}'\boldsymbol{x} = \boldsymbol{b}'$ 同解.

事实上,由 $\boldsymbol{B} = (\boldsymbol{A} \mid \boldsymbol{b}) \xrightarrow{\text{初等行变换}} \boldsymbol{B}' = (\boldsymbol{A}' \mid \boldsymbol{b}')$ 的过程相当于线性方程组方程与方程之间的消元过程,所以线性方程组 $\boldsymbol{Ax} = \boldsymbol{b}$ 与线性方程组 $\boldsymbol{A}'\boldsymbol{x} = \boldsymbol{b}'$ 同解.

定理 2.5 设 n 元非齐次线性方程组

$$\boldsymbol{Ax} = \boldsymbol{b} \tag{2.2}$$

(1) 方程组(2.2) 无解的充分必要条件是 $R(\boldsymbol{A}) \neq R(\boldsymbol{B})$;

(2) 方程组(2.2) 有唯一解的充分必要条件是 $R(\boldsymbol{A}) = R(\boldsymbol{B}) = n$;

(3) 方程组(2.2) 有无限多解的充分必要条件是 $R(\boldsymbol{A}) = R(\boldsymbol{B}) < n$.

证 只需要证明条件的充分性,因为(1),(2),(3) 中条件的必要条件依次是(2)(3),(1)(3),(1)(2) 中条件的逆否命题.

设 $R(\boldsymbol{A}) = r$. 为方便叙述,不妨设 $\boldsymbol{B} = (\boldsymbol{A},\boldsymbol{b})$ 的行最简形为

$$\tilde{\boldsymbol{B}}=\begin{pmatrix}1&0&\cdots&0&b_{1\ r+1}&\cdots&b_{1\ n}&d_1\\0&1&\cdots&0&b_{2\ r+1}&\cdots&b_{2\ n}&d_2\\\vdots&\vdots&&\vdots&\vdots&&\vdots&\vdots\\0&0&\cdots&1&b_{r\ r+1}&\cdots&b_{r\ n}&d_r\\0&0&\cdots&0&0&\cdots&0&d_{r+1}\\\vdots&\vdots&&\vdots&\vdots&&\vdots&\vdots\\0&0&\cdots&0&0&\cdots&0&0\end{pmatrix}$$

(1) 若 $R(\boldsymbol{A})<R(\boldsymbol{B})$,则 $\tilde{\boldsymbol{B}}$ 中的 $d_{r+1}=1$,于是 $\tilde{\boldsymbol{B}}$ 的第 $r+1$ 行对应矛盾方程 $0=1$,故方程 $\boldsymbol{Ax}=\boldsymbol{b}$ 无解.

(2) 若 $R(\boldsymbol{A})=R(\boldsymbol{B})=r=n$,则 $\tilde{\boldsymbol{B}}$ 中的 $d_{r+1}=0$,于是 $\tilde{\boldsymbol{B}}$ 对应方程组

$$\begin{cases}x_1=d_1\\x_2=d_2\\\quad\vdots\\x_n=d_n\end{cases}$$

故方程 $\boldsymbol{Ax}=\boldsymbol{b}$ 有唯一解.

(3) 若 $R(\boldsymbol{A})=R(\boldsymbol{B})<n$,则 $\tilde{\boldsymbol{B}}$ 中的 $d_{r+1}=0$,$\tilde{\boldsymbol{B}}$ 对应方程组

$$\begin{cases}x_1=-b_{1,r+1}x_{r+1}-\cdots-b_{1\ n}x_n+d_1\\x_2=-b_{2,r+1}x_{r+1}-\cdots-b_{2\ n}x_n+d_2\\\quad\vdots\\x_r=-b_{r,r+1}x_{r+1}-\cdots-b_{r\ n}x_n+d_r\end{cases}$$

令自由未知数 $x_{r+1}=c_1,\cdots,x_n=c_{n-r}$,即得方程 $\boldsymbol{Ax}=\boldsymbol{b}$ 的含 $n-r$ 个参数的解

$$\begin{pmatrix}x_1\\\vdots\\x_r\\x_{r+1}\\\vdots\\x_n\end{pmatrix}=\begin{pmatrix}-b_{1,r+1}c_1-\cdots-b_{1\ n}c_{n-r}+d_1\\\vdots\\-b_{r,r+1}c_1-\cdots-b_{r\ n}c_{n-r}+d_r\\c_1\\\vdots\\c_{n-r}\end{pmatrix}$$

即

$$\begin{pmatrix}x_1\\\vdots\\x_r\\x_{r+1}\\\vdots\\x_n\end{pmatrix}=c_1\begin{pmatrix}-b_{1,r+1}\\\vdots\\-b_{r,r+1}\\1\\\vdots\\0\end{pmatrix}+\cdots+c_{n-r}\begin{pmatrix}-b_{1n}\\\vdots\\-b_{rn}\\0\\\vdots\\1\end{pmatrix}+\begin{pmatrix}d_1\\\vdots\\d_r\\0\\\vdots\\0\end{pmatrix}$$

由于参数 $c_1,\cdots,c_{n-r}$ 可任意取值,故方程 $\boldsymbol{Ax}=\boldsymbol{b}$ 有无限多解.

解 n 元非齐次线性方程组 $\boldsymbol{Ax}=\boldsymbol{b}$ 的步骤：

(1) 化 $\boldsymbol{B}$ 为行阶梯形，可同时看出 $R(\boldsymbol{A})$ 和 $R(\boldsymbol{B})$. 若 $R(\boldsymbol{A})\neq R(\boldsymbol{B})$，则方程组无解.

(2) 若 $R(\boldsymbol{A})=R(\boldsymbol{B})=n$，则方程组有唯一解.

(3) 设 $R(\boldsymbol{A})=R(\boldsymbol{B})=r<n$，取行最简形中 r 个非零行的第一个非零元所对应的未知数为非自由未知数，其余 $n-r$ 个则为自由未知数，设为 $c_1,\cdots,c_{n-r}$，写出通解.

例 32 求解非齐次线性方程组 $\begin{cases}x_1-2x_2+3x_3-x_4=1\\3x_1-x_2+5x_3-3x_4=2\\2x_1+x_2+2x_3-2x_4=3\end{cases}$.

解 可得

$$\boldsymbol{B}=\begin{pmatrix}1&-2&3&-1&1\\3&-1&5&-3&2\\2&1&2&-2&3\end{pmatrix}\xrightarrow[r_3-2r_1]{r_2-3r_1}\begin{pmatrix}1&-2&3&-1&1\\0&5&-4&0&-1\\0&5&-4&0&1\end{pmatrix}\xrightarrow{r_3-r_2}$$

$$\begin{pmatrix}1&-2&3&-1&1\\0&5&-4&0&-1\\0&0&0&0&2\end{pmatrix}$$

因 $R(\boldsymbol{A})=2,R(\boldsymbol{B})=3$，故方程组无解.

例 33 求解非齐次线性方程组 $\begin{cases}x_1+x_2-3x_3-x_4=1\\3x_1-x_2-3x_3+4x_4=4\\x_1+5x_2-9x_3-8x_4=0\end{cases}$.

解 可得

$$\boldsymbol{B}=\begin{pmatrix}1&1&-3&-1&1\\3&-1&-3&4&4\\1&5&-9&-8&0\end{pmatrix}\xrightarrow[r_3-r_1]{r_2-3r_1}\begin{pmatrix}1&1&-3&-1&1\\0&-4&6&7&1\\0&4&-6&-7&-1\end{pmatrix}\xrightarrow[r_2\div(-4)]{r_3+r_2}$$

$$\begin{pmatrix}1&1&-3&-1&1\\0&1&-\frac{3}{2}&-\frac{7}{4}&-\frac{1}{4}\\0&0&0&0&0\end{pmatrix}\xrightarrow{r_1-r_2}\begin{pmatrix}1&0&-\frac{3}{2}&\frac{3}{4}&\frac{5}{4}\\0&1&-\frac{3}{2}&-\frac{7}{4}&-\frac{1}{4}\\0&0&0&0&0\end{pmatrix}$$

即得

$$\begin{cases}x_1=\frac{3}{2}x_3-\frac{3}{4}x_4+\frac{5}{4}\\x_2=\frac{3}{2}x_3+\frac{7}{4}x_4-\frac{1}{4}\\x_3=x_3\\x_4=x_4\end{cases}$$

亦即

$$\begin{pmatrix} x_1 \\ x_2 \\ x_3 \\ x_4 \end{pmatrix} = c_1 \begin{pmatrix} \frac{3}{2} \\ \frac{3}{2} \\ 1 \\ 0 \end{pmatrix} + c_2 \begin{pmatrix} -\frac{3}{4} \\ \frac{7}{4} \\ 0 \\ 1 \end{pmatrix} + \begin{pmatrix} \frac{5}{4} \\ -\frac{1}{4} \\ 0 \\ 0 \end{pmatrix} \quad (c_1, c_2 \in \mathbf{R})$$

例 34 设有线性方程组

$$\begin{cases} (1+\lambda)x_1 + x_2 + x_3 = 0 \\ x_1 + (1+\lambda)x_2 + x_3 = 3 \\ x_1 + x_2 + (1+\lambda)x_3 = \lambda \end{cases}$$

问 λ 取何值时,此方程组(1) 有唯一解;(2) 无解;(3) 有无限解? 并在有无限多个解时求其通解.

解法一 对增广矩阵 $\boldsymbol{B} = (\boldsymbol{A}, \boldsymbol{b})$ 作初等行变换把它变为行阶梯形矩阵,有

$$\boldsymbol{B} = \begin{pmatrix} 1+\lambda & 1 & 1 & 0 \\ 1 & 1+\lambda & 1 & 3 \\ 1 & 1 & 1+\lambda & \lambda \end{pmatrix} \xrightarrow{r_1 \leftrightarrow r_3} \begin{pmatrix} 1 & 1 & 1+\lambda & \lambda \\ 1 & 1+\lambda & 1 & 3 \\ 1+\lambda & 1 & 1 & 0 \end{pmatrix} \xrightarrow[r_3 - (1+\lambda)r_1]{r_2 - r_1}$$

$$\begin{pmatrix} 1 & 1 & 1+\lambda & \lambda \\ 0 & \lambda & -\lambda & 3-\lambda \\ 0 & -\lambda & -\lambda(2+\lambda) & -\lambda(1+\lambda) \end{pmatrix} \xrightarrow{r_3 + r_2}$$

$$\begin{pmatrix} 1 & 1 & 1+\lambda & \lambda \\ 0 & \lambda & -\lambda & 3-\lambda \\ 0 & 0 & -\lambda(3+\lambda) & (1-\lambda)(3+\lambda) \end{pmatrix}$$

(1) 当 $\lambda \neq 0$ 且 $\lambda \neq -3$ 时,$R(\boldsymbol{A}) = R(\boldsymbol{B}) = 3$,方程组有唯一解;

(2) 当 $\lambda = 0$ 时,$R(\boldsymbol{A}) = 1, R(\boldsymbol{B}) = 2$,方程组无解;

(3) 当 $\lambda = -3$ 时,$R(\boldsymbol{A}) = R(\boldsymbol{B}) = 2$,方程组有无限多个解.

这时

$$\boldsymbol{B} \xrightarrow{r} \begin{pmatrix} 1 & 1 & -2 & -3 \\ 0 & -3 & 3 & 6 \\ 0 & 0 & 0 & 0 \end{pmatrix} \xrightarrow{r} \begin{pmatrix} 1 & 0 & -1 & -1 \\ 0 & 1 & -1 & -2 \\ 0 & 0 & 0 & 0 \end{pmatrix}$$

由此可得

$$\begin{cases} x_1 = x_3 - 1 \\ x_2 = x_3 - 2 \end{cases}$$

x_3 可以任意取值,令 $x_3 = c$,即

$$\begin{pmatrix} x_1 \\ x_2 \\ x_3 \end{pmatrix} = c \begin{pmatrix} 1 \\ 1 \\ 1 \end{pmatrix} + \begin{pmatrix} -1 \\ -2 \\ 0 \end{pmatrix} \quad (c \in \mathbf{R})$$

解法二 因系数矩阵 $\boldsymbol{A}$ 为方阵,故方程组有唯一解的充要条件是 $|\boldsymbol{A}| \neq 0$. 而

$$|\boldsymbol{A}|=\begin{vmatrix}1+\lambda & 1 & 1\\ 1 & 1+\lambda & 1\\ 1 & 1 & 1+\lambda\end{vmatrix}=(3+\lambda)\begin{vmatrix}1 & 1 & 1\\ 1 & 1+\lambda & 1\\ 1 & 1 & 1+\lambda\end{vmatrix}=$$

$$(3+\lambda)\begin{vmatrix}1 & 1 & 1\\ 0 & \lambda & 0\\ 0 & 0 & \lambda\end{vmatrix}=(3+\lambda)\lambda^2$$

当 $\lambda \neq 0$ 且 $\lambda \neq -3$ 时,方程组有唯一解.

当 $\lambda = 0$ 时

$$\boldsymbol{B}=\begin{pmatrix}1 & 1 & 1 & 0\\ 1 & 1 & 1 & 3\\ 1 & 1 & 1 & 0\end{pmatrix}\xrightarrow{r}\begin{pmatrix}1 & 1 & 1 & 0\\ 0 & 0 & 0 & 1\\ 0 & 0 & 0 & 0\end{pmatrix}$$

知 $R(\boldsymbol{A})=1, R(\boldsymbol{B})=2$,故方程组无解

当 $\lambda = -3$ 时

$$\boldsymbol{B}=\begin{pmatrix}-2 & 1 & 1 & 0\\ 1 & -2 & 1 & 3\\ 1 & 1 & -2 & -3\end{pmatrix}\xrightarrow{r}\begin{pmatrix}1 & 0 & -1 & -1\\ 0 & 1 & -1 & -2\\ 0 & 0 & 0 & 0\end{pmatrix}$$

知
$$R(\boldsymbol{A})=R(\boldsymbol{B})=2$$
方程组有无限多组解,且通解为

$$\begin{pmatrix}x_1\\ x_2\\ x_3\end{pmatrix}=c\begin{pmatrix}1\\ 1\\ 1\end{pmatrix}+\begin{pmatrix}-1\\ -2\\ 0\end{pmatrix}\quad (c\in\mathbf{R})$$

比较解法一与解法二,显然解法二较简单. 但解法二只适用于系数矩阵为方阵的情形.

2. n 元齐次线性方程组

设有 n 个未知数 m 个方程的线性方程组

$$\begin{cases}a_{11}x_1+a_{12}x_2+\cdots+a_{1n}x_n=0\\ a_{21}x_1+a_{22}x_2+\cdots+a_{2n}x_n=0\\ \qquad\vdots\\ a_{m1}x_1+a_{m2}x_2+\cdots+a_{mn}x_n=0\end{cases}$$

称为 n 元齐次线性方程组. 记

$$\boldsymbol{A}=\begin{pmatrix}a_{11} & a_{12} & \cdots & a_{1n}\\ a_{21} & a_{22} & \cdots & a_{2n}\\ \vdots & \vdots & & \vdots\\ a_{m1} & a_{m2} & \cdots & a_{mn}\end{pmatrix},\boldsymbol{x}=\begin{pmatrix}x_1\\ x_2\\ \vdots\\ x_n\end{pmatrix}$$

$\boldsymbol{A}$ 称为方程组的系数矩阵,$\boldsymbol{x}$ 称为方程组的解向量. 于是,这个齐次方程组可以记为 $\boldsymbol{Ax}=\boldsymbol{0}$.

定理 2.6 n 元齐次线性方程组 $\boldsymbol{Ax}=\boldsymbol{0}$ 有非零解的充分必要条件是系数矩阵 $\boldsymbol{A}$ 的秩

$R(\boldsymbol{A}) < n$.

证 (1) 必要性.

设方程组 $\boldsymbol{Ax}=\boldsymbol{0}$ 有非零解.

用反证法来证明 $R(\boldsymbol{A}) < n$.

假设 $R(\boldsymbol{A})=n$,那么在 $\boldsymbol{A}$ 中应有一个 n 阶子式 $\boldsymbol{D}\neq 0$. 根据 Cramer 法则,$\boldsymbol{D}$ 所对应的 n 个方程构成的齐次线性方程组只有零解,从而原方程组 $\boldsymbol{Ax}=\boldsymbol{0}$ 也只有零解,矛盾. 故 $R(\boldsymbol{A}) < n$.

(2) 充分性.

设 $R(\boldsymbol{A})=r<n$,对 $\boldsymbol{A}$ 施行初等行变换得到行阶梯形矩阵 $\boldsymbol{A}_1$. 那么 $\boldsymbol{A}_1$ 只含 r 个非零行,不妨设为

$$\boldsymbol{A}_1=\begin{pmatrix} 1 & 0 & \cdots & 0 & b_{1\ r+1} & \cdots & b_{1n} \\ 0 & 1 & \cdots & 0 & b_{2\ r+1} & \cdots & b_{2n} \\ \vdots & \vdots & & \vdots & \vdots & & \vdots \\ 0 & 0 & \cdots & 1 & b_{r\ r+1} & \cdots & b_{rn} \\ 0 & 0 & \cdots & 0 & 0 & \cdots & 0 \\ \vdots & \vdots & & \vdots & \vdots & & \vdots \\ 0 & 0 & \cdots & 0 & 0 & \cdots & 0 \end{pmatrix}$$

于是齐次线性方程组 $\boldsymbol{Ax}=\boldsymbol{0}$ 与 $\begin{cases} x_1+b_{1\ r+1}x_{r+1}+\cdots+b_{1n}x_n=0 \\ x_2+b_{2\ r+1}x_{r+1}+\cdots+b_{2n}x_n=0 \\ \qquad\vdots \\ x_r+b_{r\ r+1}x_{r+1}+\cdots+b_{rn}x_n=0 \end{cases}$ 同解. 把它改写成

$$\begin{cases} x_1=-b_{1\ r+1}x_{r+1}-\cdots-b_{1n}x_n \\ x_2=-b_{2\ r+1}x_{r+1}-\cdots-b_{1n}x_n \\ \qquad\vdots \\ x_r=-b_{r\ r+1}x_{r+1}-\cdots-b_{rn}x_n \end{cases}$$

这个方程组有 $n-r>0$ 个自由未知量,因此有非零解. 故 $\boldsymbol{Ax}=\boldsymbol{0}$ 也有非零解.

齐次线性方程组有以下结论:

(1) 方程组仅有零解的充分必要条件是 $R(\boldsymbol{A})=n$;

(2) 方程组有非零解的充分必要条件是 $R(\boldsymbol{A})<n$;

(3) 当齐次线性方程组中未知量的个数大于方程个数时,必有 $R(\boldsymbol{A})<n$,这时齐次线性方程组一定有非零解.

例 35 求解齐次线性方程组

$$\begin{cases} x_1+2x_2+2x_3+x_4=0 \\ 2x_1+x_2-2x_3-2x_4=0 \\ x_1-x_2-4x_3-3x_4=0 \end{cases}$$

解 对系数矩阵施行初等行变换

$$A=\begin{pmatrix}1 & 2 & 2 & 1\\ 2 & 1 & -2 & -2\\ 1 & -1 & -4 & -3\end{pmatrix}\xrightarrow[r_3-r_1]{r_2-2r_1}\begin{pmatrix}1 & 2 & 2 & 1\\ 0 & -3 & -6 & -4\\ 0 & -3 & -6 & -4\end{pmatrix}\xrightarrow[r_2\div(-3)]{r_3-r_2}$$

$$\begin{pmatrix}1 & 2 & 2 & 1\\ 0 & 1 & 2 & \frac{4}{3}\\ 0 & 0 & 0 & 0\end{pmatrix}\xrightarrow{r_1-2r_2}\begin{pmatrix}1 & 0 & -2 & -\frac{5}{3}\\ 0 & 1 & 2 & \frac{4}{3}\\ 0 & 0 & 0 & 0\end{pmatrix}$$

即得与原方程组同解的方程组

$$\begin{cases}x_1-2x_3-\frac{5}{3}x_4=0\\ x_2+2x_3+\frac{4}{3}x_4=0\end{cases}$$

由此即得

$$\begin{cases}x_1=2x_3+\frac{5}{3}x_4\\ x_2=-2x_3-\frac{4}{3}x_4\end{cases}\quad(x_3,x_4\text{ 可任意取值})$$

令 $x_3=c_1,x_4=c_2$，则其通解为

$$\begin{cases}x_1=2c_1+\frac{5}{3}c_2\\ x_2=2c_1-\frac{4}{3}c_2\\ x_3=c_1\\ x_4=c_2\end{cases}$$

或写成

$$\begin{pmatrix}x_1\\ x_2\\ x_3\\ x_4\end{pmatrix}=c_1\begin{pmatrix}2\\ -2\\ 1\\ 0\end{pmatrix}+c_2\begin{pmatrix}\frac{5}{3}\\ -\frac{4}{3}\\ 0\\ 1\end{pmatrix}$$

齐次方程组求解方法：

用矩阵初等行变换将系数矩阵化成行阶梯形矩阵，根据系数矩阵的秩可判断原方程组是否有非零解. 若有非零解，继续将行阶梯形矩阵化为行最简形矩阵，则可求出方程组的全部解(即通解).

2.6　矩阵的分块法

对于行数和列数较高的矩阵，运算时常采用分块法，使大矩阵的运算换成小矩阵的运

算.

定义 2.15 将 $\boldsymbol{A}$ 用若干条横线和纵线分成许多个小矩阵($\boldsymbol{A}$ 的子块),以子块为元素的矩阵称为分块矩阵. 如

$$\boldsymbol{A}=\left(\begin{array}{cc:cc}a_{11}&a_{12}&a_{13}&a_{14}\\a_{21}&a_{22}&a_{23}&a_{24}\\\hdashline a_{31}&a_{32}&a_{33}&a_{34}\end{array}\right),\boldsymbol{B}=\left(\begin{array}{c:cc:c}a_{11}&a_{12}&a_{13}&a_{14}\\a_{21}&a_{22}&a_{23}&a_{24}\\\hdashline a_{31}&a_{32}&a_{33}&a_{34}\end{array}\right)$$

$$\boldsymbol{C}=\left(\begin{array}{cccc}a_{11}&a_{12}&a_{13}&a_{14}\\\hdashline a_{21}&a_{22}&a_{23}&a_{24}\\\hdashline a_{31}&a_{32}&a_{33}&a_{34}\end{array}\right),\boldsymbol{D}=\left(\begin{array}{c:c:c:c}a_{11}&a_{12}&a_{13}&a_{14}\\a_{21}&a_{22}&a_{23}&a_{24}\\a_{31}&a_{32}&a_{33}&a_{34}\end{array}\right)$$

其中 $\boldsymbol{A}$ 用分块矩阵可记为

$$\boldsymbol{A}=\begin{pmatrix}\boldsymbol{A}_{11}&\boldsymbol{A}_{12}\\\boldsymbol{A}_{21}&\boldsymbol{A}_{22}\end{pmatrix}$$

其中

$$\boldsymbol{A}_{11}=\begin{pmatrix}a_{11}&a_{12}\\a_{21}&a_{22}\end{pmatrix},\boldsymbol{A}_{12}=\begin{pmatrix}a_{13}&a_{14}\\a_{23}&a_{24}\end{pmatrix}$$

$$\boldsymbol{A}_{21}=(a_{31}\quad a_{32}),\boldsymbol{A}_{22}=(a_{33}\quad a_{34})$$

即 $\boldsymbol{A}_{11},\boldsymbol{A}_{12},\boldsymbol{A}_{21},\boldsymbol{A}_{22}$ 为 $\boldsymbol{A}$ 的子块,而 $\boldsymbol{A}$ 称为以这些子块为元素的分块矩阵.

其他矩阵也可以用此方法解决. 将矩阵适当地分块,有可能利用已知的性质,简化运算与讨论.

矩阵的运算律一般都适合分块矩阵.

(1) 加法:$\boldsymbol{A}$ 与 $\boldsymbol{B}$ 是同型矩阵,且 $\boldsymbol{A},\boldsymbol{B}$ 的分块方法相同,则 $\boldsymbol{A}$ 与 $\boldsymbol{B}$ 的和定义为对应子块相加.

设矩阵 $\boldsymbol{A}$ 与 $\boldsymbol{B}$ 的行数相同、列数相同,采用的分块方法相同,有

$$\boldsymbol{A}=\begin{pmatrix}\boldsymbol{A}_{11}&\cdots&\boldsymbol{A}_{1r}\\\vdots&&\vdots\\\boldsymbol{A}_{s1}&\cdots&\boldsymbol{A}_{sr}\end{pmatrix},\boldsymbol{B}=\begin{pmatrix}\boldsymbol{B}_{11}&\cdots&\boldsymbol{B}_{1r}\\\vdots&&\vdots\\\boldsymbol{B}_{s1}&\cdots&\boldsymbol{B}_{sr}\end{pmatrix}$$

其中 $\boldsymbol{A}_{ij}$ 与 $\boldsymbol{B}_{ij}$ 的行数、列数相同,那么

$$\boldsymbol{A}+\boldsymbol{B}=\begin{pmatrix}\boldsymbol{A}_{11}+\boldsymbol{B}_{11}&\cdots&\boldsymbol{A}_{1r}+\boldsymbol{B}_{1r}\\\vdots&&\vdots\\\boldsymbol{A}_{s1}+\boldsymbol{B}_{s1}&\cdots&\boldsymbol{A}_{sr}+\boldsymbol{B}_{sr}\end{pmatrix}$$

(2) 数乘:$\lambda\boldsymbol{A}=(\lambda\boldsymbol{A}_{ij})$.

设 $\boldsymbol{A}=\begin{pmatrix}\boldsymbol{A}_{11}&\cdots&\boldsymbol{A}_{1r}\\\vdots&&\vdots\\\boldsymbol{A}_{s1}&\cdots&\boldsymbol{A}_{sr}\end{pmatrix}$,$\lambda$ 为数,那么 $\lambda\boldsymbol{A}=\begin{pmatrix}\lambda\boldsymbol{A}_{11}&\cdots&\lambda\boldsymbol{A}_{1r}\\\vdots&&\vdots\\\lambda\boldsymbol{A}_{s1}&\cdots&\lambda\boldsymbol{A}_{sr}\end{pmatrix}$.

(3) 乘法:首先 $\boldsymbol{AB}$ 有意义,其次 $\boldsymbol{A}$ 的列的分法与 $\boldsymbol{B}$ 的行的分法相同.

设
$$\boldsymbol{A}=\begin{pmatrix}\boldsymbol{A}_{11} & \cdots & \boldsymbol{A}_{1t}\\ \vdots & & \vdots\\ \boldsymbol{A}_{s1} & \cdots & \boldsymbol{A}_{st}\end{pmatrix},\boldsymbol{B}=\begin{pmatrix}\boldsymbol{B}_{11} & \cdots & \boldsymbol{B}_{1r}\\ \vdots & & \vdots\\ \boldsymbol{B}_{t1} & \cdots & \boldsymbol{B}_{tr}\end{pmatrix}$$

其中,$\boldsymbol{A}_{i1},\boldsymbol{A}_{i2},\cdots,\boldsymbol{A}_{it}$ 的列数分别等于 $\boldsymbol{B}_{1j},\boldsymbol{B}_{2j},\cdots,\boldsymbol{B}_{tj}$ 的行数,那么

$$\boldsymbol{AB}=\begin{pmatrix}\boldsymbol{C}_{11} & \cdots & \boldsymbol{C}_{1r}\\ \vdots & & \vdots\\ \boldsymbol{C}_{s1} & \cdots & \boldsymbol{C}_{sr}\end{pmatrix}$$

其中 $\boldsymbol{C}_{ij}=\sum_{k=1}^{t}\boldsymbol{A}_{ik}\boldsymbol{B}_{kj}(i=1,2,\cdots,s;j=1,2,\cdots,r)$.

(4) 转置:设 $\boldsymbol{A}=\begin{pmatrix}\boldsymbol{A}_{11} & \cdots & \boldsymbol{A}_{1r}\\ \vdots & & \vdots\\ \boldsymbol{A}_{s1} & \cdots & \boldsymbol{A}_{sr}\end{pmatrix}$,则 $\boldsymbol{A}^{\mathrm{T}}=\begin{pmatrix}\boldsymbol{A}_{11}^{\mathrm{T}} & \cdots & \boldsymbol{A}_{s1}^{\mathrm{T}}\\ \vdots & & \vdots\\ \boldsymbol{A}_{1r}^{\mathrm{T}} & \cdots & \boldsymbol{A}_{sr}^{\mathrm{T}}\end{pmatrix}$.

例 36 $\boldsymbol{A}=\begin{pmatrix}1 & 0 & 0 & 0\\ 0 & 1 & 0 & 0\\ -1 & 2 & 1 & 0\\ 1 & 1 & 0 & 1\end{pmatrix},\boldsymbol{B}=\begin{pmatrix}1 & 0 & 1 & 0\\ -1 & 2 & 0 & 1\\ 1 & 0 & 4 & 1\\ -1 & -1 & 2 & 0\end{pmatrix}$,求 $\boldsymbol{AB}$.

解 把 $\boldsymbol{A},\boldsymbol{B}$ 分块成

$$\boldsymbol{A}=\left(\begin{array}{cc:cc}1 & 0 & 0 & 0\\ 0 & 1 & 0 & 0\\ \hdashline -1 & 2 & 1 & 0\\ 1 & 1 & 0 & 1\end{array}\right)=\begin{pmatrix}\boldsymbol{E} & \boldsymbol{0}\\ \boldsymbol{A}_{21} & \boldsymbol{E}\end{pmatrix}$$

$$\boldsymbol{B}=\left(\begin{array}{cc:cc}1 & 0 & 1 & 0\\ -1 & 2 & 0 & 1\\ \hdashline 1 & 0 & 4 & 1\\ -1 & -1 & 2 & 0\end{array}\right)=\begin{pmatrix}\boldsymbol{B}_{11} & \boldsymbol{E}\\ \boldsymbol{B}_{21} & \boldsymbol{B}_{22}\end{pmatrix}$$

其中

$$\boldsymbol{A}_{21}=\begin{pmatrix}-1 & 2\\ 1 & 1\end{pmatrix},\boldsymbol{B}_{11}=\begin{pmatrix}1 & 0\\ -1 & 2\end{pmatrix}$$

$$\boldsymbol{B}_{21}=\begin{pmatrix}1 & 0\\ -1 & -1\end{pmatrix},\boldsymbol{B}_{22}=\begin{pmatrix}4 & 1\\ 2 & 0\end{pmatrix}$$

则
$$\boldsymbol{AB}=\begin{pmatrix}\boldsymbol{E} & \boldsymbol{0}\\ \boldsymbol{A}_{21} & \boldsymbol{E}\end{pmatrix}\begin{pmatrix}\boldsymbol{B}_{11} & \boldsymbol{E}\\ \boldsymbol{B}_{21} & \boldsymbol{B}_{22}\end{pmatrix}=\begin{pmatrix}\boldsymbol{B}_{11} & \boldsymbol{E}\\ \boldsymbol{A}_{21}\boldsymbol{B}_{11}+\boldsymbol{B}_{21} & \boldsymbol{A}_{21}+\boldsymbol{B}_{22}\end{pmatrix}$$

而

$$\boldsymbol{A}_{21}\boldsymbol{B}_{11}+\boldsymbol{B}_{21}=\begin{pmatrix}-1 & 2\\ 1 & 1\end{pmatrix}\begin{pmatrix}1 & 0\\ -1 & 2\end{pmatrix}+\begin{pmatrix}1 & 0\\ -1 & -1\end{pmatrix}=\begin{pmatrix}-2 & 4\\ -1 & 1\end{pmatrix}$$

$$\boldsymbol{A}_{21}+\boldsymbol{B}_{22}=\begin{pmatrix}-1 & 2\\ 1 & 1\end{pmatrix}+\begin{pmatrix}4 & 0\\ 2 & 1\end{pmatrix}=\begin{pmatrix}3 & 3\\ 3 & 1\end{pmatrix}$$

所以

$$AB=\left(\begin{array}{cc:cc}1&0&1&0\\-1&2&0&1\\ \hdashline -2&4&3&3\\-1&1&3&1\end{array}\right)$$

(5) 分块对角矩阵:设A为n阶矩阵,若A的分块矩阵只有在主对角线上有非零子块,其余子块都为零,且在主对角线上的子块都是方阵,即

$$A=\begin{pmatrix}A_1&&&\\&A_2&&\\&&\ddots&\\&&&A_s\end{pmatrix}$$

其中$A_i(i=1,2,\cdots,s)$都是方阵,那么称A为分块对角矩阵.

分块对角阵的行列式具有下述性质

$$|A|=|A_1||A_2|\cdots|A_s|$$

由此可知,若$|A_i|\neq 0(i=1,2,\cdots,s)$,则$|A|\neq 0$,并有

$$A^{-1}=\begin{pmatrix}A_1^{-1}&&&\\&A_2^{-1}&&\\&&\ddots&\\&&&A_s^{-1}\end{pmatrix}$$

例 37 设$A=\begin{pmatrix}5&0&0\\0&3&1\\0&2&1\end{pmatrix}$,求$A^{-1}$.

解 用分块法.

令
$$A=\left(\begin{array}{c:cc}5&0&0\\ \hdashline 0&3&1\\0&2&1\end{array}\right)=\begin{pmatrix}A_1&\mathbf{0}\\\mathbf{0}&A_2\end{pmatrix}$$

有

$$A_1=(5),A_1^{-1}=\left(\frac{1}{5}\right)$$

$$A_2=\begin{pmatrix}3&1\\2&1\end{pmatrix},A_2^{-1}=\begin{pmatrix}1&-1\\-2&3\end{pmatrix}$$

所以

$$A^{-1}=\left(\begin{array}{c:cc}\frac{1}{5}&0&0\\ \hdashline 0&1&-1\\0&-2&3\end{array}\right)$$

按行分块和按列分块

(1)$A_{m\times n}$有m行,称为矩阵A的m个行向量.

若记第 i 行为

$$\boldsymbol{\alpha}_i^{\mathrm{T}}=(a_{i1},a_{i2},\cdots,a_{in})$$

则矩阵 $\boldsymbol{A}$ 可记为

$$\boldsymbol{A}=\begin{pmatrix}\boldsymbol{\alpha}_1^{\mathrm{T}}\\ \boldsymbol{\alpha}_2^{\mathrm{T}}\\ \vdots\\ \boldsymbol{\alpha}_m^{\mathrm{T}}\end{pmatrix}$$

(2)$\boldsymbol{A}_{m\times n}$ 有 n 列,称为矩阵 $\boldsymbol{A}$ 的 n 个列向量.

若记第 j 列为

$$\boldsymbol{\alpha}_j=\begin{pmatrix}a_{1j}\\ a_{2j}\\ \vdots\\ a_{mj}\end{pmatrix}$$

则矩阵 $\boldsymbol{A}$ 可记为

$$\boldsymbol{A}=(\boldsymbol{\alpha}_1,\boldsymbol{\alpha}_2,\cdots,\boldsymbol{\alpha}_n)$$

(3) 以对角阵 $\boldsymbol{\Lambda}_m$ 左乘矩阵 $\boldsymbol{A}_{m\times n}$ 时,把 $\boldsymbol{A}$ 按行分块,有

$$\boldsymbol{\Lambda}_m\boldsymbol{A}_{m\times n}=\begin{pmatrix}\lambda_1 & & & \\ & \lambda_2 & & \\ & & \ddots & \\ & & & \lambda_m\end{pmatrix}\begin{pmatrix}\boldsymbol{\alpha}_1^{\mathrm{T}}\\ \boldsymbol{\alpha}_2^{\mathrm{T}}\\ \vdots\\ \boldsymbol{\alpha}_m^{\mathrm{T}}\end{pmatrix}=\begin{pmatrix}\lambda_1\boldsymbol{\alpha}_1^{\mathrm{T}}\\ \lambda_2\boldsymbol{\alpha}_2^{\mathrm{T}}\\ \vdots\\ \lambda_m\boldsymbol{\alpha}_m^{\mathrm{T}}\end{pmatrix}$$

可见乘积结果是 $\boldsymbol{A}$ 的每一行乘以 $\boldsymbol{\Lambda}$ 中与该行对应的对角元.

(4) 以对角阵 $\boldsymbol{\Lambda}_n$ 右乘矩阵 $\boldsymbol{A}_{m\times n}$ 时,把 $\boldsymbol{A}$ 按列分块,有

$$\boldsymbol{A}_{m\times n}\boldsymbol{\Lambda}_n=(\boldsymbol{\alpha}_1,\boldsymbol{\alpha}_2,\cdots,\boldsymbol{\alpha}_n)\begin{pmatrix}\lambda_1 & & & \\ & \lambda_2 & & \\ & & \ddots & \\ & & & \lambda_m\end{pmatrix}=(\lambda_1\boldsymbol{\alpha}_1,\lambda_2\boldsymbol{\alpha}_2,\cdots,\lambda_n\boldsymbol{\alpha}_n)$$

可见乘积结果是 $\boldsymbol{A}$ 的每一列乘以 $\boldsymbol{\Lambda}$ 中与该列对应的对角元.

例 38 设 $\boldsymbol{A}^{\mathrm{T}}\boldsymbol{A}=\boldsymbol{0}$,证明 $\boldsymbol{A}=\boldsymbol{0}$.

证 设 $\boldsymbol{A}=(a_{ij})_{m\times n}$,把 $\boldsymbol{A}$ 用列向量表示为 $\boldsymbol{A}=(\boldsymbol{\alpha}_1,\boldsymbol{\alpha}_2,\cdots,\boldsymbol{\alpha}_n)$,则

$$\boldsymbol{A}^{\mathrm{T}}\boldsymbol{A}=\begin{pmatrix}\boldsymbol{\alpha}_1^{\mathrm{T}}\\ \boldsymbol{\alpha}_2^{\mathrm{T}}\\ \vdots\\ \boldsymbol{\alpha}_n^{\mathrm{T}}\end{pmatrix}(\boldsymbol{\alpha}_1\quad\boldsymbol{\alpha}_2\quad\cdots\quad\boldsymbol{\alpha}_n)=\begin{pmatrix}\boldsymbol{\alpha}_1^{\mathrm{T}}\boldsymbol{\alpha}_1 & \boldsymbol{\alpha}_1^{\mathrm{T}}\boldsymbol{\alpha}_2 & \cdots & \boldsymbol{\alpha}_1^{\mathrm{T}}\boldsymbol{\alpha}_n\\ \boldsymbol{\alpha}_2^{\mathrm{T}}\boldsymbol{\alpha}_1 & \boldsymbol{\alpha}_2^{\mathrm{T}}\boldsymbol{\alpha}_2 & \cdots & \boldsymbol{\alpha}_2^{\mathrm{T}}\boldsymbol{\alpha}_n\\ \vdots & \vdots & & \vdots\\ \boldsymbol{\alpha}_n^{\mathrm{T}}\boldsymbol{\alpha}_1 & \boldsymbol{\alpha}_n^{\mathrm{T}}\boldsymbol{\alpha}_1 & \cdots & \boldsymbol{\alpha}_n^{\mathrm{T}}\boldsymbol{\alpha}_1\end{pmatrix}$$

即 $\boldsymbol{A}^{\mathrm{T}}\boldsymbol{A}$ 的(i,j) 元为$\boldsymbol{\alpha}_i^{\mathrm{T}}\boldsymbol{\alpha}_j$,因 $\boldsymbol{A}^{\mathrm{T}}\boldsymbol{A}=\boldsymbol{0}$,故

$$\boldsymbol{\alpha}_i^{\mathrm{T}}\boldsymbol{\alpha}_j=\boldsymbol{0}\quad(i,j=1,2,\cdots,n)$$

特殊地,有

$$\boldsymbol{\alpha}_j^{\mathrm{T}}\boldsymbol{\alpha}_j=\mathbf{0}\quad(j=1,2,\cdots,n)$$

而

$$\boldsymbol{\alpha}_j^{\mathrm{T}}\boldsymbol{\alpha}_j=(a_{1j},a_{2j},\cdots,a_{mj})\begin{pmatrix}a_{1j}\\a_{2j}\\\vdots\\a_{mj}\end{pmatrix}=a_{1j}^2+a_{2j}^2+\cdots+a_{mj}^2$$

由 $a_{1j}^2+a_{2j}^2+\cdots+a_{mj}^2=0$(因 a_{ij} 为实数),得

$$a_{1j}=a_{2j}=\cdots=a_{mj}=0\quad(j=1,2,\cdots,n)$$

即

$$\boldsymbol{A}=\mathbf{0}$$

例 39 按指定分块的方法,用分块矩阵乘法求矩阵

$$\left(\begin{array}{cc:cc}a&0&0&0\\0&a&0&0\\\hdashline 1&0&b&0\\0&1&0&b\end{array}\right)\left(\begin{array}{cc:cc}1&0&c&0\\0&1&0&c\\\hdashline 0&0&d&0\\0&0&0&d\end{array}\right)$$

的乘积.

解 可得

$$\text{原式}=\begin{pmatrix}a\boldsymbol{E}&\mathbf{0}\\\boldsymbol{E}&b\boldsymbol{E}\end{pmatrix}\begin{pmatrix}\boldsymbol{E}&c\boldsymbol{E}\\\mathbf{0}&d\boldsymbol{E}\end{pmatrix}=\begin{pmatrix}a\boldsymbol{E}&ac\boldsymbol{E}\\\boldsymbol{E}&c\boldsymbol{E}+bd\boldsymbol{E}\end{pmatrix}=\begin{pmatrix}a&0&ac&0\\0&a&0&ac\\1&0&bd&0\\0&1&0&bd\end{pmatrix}$$

例 40 按下列分块的方法求矩阵的逆矩阵:

$$(1)\left(\begin{array}{cc:cc}1&2&3&4\\0&1&2&3\\\hdashline 0&0&1&2\\0&0&0&1\end{array}\right);(2)\left(\begin{array}{ccc:c}1&2&3&4\\0&1&2&3\\0&0&1&2\\\hdashline 0&0&0&1\end{array}\right).$$

解 分块矩阵 $\boldsymbol{D}$ 的矩阵可用初等变换法求出

$$\left(\begin{array}{cc:cc}\boldsymbol{A}&\boldsymbol{C}&\boldsymbol{E}&\mathbf{0}\\\mathbf{0}&\boldsymbol{B}&\mathbf{0}&\boldsymbol{E}\end{array}\right)\to\left(\begin{array}{cc:cc}\boldsymbol{A}^{-1}\boldsymbol{A}&\boldsymbol{A}^{-1}\boldsymbol{C}&\boldsymbol{A}^{-1}&\mathbf{0}\\\mathbf{0}&\boldsymbol{B}^{-1}\boldsymbol{B}&\mathbf{0}&\boldsymbol{B}^{-1}\end{array}\right)\to\left(\begin{array}{cc:cc}\boldsymbol{E}&\mathbf{0}&\boldsymbol{A}^{-1}&-\boldsymbol{A}^{-1}\boldsymbol{C}\boldsymbol{B}^{-1}\\\mathbf{0}&\boldsymbol{E}&\mathbf{0}&\boldsymbol{B}^{-1}\end{array}\right)$$

故

$$\begin{pmatrix}\boldsymbol{A}&\boldsymbol{C}\\\mathbf{0}&\boldsymbol{B}\end{pmatrix}^{-1}=\begin{pmatrix}\boldsymbol{A}^{-1}&-\boldsymbol{A}^{-1}\boldsymbol{C}\boldsymbol{B}^{-1}\\\mathbf{0}&\boldsymbol{B}^{-1}\end{pmatrix}$$

(1) 令

$$\boldsymbol{A}=\begin{pmatrix}1&2\\0&1\end{pmatrix},\boldsymbol{B}=\begin{pmatrix}1&2\\0&1\end{pmatrix},\boldsymbol{C}=\begin{pmatrix}3&4\\2&3\end{pmatrix}$$

求出

$$\boldsymbol{A}^{-1}=\begin{pmatrix}1&-2\\0&1\end{pmatrix},\boldsymbol{B}^{-1}=\begin{pmatrix}1&-2\\0&1\end{pmatrix}$$

$$-\boldsymbol{A}^{-1}\boldsymbol{C}\boldsymbol{B}^{-1}=-\begin{pmatrix}1&-2\\0&1\end{pmatrix}\begin{pmatrix}3&4\\2&3\end{pmatrix}\begin{pmatrix}1&-2\\0&1\end{pmatrix}=\begin{pmatrix}1&0\\-2&1\end{pmatrix}$$

于是

$$\begin{pmatrix}1&2&3&4\\0&1&2&3\\0&0&1&2\\0&0&0&1\end{pmatrix}^{-1}=\begin{pmatrix}1&-2&1&0\\0&1&-2&1\\0&0&1&-2\\0&0&0&1\end{pmatrix}$$

(2) 令

$$\boldsymbol{A}=\begin{pmatrix}1&2&3\\0&1&2\\0&0&1\end{pmatrix},\boldsymbol{B}=(1),\boldsymbol{C}=\begin{pmatrix}4\\3\\2\end{pmatrix}$$

所以

$$\begin{pmatrix}1&2&3&4\\0&1&2&3\\0&0&1&2\\0&0&0&1\end{pmatrix}^{-1}=\begin{pmatrix}\boldsymbol{A}&\boldsymbol{C}\\\boldsymbol{0}&\boldsymbol{B}\end{pmatrix}^{-1}=\begin{pmatrix}\boldsymbol{A}^{-1}&-\boldsymbol{A}^{-1}\boldsymbol{C}\boldsymbol{B}^{-1}\\\boldsymbol{0}&\boldsymbol{B}^{-1}\end{pmatrix}$$

求出

$$\boldsymbol{A}^{-1}=\begin{pmatrix}1&-2&1\\0&1&-2\\0&0&1\end{pmatrix},\boldsymbol{B}^{-1}=(1)$$

$$-\boldsymbol{A}^{-1}\boldsymbol{C}\boldsymbol{B}^{-1}=\begin{pmatrix}0\\1\\-2\end{pmatrix}$$

于是

$$\boldsymbol{D}^{-1}=\begin{pmatrix}\boldsymbol{A}^{-1}&-\boldsymbol{A}^{-1}\boldsymbol{C}\boldsymbol{B}^{-1}\\\boldsymbol{0}&\boldsymbol{B}^{-1}\end{pmatrix}=\begin{pmatrix}1&-2&1&0\\0&1&-2&1\\0&0&1&-2\\0&0&0&1\end{pmatrix}$$

本题是分块矩阵的初等变换,其方法和普通矩阵类似,熟练掌握后就会简便的多.

习题二

1. 填空题

(1) 已知 $\boldsymbol{A}=\begin{pmatrix}11&2\\3&7\end{pmatrix}$,则 $R(\boldsymbol{A})=$ ________.

(2) 已知矩阵 $\boldsymbol{A}$ 为 2 阶矩阵,且 $|\boldsymbol{A}|=\frac{1}{2}$,则 $|2\boldsymbol{A}|=$ ________.

(3) 若可逆矩阵 $\boldsymbol{A}$,满足 $\boldsymbol{A}^2=\boldsymbol{E}$,则 $\boldsymbol{A}=$ ________.

(4) 设 $\boldsymbol{A}$ 为 n 阶可逆矩阵,$\boldsymbol{A}^*$ 是 $\boldsymbol{A}$ 的伴随矩阵,则 $|\boldsymbol{A}^*|=$ ________.

2. 选择题

(1) 有矩阵 $\boldsymbol{A}_{3\times2},\boldsymbol{B}_{2\times3},\boldsymbol{C}_{3\times3}$,下列矩阵可行的是(　　).

(A)$\boldsymbol{AC}$　　(B)$\boldsymbol{ABC}$　　(C)$\boldsymbol{BAC}$　　(D)$\boldsymbol{AB}-\boldsymbol{BC}$

(2)$\boldsymbol{A},\boldsymbol{B}$ 均为 n 阶矩阵,若 $(\boldsymbol{A}+\boldsymbol{B})(\boldsymbol{A}-\boldsymbol{B})=\boldsymbol{A}^2-\boldsymbol{B}^2$ 成立,则 $\boldsymbol{A},\boldsymbol{B}$ 必须满足(　　).

(A)$\boldsymbol{A}=\boldsymbol{I}$ 或 $\boldsymbol{B}=\boldsymbol{I}$　(B)$\boldsymbol{A}=\boldsymbol{0}$ 或 $\boldsymbol{B}=\boldsymbol{0}$　(C)$\boldsymbol{A}=\boldsymbol{B}$　(D)$\boldsymbol{AB}=\boldsymbol{BA}$

(3) 下列命题一定成立的是(　　).

(A) 若 $\boldsymbol{AB}=\boldsymbol{AC}$,则 $\boldsymbol{B}=\boldsymbol{C}$

(B) 若 $\boldsymbol{AB}=\boldsymbol{0}$,则 $\boldsymbol{A}=\boldsymbol{0}$ 或 $\boldsymbol{B}=\boldsymbol{0}$

(C) 若 $\boldsymbol{A}\neq\boldsymbol{0}$,则 $|\boldsymbol{A}|\neq 0$

(D) 若 $|\boldsymbol{A}|\neq 0$,则 $\boldsymbol{A}\neq\boldsymbol{0}$

(4) 设 $\boldsymbol{A},\boldsymbol{B},\boldsymbol{C}$ 均为 n 阶矩阵,且 $\boldsymbol{AB}=\boldsymbol{BA},\boldsymbol{AC}=\boldsymbol{CA}$,则 $\boldsymbol{ABC}=$(　　).

(A)$\boldsymbol{ACB}$　(B)$\boldsymbol{CBA}$　(C)$\boldsymbol{BCA}$　(D)$\boldsymbol{CAB}$

(5) 设 $\boldsymbol{A}=\begin{pmatrix}1&2\\4&3\end{pmatrix}$,$\boldsymbol{B}=\begin{pmatrix}x&1\\2&y\end{pmatrix}$,则 $\boldsymbol{A}$ 与 $\boldsymbol{B}$ 可交换的充分必要条件是(　　).

(A)$x-y=1$　(B)$x-y=-1$　(C)$x=y$　(D)$x=2y$

(6) 满足矩阵方程 $\begin{pmatrix}1&2&0\\1&-1&2\\1&0&1\end{pmatrix}\boldsymbol{X}=\begin{pmatrix}2&1\\1&0\\0&2\end{pmatrix}$ 的矩阵 $\boldsymbol{X}=$(　　).

(A)$\begin{pmatrix}3\\2\\0\end{pmatrix}$　(B)$\begin{pmatrix}-4&7\\3&-3\\4&-5\end{pmatrix}$

(C)$\begin{pmatrix}1&2&3\\0&1&4\\1&-1&0\end{pmatrix}$　(D)$\begin{pmatrix}2&0\\-1&3\\1&1\end{pmatrix}$

(7) 设 $\boldsymbol{C}$ 是 $m\times n$ 阶矩阵,若有矩阵 $\boldsymbol{A},\boldsymbol{B}$,使 $\boldsymbol{AC}=\boldsymbol{C}^{\mathrm{T}}\boldsymbol{B}$,则 $\boldsymbol{A}$ 的行数 × 列数为(　　).

(A)$m\times n$　(B)$n\times m$　(C)$m\times m$　(D) $n\times n$

(8) 设 $\boldsymbol{A},\boldsymbol{B}$ 均为 n 阶矩阵,下列关系一定成立的是(　　).

(A) $(\boldsymbol{AB})^2=\boldsymbol{A}^2\boldsymbol{B}^2$　(B) $(\boldsymbol{AB})^{\mathrm{T}}=\boldsymbol{A}^{\mathrm{T}}\boldsymbol{B}^{\mathrm{T}}$

(C) $|\boldsymbol{A}+\boldsymbol{B}|=|\boldsymbol{A}|+|\boldsymbol{B}|$　(D) $|\boldsymbol{AB}|=|\boldsymbol{BA}|$

3. 已知线性变换

$$\begin{cases}x_1=2y_1+2y_2+y_3\\x_2=3y_1+y_2+5y_3\\x_3=3y_1+2y_2+3y_3\end{cases}$$

用矩阵形式表示从变量 y_1,y_2,y_3 到变量 x_1,x_2,x_3 的线性变换.

4. 已知两个线性变换

$$\begin{cases}x_1=2y_1+y_3\\x_2=-2y_1+3y_2+2y_3\\x_3=4y_1+y_2+5y_3\end{cases}$$

$$\begin{cases}y_1=-3z_1+z_2\\y_2=2z_1+z_3\\y_3=-z_2+3z_3\end{cases}$$

用矩阵形式表示从变量 z_1,z_2,z_3 到变量 x_1,x_2,x_3 的线性变换.

5. 设 $\boldsymbol{A}=\begin{pmatrix}1&1&1\\1&1&-1\\1&-1&1\end{pmatrix}$, $\boldsymbol{B}=\begin{pmatrix}1&2&3\\-1&-2&4\\0&5&1\end{pmatrix}$,求 $3\boldsymbol{AB}-2\boldsymbol{A}$ 及 $\boldsymbol{A}^{\mathrm{T}}\boldsymbol{B}$.

6. 计算下列乘积:

(1) $\begin{pmatrix}4&3&1\\1&-2&3\\5&7&0\end{pmatrix}\begin{pmatrix}7\\2\\1\end{pmatrix}$;　(2) $(1,2,3)\begin{pmatrix}3\\2\\1\end{pmatrix}$;　(3) $\begin{pmatrix}2\\1\\3\end{pmatrix}(-1,2)$;

(4) $\begin{pmatrix}2&1&4&0\\1&-1&3&4\end{pmatrix}\begin{pmatrix}1&3&1\\0&-1&2\\1&-3&1\\4&0&-2\end{pmatrix}$;

(5) $(x_1,x_2,x_3)\begin{pmatrix}a_{11}&a_{12}&a_{13}\\a_{12}&a_{22}&a_{23}\\a_{13}&a_{23}&a_{33}\end{pmatrix}\begin{pmatrix}x_1\\x_2\\x_3\end{pmatrix}$;

(6) $\begin{pmatrix}1&2&1&0\\0&1&0&1\\0&0&2&1\\0&0&0&3\end{pmatrix}\begin{pmatrix}1&0&3&1\\0&1&2&-1\\0&0&-2&3\\0&0&0&-3\end{pmatrix}$.

7. 设 $\boldsymbol{A}=\begin{pmatrix}1&2\\1&3\end{pmatrix}$, $\boldsymbol{B}=\begin{pmatrix}1&0\\1&2\end{pmatrix}$,问:

(1) $\boldsymbol{AB}=\boldsymbol{BA}$ 吗?

(2) $(\boldsymbol{A}+\boldsymbol{B})^2=\boldsymbol{A}^2+2\boldsymbol{AB}+\boldsymbol{B}^2$ 吗?

(3) $(\boldsymbol{A}+\boldsymbol{B})(\boldsymbol{A}-\boldsymbol{B})=\boldsymbol{A}^2-\boldsymbol{B}^2$ 吗?

8. 举反列说明下列命题是错误的:

(1) 若 $\boldsymbol{A}^2=\boldsymbol{0}$,则 $\boldsymbol{A}=\boldsymbol{0}$;

(2) 若 $\boldsymbol{A}^2=\boldsymbol{A}$,则 $\boldsymbol{A}=\boldsymbol{0}$ 或 $\boldsymbol{A}=\boldsymbol{E}$;

(3) 若 $\boldsymbol{AX}=\boldsymbol{AY}$,且 $\boldsymbol{A}\neq\boldsymbol{0}$,则 $\boldsymbol{X}=\boldsymbol{Y}$.

9. 设 $\boldsymbol{A}=\begin{pmatrix}1&0\\\lambda&1\end{pmatrix}$,求 $\boldsymbol{A}^2,\boldsymbol{A}^3,\cdots,\boldsymbol{A}^k$.

10. 设 $\boldsymbol{A}=\begin{pmatrix}\lambda&1&0\\0&\lambda&1\\0&0&\lambda\end{pmatrix}$,求 $\boldsymbol{A}^k$.

11. 设 $\boldsymbol{A},\boldsymbol{B}$ 为 n 阶矩阵,且 $\boldsymbol{A}$ 为对称矩阵,证明 $\boldsymbol{B}^{\mathrm{T}}\boldsymbol{AB}$ 也是对称矩阵.

12. 设 $\boldsymbol{A},\boldsymbol{B}$ 都是 n 阶对称矩阵,证明 $\boldsymbol{AB}$ 是对称矩阵的充分必要条件是 $\boldsymbol{AB}=\boldsymbol{BA}$.

13. 求下列矩阵的逆矩阵:

(1) $\begin{pmatrix}1&2\\2&5\end{pmatrix}$;　(2) $\begin{pmatrix}\cos\theta&-\sin\theta\\\sin\theta&\cos\theta\end{pmatrix}$;　(3) $\begin{pmatrix}1&2&-1\\3&4&-2\\5&-4&1\end{pmatrix}$;

(4) $\begin{pmatrix}1&0&0&0\\1&2&0&0\\2&1&3&0\\1&2&1&4\end{pmatrix}$； (5) $\begin{pmatrix}5&2&0&0\\2&1&0&0\\0&0&8&3\\0&0&5&2\end{pmatrix}$；

(6) $\begin{pmatrix}a_1&&&\mathbf{0}\\&a_2&&\\&&\ddots&\\\mathbf{0}&&&a_n\end{pmatrix}(a_1a_2a_3\cdots a_n\neq 0)$.

14. 解下列矩阵方程:

(1) $\begin{pmatrix}2&5\\1&3\end{pmatrix}\boldsymbol{X}=\begin{pmatrix}4&-6\\2&1\end{pmatrix}$； (2) $\boldsymbol{X}\begin{pmatrix}2&1&-1\\2&1&0\\1&-1&1\end{pmatrix}=\begin{pmatrix}1&-1&3\\4&3&2\end{pmatrix}$；

(3) $\begin{pmatrix}1&4\\-1&2\end{pmatrix}\boldsymbol{X}\begin{pmatrix}2&0\\-1&1\end{pmatrix}=\begin{pmatrix}3&1\\0&-1\end{pmatrix}$；

(4) $\begin{pmatrix}0&1&0\\1&0&0\\0&0&1\end{pmatrix}\boldsymbol{X}\begin{pmatrix}1&0&0\\0&0&1\\0&1&0\end{pmatrix}=\begin{pmatrix}1&-4&3\\2&0&-1\\1&-2&0\end{pmatrix}$.

15. 利用逆矩阵解下列线性方程组:

(1) $\begin{cases}x_1+2x_2+3x_3=1\\2x_1+2x_2+5x_3=2\\3x_1+5x_2+x_3=3\end{cases}$； (2) $\begin{cases}x_1-x_2-x_3=2\\2x_1-x_2-3x_3=1\\3x_1+2x_2-5x_3=0\end{cases}$.

16. 设 $\boldsymbol{A}^k=\mathbf{0}$($k$ 为正整数),证明

$$(\boldsymbol{E}-\boldsymbol{A})^{-1}=\boldsymbol{E}+\boldsymbol{A}+\boldsymbol{A}^2+\cdots+\boldsymbol{A}^{k-1}$$

17. 设方阵 $\boldsymbol{A}$ 满足 $\boldsymbol{A}^2-\boldsymbol{A}-2\boldsymbol{E}=\mathbf{0}$,证明 $\boldsymbol{A}$ 及 $\boldsymbol{A}+2\boldsymbol{E}$ 都可逆,并求 $\boldsymbol{A}^{-1}$ 及 $(\boldsymbol{A}+2\boldsymbol{E})^{-1}$.

18. 设 $\boldsymbol{A}=\begin{pmatrix}0&3&3\\1&1&0\\-1&2&3\end{pmatrix}$,$\boldsymbol{AB}=\boldsymbol{A}+2\boldsymbol{B}$,求 $\boldsymbol{B}$.

19. 设 $\boldsymbol{P}^{-1}\boldsymbol{AP}=\boldsymbol{\Lambda}$,其中 $\boldsymbol{P}=\begin{pmatrix}-1&-4\\1&1\end{pmatrix}$,$\boldsymbol{\Lambda}=\begin{pmatrix}-1&0\\0&2\end{pmatrix}$,求 $\boldsymbol{A}^{11}$.

20. 设 m 次多项式

$$f(x)=a_0+a_1x+a_2x^2+\cdots+a_mx^m$$

记

$$f(\boldsymbol{A})=a_0\boldsymbol{E}+a_1\boldsymbol{A}+a_2\boldsymbol{A}^2+\cdots+a_m\boldsymbol{A}^m$$

$f(\boldsymbol{A})$ 称为方阵 $\boldsymbol{A}$ 的 m 次多项式.

(1) 设 $\boldsymbol{\Lambda}=\begin{pmatrix}\lambda_1&0\\0&\lambda_2\end{pmatrix}$,证明: $\boldsymbol{\Lambda}^k=\begin{pmatrix}\lambda_1^k&0\\0&\lambda_2^k\end{pmatrix}$,$f(\boldsymbol{\Lambda})=\begin{pmatrix}f(\lambda_1)&0\\0&f(\lambda_2)\end{pmatrix}$.

(2) 设 $\boldsymbol{A}=\boldsymbol{P\Lambda P}^{-1}$,证明: $\boldsymbol{A}^k=\boldsymbol{P\Lambda}^k\boldsymbol{P}^{-1}$,$f(\boldsymbol{A})=\boldsymbol{P}f(\boldsymbol{\Lambda})\boldsymbol{P}^{-1}$.

21. 把下列矩阵化为行最简形矩阵：

(1) $\begin{pmatrix} 1 & 0 & 2 & -1 \\ 2 & 0 & 3 & 1 \\ 3 & 0 & 4 & -3 \end{pmatrix}$； (2) $\begin{pmatrix} 0 & 2 & -3 & 1 \\ 0 & 3 & -4 & 3 \\ 0 & 4 & -7 & -1 \end{pmatrix}$；

(3) $\begin{pmatrix} 1 & -1 & 3 & -4 & 3 \\ 3 & -3 & 5 & -4 & 1 \\ 2 & -2 & 3 & -2 & 0 \\ 3 & -3 & 4 & -2 & -1 \end{pmatrix}$； (4) $\begin{pmatrix} 2 & 3 & 1 & -3 & -7 \\ 1 & 2 & 0 & -2 & -4 \\ 3 & -2 & 8 & 3 & 0 \\ 2 & -3 & 7 & 4 & 3 \end{pmatrix}$.

22. 在秩是 r 的矩阵中，有没有等于0的 $r-1$ 阶子式？有没有等于0的 r 阶子式？

23. 从矩阵 $\boldsymbol{A}$ 中划去一行得到矩阵 $\boldsymbol{B}$，问 $\boldsymbol{A},\boldsymbol{B}$ 的秩的关系怎样？

24. 求作一个秩是4的方阵，它的两个行向量是 $(1,0,1,0,0)$，$(1,-1,0,0,0)$.

25. 求下列矩阵的秩，并求一个最高阶非零子式：

(1) $\begin{pmatrix} 3 & 1 & 0 & 2 \\ 1 & -1 & 2 & -1 \\ 1 & 3 & -4 & 4 \end{pmatrix}$； (2) $\begin{pmatrix} 3 & 2 & -1 & -3 & -1 \\ 2 & -1 & 3 & 1 & -3 \\ 7 & 0 & 5 & -1 & -8 \end{pmatrix}$；

(3) $\begin{pmatrix} 2 & 1 & 8 & 3 & 7 \\ 2 & -3 & 0 & 7 & -5 \\ 3 & -2 & 5 & 8 & 0 \\ 1 & 0 & 3 & 2 & 0 \end{pmatrix}$.

26. 试利用矩阵的初等变换，求下列方阵的逆矩阵：

(1) $\begin{pmatrix} 3 & 2 & 1 \\ 3 & 1 & 5 \\ 3 & 2 & 3 \end{pmatrix}$； (2) $\begin{pmatrix} 3 & -2 & 0 & -1 \\ 0 & 2 & 2 & 1 \\ 1 & -2 & -3 & -2 \\ 0 & 1 & 2 & 1 \end{pmatrix}$.

27. 判断非齐次线性方程组 $\begin{cases} x_1 - 2x_2 + 3x_3 - x_4 = 2 \\ 3x_1 - x_2 + 5x_3 - 3x_4 = 6 \\ 2x_1 + x_2 + 2x_3 - 2x_4 = 8 \\ 5x_2 - 4x_3 + 5x_4 = 7 \end{cases}$ 是否有解？

28. a,b 取何值时，非齐次线性方程组

$$\begin{cases} x_1 + x_2 + x_3 + x_4 = 1 \\ x_2 - x_3 + 2x_4 = 1 \\ 2x_1 + 3x_2 + (a+2)x_3 + 4x_4 = b + 3 \\ 3x_1 + 5x_2 + x_3 + (a+8)x_4 = 5 \end{cases}$$

(1) 有唯一解；(2) 无解；(3) 有无穷多个解？

29. 求解下列非齐次线性方程组：

(1) $\begin{cases} 2x_1 + x_2 + x_3 = 2 \\ x_1 + 3x_2 + x_3 = 5 \\ x_1 + x_2 + 5x_3 = -7 \\ 2x_1 + 3x_2 - 3x_3 = 14 \end{cases}$;

(2) $\begin{cases} x_1 + 3x_2 - 3x_3 = 2 \\ 3x_1 - x_2 + 2x_3 = 3 \\ 4x_1 + 2x_2 - x_3 = 2 \end{cases}$;

(3) $\begin{cases} x_1 - x_2 - x_3 - 3x_4 = -2 \\ x_1 - x_2 + x_3 + 5x_4 = 4 \\ -4x_1 + 4x_2 + x_3 = -1 \end{cases}$.

30. 当 k 取何值时,线性方程组

$$\begin{cases} kx_1 + x_2 + x_3 = 1 \\ x_1 + kx_2 + x_3 = k \\ x_1 + x_2 + kx_3 = k^2 \end{cases}$$

(1) 有唯一解;(2) 无解;(3) 有无穷多解? 有解时求出全部解.

31. 三元齐次线性方程组 $\begin{cases} x_1 - x_2 + 5x_3 = 0 \\ x_1 + x_2 - 2x_3 = 0 \\ 3x_1 - x_2 + 8x_3 = 0 \\ x_1 + 3x_2 - 9x_3 = 0 \end{cases}$ 是否有非零解?

32. 当 λ 取何值时,齐次线性方程组 $\begin{cases} 3x_1 + x_2 - x_3 = 0 \\ 3x_1 + 2x_2 + 3x_3 = 0 \\ x_2 + \lambda x_3 = 0 \end{cases}$ 有非零解.

33. 求解下列齐次线性方程组:

(1) $\begin{cases} x_1 + 2x_2 - 3x_3 = 0 \\ 2x_1 + 5x_2 + 2x_3 = 0 \\ 3x_1 - x_2 - 4x_3 = 0 \\ 4x_1 + 9x_2 - 4x_3 = 0 \end{cases}$; (2) $\begin{cases} x_1 + 2x_2 + x_3 - x_4 = 0 \\ 3x_1 + 6x_2 - x_3 - 3x_4 = 0 \\ 5x_1 + 10x_2 + x_3 - 5x_4 = 0 \end{cases}$.

34. (1) 设 $\boldsymbol{A} = \begin{pmatrix} 4 & 1 & -2 \\ 2 & 2 & 1 \\ 3 & 1 & -1 \end{pmatrix}$, $\boldsymbol{B} = \begin{pmatrix} 1 & -3 \\ 2 & 2 \\ 3 & -1 \end{pmatrix}$,求 $\boldsymbol{X}$ 使 $\boldsymbol{AX} = \boldsymbol{B}$;

(2) 设 $\boldsymbol{A} = \begin{pmatrix} 0 & 2 & 1 \\ 2 & -1 & 3 \\ -3 & 3 & -4 \end{pmatrix}$, $\boldsymbol{B} = \begin{pmatrix} 1 & 2 & 3 \\ 2 & -3 & 1 \end{pmatrix}$,求 $\boldsymbol{X}$ 使 $\boldsymbol{XA} = \boldsymbol{B}$.

35. 取 $\boldsymbol{A} = \boldsymbol{B} = -\boldsymbol{C} = \boldsymbol{D} = \begin{pmatrix} 1 & 0 \\ 0 & 1 \end{pmatrix}$,验证 $\begin{vmatrix} \boldsymbol{A} & \boldsymbol{B} \\ \boldsymbol{C} & \boldsymbol{D} \end{vmatrix} \neq \begin{vmatrix} |\boldsymbol{A}| & |\boldsymbol{B}| \\ |\boldsymbol{C}| & |\boldsymbol{D}| \end{vmatrix}$.

36. 设 $\boldsymbol{A}=\begin{pmatrix} 3 & 4 & & \\ 4 & -3 & & \\ & & 2 & 0 \\ & & 2 & 2 \end{pmatrix}$，求 $|\boldsymbol{A}^8|$ 及 $\boldsymbol{A}^4$.

37. 设 n 阶矩阵 $\boldsymbol{A}$ 及 s 阶矩阵 $\boldsymbol{B}$ 都可逆，求 $\begin{pmatrix} \boldsymbol{0} & \boldsymbol{A} \\ \boldsymbol{B} & \boldsymbol{0} \end{pmatrix}^{-1}$.

第 3 章 n 维向量和线性方程组

n 维向量和线性方程组是线性代数中最基本的内容. 本章将讨论 n 维向量及向量组的线性相关性、向量组的秩及向量空间的概念,并用向量和矩阵的知识讨论线性方程组解的结构和求解的一般方法.

3.1 n 维向量及向量组的线性组合

我们知道,二维平面上的一个向量 $\boldsymbol{\alpha}$ 是由它在 x,y 轴上的投影 a_1,a_2 唯一确定. 记为 $\boldsymbol{\alpha}=(a_1,a_2)$,称 $\boldsymbol{\alpha}$ 为二维向量. 在空间直角坐标系下,任一向量可由它在 x,y,z 轴上投影 a_1,a_2,a_3 唯一确定. 由此我们可以将向量概念加以推广.

3.1.1 n 维向量及向量组

定义 3.1 n 个有次序的数 $a_1,a_2,\cdots,a_n$ 所组成的数组称为一个 n 维向量, 这 n 个数称为该向量的 n 个分量, 第 i 个数 a_i 称为该向量的第 i 个分量.

分量均为实数的向量称为实向量, 分量均为复数的向量称为复向量.

n 维向量可写成一行

$$(a_1,a_2,\cdots,a_n)$$

也可写成一列

$$\begin{pmatrix} a_1 \\ a_2 \\ \vdots \\ a_n \end{pmatrix}$$

分别称为 n 维行向量和 n 维列向量. 本书中, 列向量用小写字母 $\boldsymbol{\alpha},\boldsymbol{\beta},\boldsymbol{\gamma}$ 等表示, 行向量则用 $\boldsymbol{\alpha}^{\mathrm{T}},\boldsymbol{\beta}^{\mathrm{T}},\boldsymbol{\gamma}^{\mathrm{T}}$ 等表示. 所讨论的向量在没有指明是行向量还是列向量时,都当做列向量.

可见, n 维行向量和 n 维列向量也就是行矩阵和列矩阵, 因此规定行向量与列向量都按照矩阵的运算规则进行运算.

我们规定:

(1) 分量全为零的向量,称为零向量,记作 $\mathbf{0}$. 即 $\mathbf{0}=(0,0,\cdots,0)$.

注意,维数不同的零向量不相同.

(2) 向量以 $\boldsymbol{\alpha}=(a_1,a_2,\cdots,a_n)$ 各分量的相反数所组成的向量成为 $\boldsymbol{\alpha}$ 的负向量,记作 $-\boldsymbol{\alpha}$, 即

$$-\boldsymbol{\alpha}=(-a_1,-a_2,\cdots,-a_n)$$

(3) 如果 $\boldsymbol{\alpha}=(a_1,a_2,\cdots,a_n)$, $\boldsymbol{\beta}=(b_1,b_2,\cdots,b_n)$, 当 $a_i=b_i(i=1,2,\cdots,n)$ 时,则称这两个向量相等. 记作 $\boldsymbol{\alpha}=\boldsymbol{\beta}$.

定义 3.2　若干个同维数的列向量(或同维数的行向量)所组成的集合称为向量组. 例如,一个 $m\times n$ 矩阵的全体列向量是一个含 n 个 m 维列向量的向量组,它的全体行向量是一个含 m 个 n 维行向量的向量组. 又如当 $R(\boldsymbol{A})<n$ 时,齐次线性方程组 $\boldsymbol{A}_{m\times n}\boldsymbol{x}=\mathbf{0}$ 的全体解是一个含无限多个 n 维向量的向量组.

下面讨论只含有限个向量的向量组.

通常,矩阵的列向量组和行向量组都是只含有限个向量的向量组; 反之, 一个含有限个向量的向量组总可以构成一个矩阵. 例如,m 个 n 维列向量所组成的向量组 $\boldsymbol{A}:\boldsymbol{\alpha}_1,\boldsymbol{\alpha}_2,\cdots,\boldsymbol{\alpha}_m$ 构成一个 $n\times m$ 矩阵

$$\boldsymbol{A}=(\boldsymbol{\alpha}_1,\boldsymbol{\alpha}_2,\cdots,\boldsymbol{\alpha}_m)$$

m 个 n 维行向量所组成的向量组 $\boldsymbol{B}:\boldsymbol{\beta}_1^{\mathrm{T}},\boldsymbol{\beta}_2^{\mathrm{T}},\cdots,\boldsymbol{\beta}_m^{\mathrm{T}}$ 构成一个 $m\times n$ 矩阵

$$\boldsymbol{B}=\begin{pmatrix}\boldsymbol{\beta}_1^{\mathrm{T}}\\\boldsymbol{\beta}_2^{\mathrm{T}}\\\vdots\\\boldsymbol{\beta}_m^{\mathrm{T}}\end{pmatrix}$$

总之, 含有限个向量的有序向量组可以与矩阵一一对应.

3.1.2　向量组的线性组合

定义 3.3　设有 n 维向量 $\boldsymbol{\beta}$ 与给定向量组 $\boldsymbol{A}:\boldsymbol{\alpha}_1,\boldsymbol{\alpha}_2,\cdots,\boldsymbol{\alpha}_m$, 如果存在一组实数 $k_1,k_2,\cdots,k_m$, 使

$$\boldsymbol{\beta}=k_1\boldsymbol{\alpha}_1+k_2\boldsymbol{\alpha}_2+\cdots+k_m\boldsymbol{\alpha}_m$$

称 $\boldsymbol{\beta}$ 为向量组 $\boldsymbol{A}$ 的一个线性组合, $k_1,k_2,\cdots,k_m$ 称为这个线性组合的系数. 或称向量 $\boldsymbol{\beta}$ 能由向量组 $\boldsymbol{A}$ 线性表示.

例 1　设有向量 $\mathbf{0}=(0,0,0)$, $\boldsymbol{\alpha}_1=(1,2,3)$, $\boldsymbol{\alpha}_2=(2,3,4)$.

因为 $\mathbf{0}=0\cdot\boldsymbol{\alpha}_1+0\cdot\boldsymbol{\alpha}_2$,所以向量 $\mathbf{0}$ 是向量组 $\boldsymbol{\alpha}_1,\boldsymbol{\alpha}_2$ 的线性组合.

例 2　任何一个 n 维向量

$$\boldsymbol{\alpha}=(a_1,a_2,\cdots,a_n)$$

都可由 n 个向量

$$\boldsymbol{\varepsilon}_1=(1,0,\cdots,0)$$

$$\boldsymbol{\varepsilon}_2=(0,1,\cdots,0)$$

$$\vdots$$

$$\boldsymbol{\varepsilon}_n = (0, 0, \cdots, 1)$$

线性表示(向量组 $\boldsymbol{\varepsilon}_1, \boldsymbol{\varepsilon}_2, \cdots, \boldsymbol{\varepsilon}_n$ 称为 n 维单位向量组).

这是因为

$$\begin{aligned}\boldsymbol{\alpha} = (a_1, a_2, \cdots, a_n) = (a_1, 0, \cdots, 0) + (0, a_2, \cdots, 0) + \cdots + (0, 0, \cdots, a_n) = \\ a_1(1, 0, \cdots, 0) + a_2(0, 1, \cdots, 0) + \cdots + a_n(0, 0, \cdots, 1) = \\ a_1\boldsymbol{\varepsilon}_1 + a_2\boldsymbol{\varepsilon}_2 + \cdots + a_n\boldsymbol{\varepsilon}_n\end{aligned}$$

容易得到向量 $\boldsymbol{\beta}$ 能由向量组 $\boldsymbol{A}$ 线性表示的充分必要条件是线性方程组

$$x_1\boldsymbol{\alpha}_1 + x_2\boldsymbol{\alpha}_2 + \cdots + x_m\boldsymbol{\alpha}_m = \boldsymbol{\beta}$$

即

$$\boldsymbol{Ax} = \boldsymbol{\beta}$$

有解. 这里 $\boldsymbol{A} = (\boldsymbol{\alpha}_1, \boldsymbol{\alpha}_2, \cdots, \boldsymbol{\alpha}_m)$.

例 3 设 $\boldsymbol{\alpha}_1 = (2,3,1), \boldsymbol{\alpha}_2 = (1,2,1), \boldsymbol{\alpha}_3 = (3,2,-1), \boldsymbol{\beta} = (2,1,-1)$,试问,$\boldsymbol{\beta}$ 能否用 $\boldsymbol{\alpha}_1, \boldsymbol{\alpha}_2, \boldsymbol{\alpha}_3$ 线性表示? 若能,写出具体表示式.

解 令

$$\boldsymbol{\beta} = k_1\boldsymbol{\alpha}_1 + k\boldsymbol{\alpha}_2 + k\boldsymbol{\alpha}_3$$

即

$$\begin{pmatrix} 2 \\ 1 \\ -1 \end{pmatrix} = k_1\begin{pmatrix} 2 \\ 3 \\ 1 \end{pmatrix} + k_2\begin{pmatrix} 1 \\ 2 \\ 1 \end{pmatrix} + k_3\begin{pmatrix} 3 \\ 2 \\ -1 \end{pmatrix}$$

把上述向量方程改写成线性方程组

$$\begin{cases} 2k_1 + k_2 + 3k_3 = 2 \\ 3k_1 + 2k_2 + 2k_3 = 1 \\ k_1 + k_2 - k_3 = -1 \end{cases}$$

由于第一个方程加第三个方程正好等于第二个方程,所以第二个方程是多余的. 去掉第二个方程,得同解方程组

$$\begin{cases} 2k_1 + k_2 = 2 - 3k_3 \\ k_1 + k_2 = -1 + k_3 \end{cases}$$

令 $k_3 = 0$,求出 $k_1 = 3, k_2 = -4$.

故方程组的一组解为

$$k_1 = 3, k_2 = -4, k_3 = 0$$

所以

$$\boldsymbol{\beta} = 3\boldsymbol{\alpha}_1 - 4\boldsymbol{\alpha}_2$$

由于 k_3 可任意取值,从而方程组有无穷多组解,所以 $\boldsymbol{\beta}$ 用 $\boldsymbol{\alpha}_1, \boldsymbol{\alpha}_2, \boldsymbol{\alpha}_3$ 线性表示的方式也有无穷多种.

定理 3.1 向量 $\boldsymbol{\beta}$ 能由向量组 $\boldsymbol{A}: \boldsymbol{\alpha}_1, \boldsymbol{\alpha}_2, \cdots, \boldsymbol{\alpha}_m$ 线性表示的充分必要条件是矩阵 $\boldsymbol{A} = (\boldsymbol{\alpha}_1, \boldsymbol{\alpha}_2, \cdots, \boldsymbol{\alpha}_m)$ 的秩等于矩阵 $\boldsymbol{B} = (\boldsymbol{\alpha}_1, \boldsymbol{\alpha}_2, \cdots, \boldsymbol{\alpha}_m, \boldsymbol{\beta})$ 的秩.

定义 3.4 给定两个向量组 $\boldsymbol{A}: \boldsymbol{\alpha}_1, \boldsymbol{\alpha}_2, \cdots, \boldsymbol{\alpha}_m$ 及 $\boldsymbol{B}: \boldsymbol{\beta}_1, \boldsymbol{\beta}_2, \cdots, \boldsymbol{\beta}_l$, 如果 $\boldsymbol{B}$ 中的每个向量都能由向量组 $\boldsymbol{A}$ 线性表示, 则称向量组 $\boldsymbol{B}$ 能由向量组 $\boldsymbol{A}$ 线性表示. 如果 $\boldsymbol{A}$ 中的每个向量都能由向量组 $\boldsymbol{B}$ 线性表示, 则称向量组 $\boldsymbol{A}$ 能由向量组 $\boldsymbol{B}$ 线性表示. 如果向量组 $\boldsymbol{A}$ 与向量组 $\boldsymbol{B}$ 可以相互线性表示, 则称向量组 $\boldsymbol{A}$ 与向量组 $\boldsymbol{B}$ 等价.

向量组之间的等价关系具有下面三条基本性质：

设向量组 $\boldsymbol{A},\boldsymbol{B},\boldsymbol{C}$ 分别是

$$\boldsymbol{A}:\boldsymbol{\alpha}_1,\boldsymbol{\alpha}_2,\cdots,\boldsymbol{\alpha}_m$$
$$\boldsymbol{B}:\boldsymbol{\beta}_1,\boldsymbol{\beta}_2,\cdots,\boldsymbol{\beta}_s$$
$$\boldsymbol{C}:\boldsymbol{\gamma}_1,\boldsymbol{\gamma}_2,\cdots,\boldsymbol{\gamma}_t$$

(1) 反身性：向量组 $\boldsymbol{A}$ 与向量组 $\boldsymbol{A}$ 等价.

(2) 对称性：若向量组 $\boldsymbol{A}$ 与向量组 $\boldsymbol{B}$ 等价，则向量组 $\boldsymbol{B}$ 与向量组 $\boldsymbol{A}$ 等价.

(3) 传递性：若向量组 $\boldsymbol{A}$ 与向量组 $\boldsymbol{B}$ 等价，向量组 $\boldsymbol{B}$ 与向量组 $\boldsymbol{C}$ 等价，则向量组 $\boldsymbol{A}$ 与向量组 $\boldsymbol{C}$ 等价.

将向量组 $\boldsymbol{A}$ 和 $\boldsymbol{B}$ 所构成的矩阵依次记作 $\boldsymbol{A}=(\boldsymbol{\alpha}_1,\boldsymbol{\alpha}_2,\cdots,\boldsymbol{\alpha}_m)$ 和 $\boldsymbol{B}=(\boldsymbol{\beta}_1,\boldsymbol{\beta}_2,\cdots,\boldsymbol{\beta}_l)$. 向量组 $\boldsymbol{B}$ 能由向量组 $\boldsymbol{A}$ 线性表示，即

$$\boldsymbol{\beta}_j=k_{1j}\boldsymbol{\alpha}_1+k_{2j}\boldsymbol{\alpha}_2+\cdots+k_{mj}\boldsymbol{\alpha}_m=(\boldsymbol{\alpha}_1,\boldsymbol{\alpha}_2,\cdots,\boldsymbol{\alpha}_m)\begin{pmatrix}k_{1j}\\k_{2j}\\\vdots\\k_{mj}\end{pmatrix}\quad(j=1,2,\cdots,l)$$

也就是

$$(\boldsymbol{\beta}_1,\boldsymbol{\beta}_2,\cdots,\boldsymbol{\beta}_l)=(\boldsymbol{\alpha}_1,\boldsymbol{\alpha}_2,\cdots,\boldsymbol{\alpha}_m)\begin{pmatrix}k_{11}&k_{12}&\cdots&k_{1l}\\k_{21}&k_{22}&\cdots&k_{2l}\\\vdots&\vdots&&\vdots\\k_{m1}&k_{m2}&\cdots&k_{ml}\end{pmatrix}$$

记 $\boldsymbol{K}=(k_{ij})_{m\times l}$，便有

$$(\boldsymbol{\beta}_1,\boldsymbol{\beta}_2,\cdots,\boldsymbol{\beta}_l)=(\boldsymbol{\alpha}_1,\boldsymbol{\alpha}_2,\cdots,\boldsymbol{\alpha}_m)\boldsymbol{K}$$

可见，向量组 $\boldsymbol{B}:\boldsymbol{\beta}_1,\boldsymbol{\beta}_2,\cdots,\boldsymbol{\beta}_l$ 能由向量组 $\boldsymbol{A}:\boldsymbol{\alpha}_1,\boldsymbol{\alpha}_2,\cdots,\boldsymbol{\alpha}_m$ 线性表示的充分与必要条件是存在矩阵 $\boldsymbol{K}=(k_{ij})_{m\times l}$，使得

$$(\boldsymbol{\beta}_1,\boldsymbol{\beta}_2,\cdots,\boldsymbol{\beta}_l)=(\boldsymbol{\alpha}_1,\boldsymbol{\alpha}_2,\cdots,\boldsymbol{\alpha}_m)\boldsymbol{K}$$

也就是矩阵方程

$$(\boldsymbol{\beta}_1,\boldsymbol{\beta}_2,\cdots,\boldsymbol{\beta}_l)=(\boldsymbol{\alpha}_1,\boldsymbol{\alpha}_2,\cdots,\boldsymbol{\alpha}_m)\boldsymbol{X}$$

有解，于是有下面的定理.

定理 3.2　向量组 $\boldsymbol{B}:\boldsymbol{\beta}_1,\boldsymbol{\beta}_2,\cdots,\boldsymbol{\beta}_l$ 能由向量组 $\boldsymbol{A}:\boldsymbol{\alpha}_1,\boldsymbol{\alpha}_2,\cdots,\boldsymbol{\alpha}_m$ 线性表示的充分必要条件是

$$R(\boldsymbol{A})=R(\boldsymbol{A},\boldsymbol{B})$$

推论　向量组 $\boldsymbol{A}:\boldsymbol{\alpha}_1,\boldsymbol{\alpha}_2,\cdots,\boldsymbol{\alpha}_m$ 与向量组 $\boldsymbol{B}:\boldsymbol{\beta}_1,\boldsymbol{\beta}_2,\cdots,\boldsymbol{\beta}_l$ 等价的充分必要条件是

$$R(\boldsymbol{A})=R(\boldsymbol{B})=R(\boldsymbol{A},\boldsymbol{B})$$

证　因为向量组 $\boldsymbol{A}:\boldsymbol{\alpha}_1,\boldsymbol{\alpha}_2,\cdots,\boldsymbol{\alpha}_m$ 与向量组 $\boldsymbol{B}:\boldsymbol{\beta}_1,\boldsymbol{\beta}_2,\cdots,\boldsymbol{\beta}_l$ 能相互线性表示，所以依据定理 3.1 知它们等价的充分必要条件是

$$R(\boldsymbol{A})=R(\boldsymbol{A},\boldsymbol{B})$$

且 $$R(\boldsymbol{B}) = R(\boldsymbol{A},\boldsymbol{B})$$

即 $$R(\boldsymbol{A}) = R(\boldsymbol{B}) = R(\boldsymbol{A},\boldsymbol{B})$$

例 4 设 $\boldsymbol{\alpha}_1 = (2,1,4,3)^{\mathrm{T}},\boldsymbol{\alpha}_2 = (-1,1,-6,6)^{\mathrm{T}},\boldsymbol{\alpha}_3 = (1,1,-2,7)^{\mathrm{T}},\boldsymbol{\beta}_1 = (-1,-2,2,-9)^{\mathrm{T}},\boldsymbol{\beta}_2 = (2,4,4,9)^{\mathrm{T}}$. 证明向量组 $\boldsymbol{\beta}_1,\boldsymbol{\beta}_2$ 能由向量组 $\boldsymbol{\alpha}_1,\boldsymbol{\alpha}_2,\boldsymbol{\alpha}_3$ 线性表示.

证 记 $\boldsymbol{A} = (\boldsymbol{\alpha}_1,\boldsymbol{\alpha}_2,\boldsymbol{\alpha}_3)$，$\boldsymbol{B} = (\boldsymbol{\beta}_1,\boldsymbol{\beta}_2)$.

根据定理3.2，只要证 $R(\boldsymbol{A}) = R(\boldsymbol{A},\boldsymbol{B})$. 为此，对矩阵 $(\boldsymbol{A},\boldsymbol{B})$ 施行初等行变换变为行阶梯形矩阵

$$(\boldsymbol{A},\boldsymbol{B}) = \begin{pmatrix} 2 & -1 & 1 & -1 & 2 \\ 1 & 1 & 1 & -2 & 4 \\ 4 & -6 & -2 & 2 & 4 \\ 3 & 6 & 7 & -9 & 9 \end{pmatrix} \xrightarrow{r_1 \leftrightarrow r_2} \begin{pmatrix} 1 & 1 & 1 & -2 & 4 \\ 2 & -1 & 1 & -1 & 2 \\ 4 & -6 & -2 & 2 & 4 \\ 3 & 6 & 7 & -9 & 9 \end{pmatrix} \xrightarrow[\substack{r_3 - 4r_1 \\ r_4 - 3r_1}]{r_2 - 2r_1}$$

$$\begin{pmatrix} 1 & 1 & 1 & -2 & 4 \\ 0 & -3 & -1 & 3 & -6 \\ 0 & -10 & -6 & 10 & -12 \\ 0 & 3 & 4 & -3 & -3 \end{pmatrix} \xrightarrow{r_3 - 3r_2} \begin{pmatrix} 1 & 1 & 1 & -2 & 4 \\ 0 & -3 & -1 & 3 & -6 \\ 0 & -1 & -3 & 1 & 6 \\ 0 & 3 & 4 & -3 & -3 \end{pmatrix} \xrightarrow{r_3 \leftrightarrow r_2}$$

$$\begin{pmatrix} 1 & 1 & 1 & -2 & 4 \\ 0 & -1 & -3 & 1 & 6 \\ 0 & -3 & -1 & 3 & -6 \\ 0 & 3 & 4 & -3 & -3 \end{pmatrix} \xrightarrow[r_4 + 3r_2]{r_3 - 3r_2}$$

$$\begin{pmatrix} 1 & 1 & 1 & -2 & 4 \\ 0 & -1 & -3 & 1 & 6 \\ 0 & 0 & 8 & 0 & -24 \\ 0 & 0 & -5 & 0 & 15 \end{pmatrix} \xrightarrow[-\frac{1}{5}r_4]{\frac{1}{8}r_3}$$

$$\begin{pmatrix} 1 & 1 & 1 & -2 & 4 \\ 0 & -1 & -3 & 1 & 6 \\ 0 & 0 & 1 & 0 & -3 \\ 0 & 0 & 1 & 0 & -3 \end{pmatrix} \xrightarrow{r_4 - r_3} \begin{pmatrix} 1 & 1 & 1 & -2 & 4 \\ 0 & -1 & -3 & 1 & 6 \\ 0 & 0 & 1 & 0 & -3 \\ 0 & 0 & 0 & 0 & 0 \end{pmatrix}$$

可见 $R(\boldsymbol{A}) = R(\boldsymbol{A},\boldsymbol{B}) = 3$，故向量组 $\boldsymbol{\beta}_1,\boldsymbol{\beta}_2$ 能由 $\boldsymbol{\alpha}_1,\boldsymbol{\alpha}_2,\boldsymbol{\alpha}_3$ 线性表示.

定理3.3 向量组 $\boldsymbol{B}:\boldsymbol{\beta}_1,\boldsymbol{\beta}_2,\cdots,\boldsymbol{\beta}_l$ 能由向量组 $\boldsymbol{A}:\boldsymbol{\alpha}_1,\boldsymbol{\alpha}_2,\cdots,\boldsymbol{\alpha}_m$ 线性表示，则 $R(\boldsymbol{B}) \leqslant R(\boldsymbol{A})$.

证 因为向量组 $\boldsymbol{B}:\boldsymbol{\beta}_1,\boldsymbol{\beta}_2,\cdots,\boldsymbol{\beta}_l$ 能由向量组 $\boldsymbol{A}:\boldsymbol{\alpha}_1,\boldsymbol{\alpha}_2,\cdots,\boldsymbol{\alpha}_m$ 线性表示，所以根据定理3.2有 $R(\boldsymbol{A}) = R(\boldsymbol{A},\boldsymbol{B})$，而 $R(\boldsymbol{A},\boldsymbol{B}) \geqslant R(\boldsymbol{B})$，故 $R(\boldsymbol{B}) \leqslant R(\boldsymbol{A})$.

定理3.4 若 $\boldsymbol{C}_{m\times n} = \boldsymbol{A}_{m\times l}\boldsymbol{B}_{l\times n}$，则矩阵 $\boldsymbol{C}$ 的列向量组能由矩阵 $\boldsymbol{A}$ 的列向量组线性表示，矩阵 $\boldsymbol{C}$ 的行向量组能由矩阵 $\boldsymbol{B}$ 的行向量组线性表示.

证 记

$$A=(\boldsymbol{\alpha}_1,\boldsymbol{\alpha}_2,\cdots,\boldsymbol{\alpha}_l),B=\begin{pmatrix}\boldsymbol{\beta}_1^{\mathrm{T}}\\\boldsymbol{\beta}_2^{\mathrm{T}}\\\vdots\\\boldsymbol{\beta}_l^{\mathrm{T}}\end{pmatrix},C=(\boldsymbol{\gamma}_1,\boldsymbol{\gamma}_2,\cdots,\boldsymbol{\gamma}_n)=\begin{pmatrix}\boldsymbol{\xi}_1^{\mathrm{T}}\\\boldsymbol{\xi}_2^{\mathrm{T}}\\\vdots\\\boldsymbol{\zeta}_m^{\mathrm{T}}\end{pmatrix}$$

则有

$$(\boldsymbol{\gamma}_1,\boldsymbol{\gamma}_2,\cdots,\boldsymbol{\gamma}_n)=(\boldsymbol{\alpha}_1,\boldsymbol{\alpha}_2,\cdots,\boldsymbol{\alpha}_l)\boldsymbol{B}$$

$$\begin{pmatrix}\boldsymbol{\xi}_1^{\mathrm{T}}\\\boldsymbol{\xi}_2^{\mathrm{T}}\\\vdots\\\boldsymbol{\zeta}_m^{\mathrm{T}}\end{pmatrix}=\begin{pmatrix}a_{11}&a_{12}&\cdots&a_{1l}\\a_{21}&a_{22}&\cdots&a_{2l}\\\vdots&\vdots&&\vdots\\a_{m1}&a_{m2}&\cdots&a_{ml}\end{pmatrix}\begin{pmatrix}\boldsymbol{\beta}_1^{\mathrm{T}}\\\boldsymbol{\beta}_2^{\mathrm{T}}\\\vdots\\\boldsymbol{\beta}_l^{\mathrm{T}}\end{pmatrix}$$

即矩阵 $\boldsymbol{C}$ 的列向量组能由矩阵 $\boldsymbol{A}$ 的列向量组线性表示，矩阵 $\boldsymbol{C}$ 的行向量组能由矩阵 $\boldsymbol{B}$ 的行向量组线性表示.

3.2　向量组的线性相关性

3.2.1　向量组线性相关性的定义及判别法

定义 3.5　设向量组 $\boldsymbol{\alpha}_1,\boldsymbol{\alpha}_2,\cdots,\boldsymbol{\alpha}_m$，如果存在不全为零的数 $k_1,k_2,\cdots,k_m$，使得

$$k_1\boldsymbol{\alpha}_1+k_2\boldsymbol{\alpha}_2+\cdots+k_m\boldsymbol{\alpha}_m=\mathbf{0}$$

则称向量组 $\boldsymbol{\alpha}_1,\boldsymbol{\alpha}_2,\cdots,\boldsymbol{\alpha}_m$ 线性相关，否则称向量组 $\boldsymbol{\alpha}_1,\boldsymbol{\alpha}_2,\cdots,\boldsymbol{\alpha}_m$ 线性无关.

由定义 3.5 可推出：

(1) 单独一个零向量线性相关；

(2) 含有零向量的向量组线性相关；

(3) 单独一个非零向量线性无关；

(4) 含有 2 个向量的向量组 $\boldsymbol{A}:\boldsymbol{\alpha}_1,\boldsymbol{\alpha}_2$ 线性相关的充分必要条件是 $\boldsymbol{\alpha}_1,\boldsymbol{\alpha}_2$ 的分量对应成比例.

定理 3.5　向量组 $\boldsymbol{A}:\boldsymbol{\alpha}_1,\boldsymbol{\alpha}_2,\cdots,\boldsymbol{\alpha}_m(m\geqslant 2)$ 线性相关的充分必要条件是在向量组 $\boldsymbol{A}$ 中至少有一个向量能由其余 $m-1$ 个向量线性表示.

证　如果向量组 $\boldsymbol{A}:\boldsymbol{\alpha}_1,\boldsymbol{\alpha}_2,\cdots,\boldsymbol{\alpha}_m(m\geqslant 2)$ 线性相关，则存在不全为零的数 k_1，$k_2,\cdots,k_m$，使得

$$k_1\boldsymbol{\alpha}_1+k_2\boldsymbol{\alpha}_2+\cdots+k_m\boldsymbol{\alpha}_m=\mathbf{0}$$

因为 $k_1,k_2,\cdots,k_m$ 不全为零，所以不妨设 $k_1\neq 0$，于是便有

$$\boldsymbol{\alpha}_1=-\frac{k_2}{k_1}\boldsymbol{\alpha}_2-\cdots-\frac{k_m}{k_1}\boldsymbol{\alpha}_m$$

即 $\boldsymbol{\alpha}_1$ 能由其余 $m-1$ 个向量 $\boldsymbol{\alpha}_2,\cdots,\boldsymbol{\alpha}_m$ 线性表示.

如果向量组 $\boldsymbol{A}$ 中至少有一个向量能由其余 $m-1$ 个向量线性表示，不妨设 $\boldsymbol{\alpha}_m$ 能由向

量 $\boldsymbol{\alpha}_1,\cdots,\boldsymbol{\alpha}_{m-1}$ 线性表示，即有 $\lambda_1,\cdots,\lambda_{m-1}$ 使得

$$\boldsymbol{\alpha}_m = \lambda_1\boldsymbol{\alpha}_1 + \cdots + \lambda_{m-1}\boldsymbol{\alpha}_{m-1}$$

于是

$$\lambda_1\boldsymbol{\alpha}_1 + \cdots + \lambda_{m-1}\boldsymbol{\alpha}_{m-1} - \boldsymbol{\alpha}_m = \mathbf{0}$$

可见向量组 $\boldsymbol{A}$ 线性相关.

定理 3.6 向量组 $\boldsymbol{A}:\boldsymbol{\alpha}_1,\boldsymbol{\alpha}_2,\cdots,\boldsymbol{\alpha}_m$ 线性相关的充分必要条件是齐次线性方程组

$$x_1\boldsymbol{\alpha}_1 + x_2\boldsymbol{\alpha}_2 + \cdots + x_m\boldsymbol{\alpha}_m = \mathbf{0}$$

即 $\boldsymbol{Ax}=\mathbf{0}$ 有非零解. 这里 $\boldsymbol{A}=(\boldsymbol{\alpha}_1,\boldsymbol{\alpha}_2,\cdots,\boldsymbol{\alpha}_m)$，$\boldsymbol{x}=(x_1,x_2,\cdots,x_m)^{\mathrm{T}}$，或 n 个 n 维向量 $\boldsymbol{\alpha}_i=(a_{i1},a_{i2},\cdots,a_{in})$ $(i=1,2,\cdots,n)$ 线性相关的充分必要条件是

$$\begin{vmatrix} a_{11} & a_{12} & \cdots & a_{1n} \\ a_{21} & a_{22} & \cdots & a_{2n} \\ \vdots & \vdots & & \vdots \\ a_{n1} & a_{n2} & \cdots & a_{nn} \end{vmatrix} = 0$$

定理 3.7 向量组 $\boldsymbol{A}:\boldsymbol{\alpha}_1,\boldsymbol{\alpha}_2,\cdots,\boldsymbol{\alpha}_m$ 线性相关的充分必要条件是矩阵 $\boldsymbol{A}=(\boldsymbol{\alpha}_1,\boldsymbol{\alpha}_2,\cdots,\boldsymbol{\alpha}_m)$ 的秩小于向量个数 m；向量组 $\boldsymbol{A}$ 线性无关的充分必要条件是 $R(\boldsymbol{A})=m$.

例 5 n 阶单位矩阵 $\boldsymbol{E}=(\boldsymbol{\varepsilon}_1,\boldsymbol{\varepsilon}_2,\cdots,\boldsymbol{\varepsilon}_n)$ 的列向量叫做 n 维单位坐标向量. 证明 n 维单位坐标向量组 $\boldsymbol{\varepsilon}_1,\boldsymbol{\varepsilon}_2,\cdots,\boldsymbol{\varepsilon}_n$ 线性无关.

证 因为 $|\boldsymbol{E}|=1\neq 0$，所以 $R(\boldsymbol{E})=n$. 故向量组 $\boldsymbol{\varepsilon}_1,\boldsymbol{\varepsilon}_2,\cdots,\boldsymbol{\varepsilon}_n$ 线性无关.

一般地，判断一个向量组 $\boldsymbol{\alpha}_1,\boldsymbol{\alpha}_2,\cdots,\boldsymbol{\alpha}_m$ 的线性相关性的基本方法和步骤是：

(1) 假定存在一组数 $k_1,k_2,\cdots,k_m$，使

$$k_1\boldsymbol{\alpha}_1 + k_2\boldsymbol{\alpha}_2 + \cdots + k_m\boldsymbol{\alpha}_m = \mathbf{0}$$

(2) 应用向量的线性运算和向量相等的定义，找出未知数 $k_1,k_2,\cdots,k_m$ 的齐次线性方程组；

(3) 判断方程组有无非零解；

(4) 如果有非零解，则 $\boldsymbol{\alpha}_1,\boldsymbol{\alpha}_2,\cdots,\boldsymbol{\alpha}_m$ 线性相关；如果仅有零解，则 $\boldsymbol{\alpha}_1,\boldsymbol{\alpha}_2,\cdots,\boldsymbol{\alpha}_m$ 线性无关.

例 6 已知 $\boldsymbol{\alpha}_1=(3,0,-1)^{\mathrm{T}}$，$\boldsymbol{\alpha}_2=(-1,1,3)^{\mathrm{T}}$，$\boldsymbol{\alpha}_3=(5,1,1)^{\mathrm{T}}$，试讨论：向量组 $\boldsymbol{\alpha}_1,\boldsymbol{\alpha}_2,\boldsymbol{\alpha}_3$ 及向量组 $\boldsymbol{\alpha}_1,\boldsymbol{\alpha}_2$ 的线性相关性.

解 记 $\boldsymbol{A}=(\boldsymbol{\alpha}_1,\boldsymbol{\alpha}_2,\boldsymbol{\alpha}_3)=\begin{pmatrix} 3 & -1 & 5 \\ 0 & 1 & 1 \\ -1 & 3 & 1 \end{pmatrix}$.

对矩阵 $\boldsymbol{A}$ 施行初等行变换变为行阶梯形矩阵

$$\boldsymbol{A}=\begin{pmatrix} 3 & -1 & 5 \\ 0 & 1 & 1 \\ -1 & 3 & 1 \end{pmatrix} \xrightarrow{r_1 \leftrightarrow r_3} \begin{pmatrix} -1 & 3 & 1 \\ 0 & 1 & 1 \\ 3 & -1 & 5 \end{pmatrix} \xrightarrow{r_3 + 3r_1}$$

$$\begin{pmatrix} -1 & 3 & 3 \\ 0 & 1 & 1 \\ 0 & 8 & 8 \end{pmatrix} \xrightarrow{r_3 - 8r_2} \begin{pmatrix} -1 & 3 & 3 \\ 0 & 1 & 1 \\ 0 & 0 & 0 \end{pmatrix}$$

可见$R(\boldsymbol{\alpha}_1,\boldsymbol{\alpha}_2)=2,R(\boldsymbol{\alpha}_1,\boldsymbol{\alpha}_2,\boldsymbol{\alpha}_3)=2$，故向量组$\boldsymbol{\alpha}_1,\boldsymbol{\alpha}_2$线性无关，向量组$\boldsymbol{\alpha}_1,\boldsymbol{\alpha}_2,\boldsymbol{\alpha}_3$线性相关.

例7 设$\boldsymbol{\beta}_1=\boldsymbol{\alpha}_1,\boldsymbol{\beta}_2=\boldsymbol{\alpha}_1+2\boldsymbol{\alpha}_2,\boldsymbol{\beta}_2=\boldsymbol{\alpha}_1+\boldsymbol{\alpha}_2+\boldsymbol{\alpha}_3$，且向量组$\boldsymbol{\alpha}_1,\boldsymbol{\alpha}_2,\boldsymbol{\alpha}_3$线性无关，证明向量组$\boldsymbol{\beta}_1,\boldsymbol{\beta}_2,\boldsymbol{\beta}_3$线性无关.

证 由题设得到

$$(\boldsymbol{\beta}_1,\boldsymbol{\beta}_2,\boldsymbol{\beta}_3)=(\boldsymbol{\alpha}_1,\boldsymbol{\alpha}_2,\boldsymbol{\alpha}_3)\begin{pmatrix}1&1&1\\0&2&1\\0&0&1\end{pmatrix}$$

记$\boldsymbol{A}=(\boldsymbol{\alpha}_1,\boldsymbol{\alpha}_2,\boldsymbol{\alpha}_3)$，$\boldsymbol{B}=(\boldsymbol{\beta}_1,\boldsymbol{\beta}_2,\boldsymbol{\beta}_3)$，$\boldsymbol{K}=\begin{pmatrix}1&1&1\\0&2&1\\0&0&1\end{pmatrix}$，则有

$$\boldsymbol{B}=\boldsymbol{AK}$$

因为$|\boldsymbol{K}|=2\neq0$，所以$\boldsymbol{K}$可逆. 故$R(\boldsymbol{B})=R(\boldsymbol{A})$. 又因为向量组$\boldsymbol{\alpha}_1,\boldsymbol{\alpha}_2,\boldsymbol{\alpha}_3$线性无关，因此$R(\boldsymbol{A})=3$. 从而$R(\boldsymbol{B})=3$，即向量组$\boldsymbol{\beta}_1,\boldsymbol{\beta}_2,\boldsymbol{\beta}_3$线性无关.

3.2.2 向量组线性相关性的几个重要结论

线性相关性是向量组的一个重要性质，下面介绍与之有关的一些重要的结论.

定理3.8 若向量组$\boldsymbol{A}:\boldsymbol{\alpha}_1,\boldsymbol{\alpha}_2,\cdots,\boldsymbol{\alpha}_m$线性相关，则向量组$\boldsymbol{B}:\boldsymbol{\alpha}_1,\boldsymbol{\alpha}_2,\cdots,\boldsymbol{\alpha}_m,\boldsymbol{\alpha}_{m+1}$也线性相关.

证 记 $\boldsymbol{A}=(\boldsymbol{\alpha}_1,\boldsymbol{\alpha}_2,\cdots,\boldsymbol{\alpha}_m)$，$\boldsymbol{B}=(\boldsymbol{\alpha}_1,\boldsymbol{\alpha}_2,\cdots,\boldsymbol{\alpha}_m,\boldsymbol{\alpha}_{m+1})$

则有$R(\boldsymbol{B})\leqslant R(\boldsymbol{A})+1$. 若向量组$\boldsymbol{A}:\boldsymbol{\alpha}_1,\boldsymbol{\alpha}_2,\cdots,\boldsymbol{\alpha}_m$线性相关，则根据定理3.7，有$R(\boldsymbol{A})<m$，从而$R(\boldsymbol{B})\leqslant R(\boldsymbol{A})+1<m+1$，再根据定理3.7知向量组$\boldsymbol{B}:\boldsymbol{\alpha}_1,\boldsymbol{\alpha}_2,\cdots,\boldsymbol{\alpha}_m,\boldsymbol{\alpha}_{m+1}$也线性相关.

定理3.8是对向量组增加1个向量而言的，增加多个向量结论也成立. 即设向量组$\boldsymbol{A}$是向量组$\boldsymbol{B}$的一部分(这时称向量组$\boldsymbol{A}$是向量组$\boldsymbol{B}$的部分组)，于是有下面更一般的结论.

推论 若向量组$\boldsymbol{A}$有一个部分组线性相关，则向量组$\boldsymbol{A}$线性相关.

定理3.9 m个$n(n<m)$维向量组成的向量组一定线性相关.

证 设m个$n(n<m)$维向量$\boldsymbol{\alpha}_1,\boldsymbol{\alpha}_2,\cdots,\boldsymbol{\alpha}_m$构成矩阵$\boldsymbol{A}_{n\times m}=(\boldsymbol{\alpha}_1,\boldsymbol{\alpha}_2,\cdots,\boldsymbol{\alpha}_m)$，则有$R(\boldsymbol{A})\leqslant n$. 若$n<m$，则$R(\boldsymbol{A})<m$，故$m$个$n$维向量组成的向量组$\boldsymbol{A}:\boldsymbol{\alpha}_1,\boldsymbol{\alpha}_2,\cdots,\boldsymbol{\alpha}_m$线性相关.

定理3.10 设向量组$\boldsymbol{A}:\boldsymbol{\alpha}_1,\boldsymbol{\alpha}_2,\cdots,\boldsymbol{\alpha}_m$线性无关，而向量组$\boldsymbol{B}:\boldsymbol{\alpha}_1,\boldsymbol{\alpha}_2,\cdots,\boldsymbol{\alpha}_m,\boldsymbol{\beta}$线性相关，则向量$\boldsymbol{\beta}$一定能由向量组$\boldsymbol{A}:\boldsymbol{\alpha}_1,\boldsymbol{\alpha}_2,\cdots,\boldsymbol{\alpha}_m$线性表示，且表示式是唯一的.

证 记$\boldsymbol{A}=(\boldsymbol{\alpha}_1,\boldsymbol{\alpha}_2,\cdots,\boldsymbol{\alpha}_m)$，$\boldsymbol{B}=(\boldsymbol{\alpha}_1,\boldsymbol{\alpha}_2,\cdots,\boldsymbol{\alpha}_m,\boldsymbol{\beta})$，则有$R(\boldsymbol{A})\leqslant R(\boldsymbol{B})$. 因为$\boldsymbol{A}:\boldsymbol{\alpha}_1,\boldsymbol{\alpha}_2,\cdots,\boldsymbol{\alpha}_m$线性无关，而$\boldsymbol{B}:\boldsymbol{\alpha}_1,\boldsymbol{\alpha}_2,\cdots,\boldsymbol{\alpha}_m,\boldsymbol{\beta}$线性相关，故$R(\boldsymbol{A})=m,R(\boldsymbol{B})<m+1$，于是$m\leqslant R(\boldsymbol{B})<m+1$. 即有$R(\boldsymbol{B})=m$.

综上，$R(\boldsymbol{A})=R(\boldsymbol{B})=m$，从而方程组$\boldsymbol{Ax}=\boldsymbol{\beta}$有唯一解. 即向量$\boldsymbol{\beta}$能由向量组$\boldsymbol{A}:\boldsymbol{\alpha}_1$,

$\boldsymbol{\alpha}_2,\cdots,\boldsymbol{\alpha}_m$ 线性表示，且表示式是唯一的.

3.3 向量组的秩

3.3.1 向量组的最大无关组，向量组的秩

定义 3.6 设向量组 $\boldsymbol{A}$，如果在 $\boldsymbol{A}$ 中能选出 r 个向量 $\boldsymbol{\alpha}_1,\boldsymbol{\alpha}_2,\cdots,\boldsymbol{\alpha}_r$，满足：

(1) 向量组 $\boldsymbol{A}$ 中 r 个向量 $\boldsymbol{\alpha}_1,\boldsymbol{\alpha}_2,\cdots,\boldsymbol{\alpha}_r$ 线性无关；

(2) 向量组 $\boldsymbol{A}$ 中任意 $r+1$ 个向量(如果 $\boldsymbol{A}$ 中有 $r+1$ 个向量）都线性相关；

那么称向量组 $\boldsymbol{\alpha}_1,\boldsymbol{\alpha}_2,\cdots,\boldsymbol{\alpha}_r$ 是向量组 $\boldsymbol{A}$ 的一个最大线性无关向量组(简称最大无关组)，最大无关组所含向量个数 r 称为向量组 $\boldsymbol{A}$ 的秩. 记作 $R_{\boldsymbol{A}}$.

根据此定义及定理 3.10，可以得到最大无关组的等价定义.

定义 3.6′ 设向量组 $\boldsymbol{A}$，如果在 $\boldsymbol{A}$ 中能选出 r 个向量 $\boldsymbol{\alpha}_1,\boldsymbol{\alpha}_2,\cdots,\boldsymbol{\alpha}_r$，满足：

(1) 向量组 $\boldsymbol{A}$ 中 r 个向量 $\boldsymbol{\alpha}_1,\boldsymbol{\alpha}_2,\cdots,\boldsymbol{\alpha}_r$ 线性无关；

(2) 向量组 $\boldsymbol{A}$ 中任一向量都能由向量组 $\boldsymbol{\alpha}_1,\boldsymbol{\alpha}_2,\cdots,\boldsymbol{\alpha}_r$ 线性表示；

那么称向量组 $\boldsymbol{\alpha}_1,\boldsymbol{\alpha}_2,\cdots,\boldsymbol{\alpha}_r$ 是向量组 $\boldsymbol{A}$ 的一个最大无关组. 最大无关组所含向量个数 r 称为向量组 $\boldsymbol{A}$ 的秩. 记作 $R_{\boldsymbol{A}}$.

由定义 3.6 知：

(1) 只含零向量的向量组没有最大无关组，规定它的秩为 0.

(2) 若向量组 $\boldsymbol{A}$ 有最大无关组，则它的最大无关组一般不是唯一的.

看一个例子：设有向量组 $\boldsymbol{A}:\boldsymbol{\alpha}_1,\boldsymbol{\alpha}_2,\boldsymbol{\alpha}_3$，其中 $\boldsymbol{\alpha}_1=(1,0)^{\mathrm{T}},\boldsymbol{\alpha}_2=(1,2)^{\mathrm{T}},\boldsymbol{\alpha}_3=(3,2)^{\mathrm{T}}$. 可见向量组 $\boldsymbol{A}:\boldsymbol{\alpha}_1,\boldsymbol{\alpha}_2,\boldsymbol{\alpha}_3$ 线性相关，而 $\boldsymbol{A}$ 的部分组 $\boldsymbol{A}_0:\boldsymbol{\alpha}_1,\boldsymbol{\alpha}_2$ 与 $\boldsymbol{A}_1:\boldsymbol{\alpha}_1,\boldsymbol{\alpha}_3$ 都是线性无关的，故 $\boldsymbol{A}_0:\boldsymbol{\alpha}_1,\boldsymbol{\alpha}_2$ 与 $\boldsymbol{A}_1:\boldsymbol{\alpha}_1,\boldsymbol{\alpha}_3$ 都是 $\boldsymbol{A}$ 的最大无关组.

(3) 向量组 $\boldsymbol{A}$ 和它的最大无关组 $\boldsymbol{A}_0$ 是等价的.

3.3.2 矩阵的秩与向量组的秩的关系

对于只含有限个向量的向量组 $\boldsymbol{A}:\boldsymbol{\alpha}_1,\boldsymbol{\alpha}_2,\cdots,\boldsymbol{\alpha}_m$，它可以构成矩阵 $\boldsymbol{A}=(\boldsymbol{\alpha}_1,\boldsymbol{\alpha}_2,\cdots,\boldsymbol{\alpha}_m)$，它有如下的关系.

定理 3.11 矩阵的秩等于它的列向量组的秩，也等于它的行向量组的秩.

证 设 $\boldsymbol{A}=(\boldsymbol{\alpha}_1,\boldsymbol{\alpha}_2,\cdots,\boldsymbol{\alpha}_m)$，$R(\boldsymbol{A})=r$，则 $\boldsymbol{A}$ 有一个 r 阶子式 $D_r\neq 0$，且 $\boldsymbol{A}$ 中所有 $r+1$ 阶子式均为零. 根据定理 3.7 知 D_r 所在的 r 列线性无关，且 $\boldsymbol{A}$ 中任意 $r+1$ 个列向量都线性相关. 因此 D_r 所在的 r 列是 $\boldsymbol{A}$ 的列向量组的一个最大无关组，于是 $\boldsymbol{A}$ 的列向量组的秩等于 r.

类似地，可以证明 $\boldsymbol{A}$ 的行向量组的秩也等于 r.

从上述证明中可见：若 D_r 是矩阵 $\boldsymbol{A}$ 的一个最高阶的非零子式，则 D_r 所在的 r 列是 $\boldsymbol{A}$ 的列向量组的一个最大无关组，D_r 所在的 r 行是 $\boldsymbol{A}$ 的行向量组的一个最大无关组.

对于只含有限个向量的向量组 $\boldsymbol{A}:\boldsymbol{\alpha}_1,\boldsymbol{\alpha}_2,\cdots,\boldsymbol{\alpha}_m$，它可以构成矩阵 $\boldsymbol{A}=$

$(\boldsymbol{\alpha}_1,\boldsymbol{\alpha}_2,\cdots,\boldsymbol{\alpha}_m)$. 根据定理3.11，$R_A=R(\boldsymbol{\alpha}_1,\boldsymbol{\alpha}_2,\cdots,\boldsymbol{\alpha}_m)=R(\boldsymbol{A})$.

前面介绍的定理3.1,3.2,3.3中出现的矩阵的秩都可以改为向量组的秩.

定理3.12　向量$\boldsymbol{\beta}$能由向量组$\boldsymbol{A}:\boldsymbol{\alpha}_1,\boldsymbol{\alpha}_2,\cdots,\boldsymbol{\alpha}_m$线性表示的充分必要条件是$R(\boldsymbol{\alpha}_1,\boldsymbol{\alpha}_2,\cdots,\boldsymbol{\alpha}_m)=R(\boldsymbol{\alpha}_1,\boldsymbol{\alpha}_2,\cdots,\boldsymbol{\alpha}_m,\boldsymbol{\beta})$.

定理3.13　向量组$\boldsymbol{B}:\boldsymbol{\beta}_1,\boldsymbol{\beta}_2,\cdots,\boldsymbol{\beta}_l$能由向量组$\boldsymbol{A}:\boldsymbol{\alpha}_1,\boldsymbol{\alpha}_2,\cdots,\boldsymbol{\alpha}_m$线性表示的充分必要条件是

$$R(\boldsymbol{\alpha}_1,\boldsymbol{\alpha}_2,\cdots,\boldsymbol{\alpha}_m)=R(\boldsymbol{\alpha}_1,\boldsymbol{\alpha}_2,\cdots,\boldsymbol{\alpha}_m,\boldsymbol{\beta}_1,\boldsymbol{\beta}_2,\cdots,\boldsymbol{\beta}_l)$$

例8　求向量组

$$\boldsymbol{\alpha}_1=(1,2,7)^{\mathrm{T}},\boldsymbol{\alpha}_2=(1,-5,-7)^{\mathrm{T}},\boldsymbol{\alpha}_3=(-1,3,3)^{\mathrm{T}},\boldsymbol{\alpha}_4=(-1,2,1)^{\mathrm{T}}$$

的最大无关组，并将其余向量用最大无关组线性表示.

解　记

$$\boldsymbol{A}=(\boldsymbol{\alpha}_1,\boldsymbol{\alpha}_2,\boldsymbol{\alpha}_3,\boldsymbol{\alpha}_4)=\begin{pmatrix}1&1&-1&-1\\2&-5&3&2\\7&-7&3&1\end{pmatrix}$$

对矩阵$\boldsymbol{A}$施行初等行变换变为行阶梯形矩阵

$$\boldsymbol{A}=\begin{pmatrix}1&1&-1&-1\\2&-5&3&2\\7&-7&3&1\end{pmatrix}\xrightarrow[r_3-7r_1]{r_2-2r_1}\begin{pmatrix}1&1&-1&-1\\0&-7&5&4\\0&-14&10&8\end{pmatrix}\xrightarrow{r_3-2r_2}\begin{pmatrix}1&1&-1&-1\\0&-7&5&4\\0&0&0&0\end{pmatrix}$$

可见$R(\boldsymbol{A})=2$,由$\begin{vmatrix}1&1\\0&-7\end{vmatrix}=-7\neq 0$知$\boldsymbol{\alpha}_1,\boldsymbol{\alpha}_2$是此向量组的一个最大无关组.

为了将$\boldsymbol{\alpha}_3,\boldsymbol{\alpha}_4$用$\boldsymbol{\alpha}_3=(\boldsymbol{\alpha}_1,\boldsymbol{\alpha}_2)\boldsymbol{x}$线性表示，把$\boldsymbol{A}$变成行最简形矩阵

$$\boldsymbol{A}\xrightarrow{r}\begin{pmatrix}1&0&-\frac{2}{7}&-\frac{3}{7}\\0&1&-\frac{5}{7}&-\frac{4}{7}\\0&0&0&0\end{pmatrix}$$

记

$$\boldsymbol{B}=\begin{pmatrix}1&0&-\frac{2}{7}&-\frac{3}{7}\\0&1&-\frac{5}{7}&-\frac{4}{7}\\0&0&0&0\end{pmatrix}=(\boldsymbol{\beta}_1,\boldsymbol{\beta}_2,\boldsymbol{\beta}_3,\boldsymbol{\beta}_4)$$

则线性方程组$x_1\boldsymbol{\alpha}_1+x_2\boldsymbol{\alpha}_2=\boldsymbol{\alpha}_3$与$x_1\boldsymbol{\beta}_1+x_2\boldsymbol{\beta}_2=\boldsymbol{\beta}_3$同解.

因为$\boldsymbol{\beta}_3=-\frac{2}{7}\boldsymbol{\beta}_1-\frac{5}{7}\boldsymbol{\beta}_2$，所以$\boldsymbol{\alpha}_3=-\frac{2}{7}\boldsymbol{\alpha}_1-\frac{5}{7}\boldsymbol{\alpha}_2$.

类似地，线性方程组$x_1\boldsymbol{\alpha}_1+x_2\boldsymbol{\alpha}_2=\boldsymbol{\alpha}_4$与$x_1\boldsymbol{\beta}_1+x_2\boldsymbol{\beta}_2=\boldsymbol{\beta}_4$同解,故有$\boldsymbol{\alpha}_4=-\frac{3}{7}\boldsymbol{\alpha}_1-\frac{4}{7}\boldsymbol{\alpha}_2$.

3.4 向量空间

3.4.1 向量空间的定义

定义 3.7 设 V 是 $\mathbf{R}^n$ 的一个非空子集. 如果:

(1) 对任意的 $\boldsymbol{\alpha},\boldsymbol{\beta} \in V$, 有 $\boldsymbol{\alpha}+\boldsymbol{\beta} \in V$;

(2) 对任意的 $\boldsymbol{\alpha} \in V$, $\lambda \in \mathbf{R}$, 有 $\lambda\boldsymbol{\alpha} \in V$;

则称 V 是一个向量空间.

例 9 $\mathbf{R}^n$ 是一个向量空间.

例 10 $V=\{\boldsymbol{\alpha}=(0,x_2,\cdots,x_n) \mid x_2,x_3,\cdots,x_n \in \mathbf{R}\}$ 是一个向量空间.

事实上, $\boldsymbol{\alpha}=(0,x_2,\cdots,x_n)$, $\boldsymbol{\beta}=(0,y_2,\cdots,y_n) \in V, \lambda \in \mathbf{R}$, 有

$$\boldsymbol{\alpha}+\boldsymbol{\beta}=(0,x_2+y_2,\cdots,x_n+y_n) \in V$$

$$\lambda\boldsymbol{\alpha}=(0,\lambda x_2,\cdots,\lambda x_n) \in V$$

例 11 $V=\{\boldsymbol{x}=(1,x_2,\cdots,x_n) \mid x_2,x_3,\cdots,x_n \in \mathbf{R}\}$ 不是向量空间.

因为 $\boldsymbol{\alpha}=(1,0,\cdots,0) \in V$, 但 $2\boldsymbol{\alpha}=(2,0,\cdots,0) \notin V$.

定义 3.8 设有向量空间 V_1 及 V_2, 若 $V_1 \subset V_2$, 则称 V_1 是 V_2 的子空间.

3.4.2 向量空间的基,维数

定义 3.9 设 V 是一个向量空间, 若 r 个向量 $\boldsymbol{\alpha}_1,\boldsymbol{\alpha}_2,\cdots,\boldsymbol{\alpha}_r \in V$, 且满足:

(1) $\boldsymbol{\alpha}_1,\boldsymbol{\alpha}_2,\cdots,\boldsymbol{\alpha}_r$ 线性无关;

(2) V 中任一向量都可由 $\boldsymbol{\alpha}_1,\boldsymbol{\alpha}_2,\cdots,\boldsymbol{\alpha}_r$ 线性表示;

则称向量组 $\boldsymbol{\alpha}_1,\boldsymbol{\alpha}_2,\cdots,\boldsymbol{\alpha}_r$ 是向量空间 V 的一个基, r 称为向量空间 V 的维数, 并称 V 是 r 维向量空间. 同时称 V 是由向量组 $\boldsymbol{\alpha}_1,\boldsymbol{\alpha}_2,\cdots,\boldsymbol{\alpha}_r$ 所生成的向量空间.

由定义 3.9 知:

(1) 若 $V=\{\mathbf{0}\}$, 则向量空间 V 没有基, 它的维数是 0;

(2) 若将向量空间 V 看做向量组, 则由最大无关组的等价定义知, V 的基就是向量组的最大无关组, V 的维数就是向量组的秩.

例 12 $\mathbf{R}^n$ 是一个 n 维向量空间, 其一个基为 $\boldsymbol{\varepsilon}_1,\boldsymbol{\varepsilon}_2,\cdots,\boldsymbol{\varepsilon}_n$, 其维数为 n.

例 13 $V=\{\boldsymbol{x}=(0,x_2,\cdots,x_n) \mid x_2,x_3,\cdots,x_n \in \mathbf{R}\}$ 是一个 $n-1$ 维向量空间.

定理 3.15 设 V 是 r 维向量空间, $\boldsymbol{\alpha}_1,\boldsymbol{\alpha}_2,\cdots,\boldsymbol{\alpha}_r$ 是 V 的一个基, 则 V 中任一向量都可由 $\boldsymbol{\alpha}_1,\boldsymbol{\alpha}_2,\cdots,\boldsymbol{\alpha}_r$ 唯一地线性表示.

证 因为 $\boldsymbol{\alpha}_1,\boldsymbol{\alpha}_2,\cdots,\boldsymbol{\alpha}_r$ 是 V 的一个基, 所以对任意的 $\boldsymbol{\alpha} \in V$, $\boldsymbol{\alpha}$ 可由 $\boldsymbol{\alpha}_1,\boldsymbol{\alpha}_2,\cdots,\boldsymbol{\alpha}_r$ 线性表示. 故

$$R(\boldsymbol{\alpha}_1,\boldsymbol{\alpha}_2,\cdots,\boldsymbol{\alpha}_r,\boldsymbol{\alpha})=R(\boldsymbol{\alpha}_1,\boldsymbol{\alpha}_2,\cdots,\boldsymbol{\alpha}_r)$$

而 $\boldsymbol{\alpha}_1,\boldsymbol{\alpha}_2,\cdots,\boldsymbol{\alpha}_r$ 线性无关, 因此

$$R(\boldsymbol{\alpha}_1,\boldsymbol{\alpha}_2,\cdots,\boldsymbol{\alpha}_r,\boldsymbol{\alpha})=R(\boldsymbol{\alpha}_1,\boldsymbol{\alpha}_2,\cdots,\boldsymbol{\alpha}_r)=r$$

即线性方程组

$$(\boldsymbol{\alpha}_1,\boldsymbol{\alpha}_2,\cdots,\boldsymbol{\alpha}_r)\boldsymbol{x}=\boldsymbol{\alpha}$$

有唯一解. 这也表明$\boldsymbol{\alpha}$可由$\boldsymbol{\alpha}_1,\boldsymbol{\alpha}_2,\cdots,\boldsymbol{\alpha}_r$唯一地线性表示.

定义3.10 设V是r维向量空间,$\boldsymbol{\alpha}_1,\boldsymbol{\alpha}_2,\cdots,\boldsymbol{\alpha}_r$是$V$的一个基,$V$中任意向量$\boldsymbol{\alpha}$可由$\boldsymbol{\alpha}_1,\boldsymbol{\alpha}_2,\cdots,\boldsymbol{\alpha}_r$唯一地线性表示为

$$\boldsymbol{\alpha}=\lambda_1\boldsymbol{\alpha}_1+\lambda_2\boldsymbol{\alpha}_2+\cdots+\lambda_r\boldsymbol{\alpha}_r$$

数组$\lambda_1,\lambda_2,\cdots,\lambda_r$称为向量$\boldsymbol{\alpha}$在基$\boldsymbol{\alpha}_1,\boldsymbol{\alpha}_2,\cdots,\boldsymbol{\alpha}_r$中的坐标.

例14 证明$\boldsymbol{\alpha}_1=(1,-1,0)^{\mathrm{T}},\boldsymbol{\alpha}_2=(2,1,3)^{\mathrm{T}},\boldsymbol{\alpha}_3=(3,1,2)^{\mathrm{T}}$是$\mathbf{R}^3$的一个基,并求$\boldsymbol{\beta}_1=(5,0,7)^{\mathrm{T}},\boldsymbol{\beta}_2=(-9,-8,-13)^{\mathrm{T}}$在这个基中的坐标.

解 要证$\boldsymbol{\alpha}_1=(1,-1,0)^{\mathrm{T}},\boldsymbol{\alpha}_2=(2,1,3)^{\mathrm{T}},\boldsymbol{\alpha}_3=(3,1,2)^{\mathrm{T}}$是$\mathbf{R}^3$的一个基,只须证$\boldsymbol{\alpha}_1,\boldsymbol{\alpha}_2,\boldsymbol{\alpha}_3$线性无关,即证$R(\boldsymbol{\alpha}_1,\boldsymbol{\alpha}_2,\boldsymbol{\alpha}_3)=3$.

要求$\boldsymbol{\beta}_1=(5,0,7)^{\mathrm{T}},\boldsymbol{\beta}_2=(-9,-8,-13)^{\mathrm{T}}$在这个基中的坐标,即求线性方程组$(\boldsymbol{\alpha}_1,\boldsymbol{\alpha}_2,\boldsymbol{\alpha}_3)\boldsymbol{x}=\boldsymbol{\beta}_1$与$(\boldsymbol{\alpha}_1,\boldsymbol{\alpha}_2,\boldsymbol{\alpha}_3)\boldsymbol{x}=\boldsymbol{\beta}_2$的解. 故对矩阵

$$\boldsymbol{A}=(\boldsymbol{\alpha}_1,\boldsymbol{\alpha}_2,\boldsymbol{\alpha}_3,\boldsymbol{\beta}_1,\boldsymbol{\beta}_2)$$

施行初等行变换变为行最简形矩阵

$$\boldsymbol{A}=(\boldsymbol{\alpha}_1,\boldsymbol{\alpha}_2,\boldsymbol{\alpha}_3,\boldsymbol{\beta}_1,\boldsymbol{\beta}_2)=\begin{pmatrix}1&2&3&5&-9\\-1&1&1&0&-8\\0&3&2&7&-13\end{pmatrix}\xrightarrow{r_2+r_1}$$

$$\begin{pmatrix}1&2&3&5&-9\\0&3&4&5&-17\\0&3&2&7&-13\end{pmatrix}\xrightarrow{r_3-r_2}\begin{pmatrix}1&2&3&5&-9\\0&3&4&5&-17\\0&0&-2&2&4\end{pmatrix}\xrightarrow{-\frac{1}{2}r_3}$$

$$\begin{pmatrix}1&2&3&5&-9\\0&3&4&5&-17\\0&0&1&-1&-2\end{pmatrix}\xrightarrow[r_2-4r_3]{r_1-3r_3}\begin{pmatrix}1&2&0&8&-3\\0&3&0&9&-9\\0&0&1&-1&-2\end{pmatrix}\xrightarrow{\frac{1}{3}r_2}$$

$$\begin{pmatrix}1&2&0&8&-3\\0&1&0&3&-3\\0&0&1&-1&-2\end{pmatrix}\xrightarrow{r_1-2r_2}\begin{pmatrix}1&0&0&2&3\\0&1&0&3&-3\\0&0&1&-1&-2\end{pmatrix}$$

可见$R(\boldsymbol{\alpha}_1,\boldsymbol{\alpha}_2,\boldsymbol{\alpha}_3)=3$,故$\boldsymbol{\alpha}_1,\boldsymbol{\alpha}_2,\boldsymbol{\alpha}_3$是$\mathbf{R}^3$的一个基,且$\boldsymbol{\beta}_1,\boldsymbol{\beta}_2$在这个基中的坐标依次为2,3,-1和3,-3,-2.

3.5 线性方程组的解的结构

3.5.1 齐次线性方程组的解的结构

设有齐次线性方程组

$$\begin{cases} a_{11}x_1 + a_{12}x_2 + \cdots + a_{1n}x_n = 0 \\ a_{21}x_1 + a_{22}x_2 + \cdots + a_{2n}x_n = 0 \\ \quad \vdots \\ a_{m1}x_1 + a_{m2}x_2 + \cdots + a_{mn}x_n = 0 \end{cases} \tag{3.1}$$

记
$$\boldsymbol{A} = \begin{pmatrix} a_{11} & a_{12} & \cdots & a_{1n} \\ a_{21} & a_{22} & \cdots & a_{2n} \\ \vdots & \vdots & & \vdots \\ a_{m1} & a_{m2} & \cdots & a_{mn} \end{pmatrix}, \ \boldsymbol{x} = (x_1, x_2, \cdots, x_n)^{\mathrm{T}}$$

则方程组(3.1)可写成矩阵形

$$\boldsymbol{Ax} = \boldsymbol{0} \tag{3.2}$$

若 $x_1 = \xi_{11}, x_2 = \xi_{21}, \cdots, x_n = \xi_{n1}$ 为方程组(3.1)的解，则

$$\boldsymbol{x} = (\xi_{11}, \xi_{21}, \cdots, \xi_{n1})^{\mathrm{T}}$$

称为方程组(3.1)的解向量，它也就是方程组(3.2)的解. 显然，n 维零向量 $\boldsymbol{0}^{\mathrm{T}} = (0,0,\cdots,0)^{\mathrm{T}}$ 是方程组(3.1)或(3.2)的一个解向量.

齐次线性方程组 $\boldsymbol{Ax} = \boldsymbol{0}$ 的解有如下性质.

性质1 若 $\boldsymbol{x} = \boldsymbol{\xi}_1$, $\boldsymbol{x} = \boldsymbol{\xi}_2$ 是方程组(3.2)的解向量，则 $\boldsymbol{x} = \boldsymbol{\xi}_1 + \boldsymbol{\xi}_2$ 也是方程组(3.2)的解向量.

证 将 $\boldsymbol{\xi}_1 + \boldsymbol{\xi}_2$ 代入 $\boldsymbol{Ax} = \boldsymbol{0}$，因为 $\boldsymbol{A}(\boldsymbol{\xi}_1 + \boldsymbol{\xi}_2) = \boldsymbol{A\xi}_1 + \boldsymbol{A\xi}_2 = \boldsymbol{0} + \boldsymbol{0} = \boldsymbol{0}$，所以，$\boldsymbol{\xi}_1 + \boldsymbol{\xi}_2$ 是方程组(3.2)的解向量.

性质2 若 $\boldsymbol{x} = \boldsymbol{\xi}$ 是方程组(3.2)的解向量，$k \in \mathbf{R}$，则 $\boldsymbol{x} = k\boldsymbol{\xi}$ 也是方程组(3.2)的解向量.

证 因为 $\boldsymbol{A}(k\boldsymbol{\xi}) = k(\boldsymbol{A\xi}) = k\boldsymbol{0} = \boldsymbol{0}$，所以，$k\boldsymbol{\xi}$ 是方程组(3.2)的解向量.

由此可知，齐次线性方程组 $\boldsymbol{Ax} = \boldsymbol{0}$ 的全体解构成一个向量空间.

定义3.11 齐次线性方程组 $\boldsymbol{Ax} = \boldsymbol{0}$ 的全体解构成的向量空间称为齐次线性方程组 $\boldsymbol{Ax} = \boldsymbol{0}$ 的解空间. 它的基称为齐次线性方程组的基础解系.

定理3.16 如果齐次方程组(3.2)系数矩阵 $\boldsymbol{A}$ 的秩 $R(\boldsymbol{A}) = r < n$，则齐次线性方程组 $\boldsymbol{Ax} = \boldsymbol{0}$ 的解空间 S 的维数为 $n - r$（或方程组(3.2)的基础解系存在，且基础解系含有 $n - r$ 个解向量）.

证 $R(\boldsymbol{A}) = r < n$，不妨设 $\boldsymbol{A}$ 的前 r 个列向量线性无关，于是 $\boldsymbol{A}$ 的行最简形矩阵为

$$\boldsymbol{B} = \begin{pmatrix} 1 & \cdots & 0 & b_{11} & \cdots & b_{1,n-r} \\ \vdots & & \vdots & \vdots & & \vdots \\ 0 & \cdots & 1 & b_{r1} & \cdots & b_{r,n-r} \\ 0 & \cdots & 0 & 0 & \cdots & 0 \\ \vdots & & \vdots & \vdots & & \vdots \\ 0 & \cdots & 0 & 0 & \cdots & 0 \end{pmatrix}$$

从而与 $\boldsymbol{Ax} = \boldsymbol{0}$ 同解的齐次线性方程组为 $\boldsymbol{Bx} = \boldsymbol{0}$，即为

$$\begin{cases} x_1 = -b_{11}x_{r+1} - \cdots - b_{1,n-r}x_n \\ \quad\vdots \\ x_r = -b_{r1}x_{r+1} - \cdots - b_{r,n-r}x_n \end{cases} \tag{3.3}$$

这里 $x_{r+1},\cdots,x_n$ 为自由未知数，并令它们依次取下列 $n-r$ 组数

$$\begin{pmatrix} x_{r+1} \\ x_{r+2} \\ \vdots \\ x_n \end{pmatrix} = \begin{pmatrix} 1 \\ 0 \\ \vdots \\ 0 \end{pmatrix}, \begin{pmatrix} 0 \\ 1 \\ \vdots \\ 0 \end{pmatrix}, \cdots, \begin{pmatrix} 0 \\ 0 \\ \vdots \\ 1 \end{pmatrix}$$

代入方程组(3.3) 得到

$$\begin{pmatrix} x_1 \\ \vdots \\ x_r \end{pmatrix} = \begin{pmatrix} -b_{11} \\ \vdots \\ -b_{r1} \end{pmatrix}, \begin{pmatrix} -b_{12} \\ \vdots \\ -b_{r2} \end{pmatrix}, \cdots, \begin{pmatrix} -b_{1,n-r} \\ \vdots \\ -b_{r,n-r} \end{pmatrix}$$

合起来便得到 $\boldsymbol{Ax}=\boldsymbol{0}$ 的 $n-r$ 个解

$$\boldsymbol{\xi}_1 = \begin{pmatrix} -b_{11} \\ \vdots \\ -b_{r1} \\ 1 \\ 0 \\ \vdots \\ 0 \end{pmatrix}, \boldsymbol{\xi}_2 = \begin{pmatrix} -b_{12} \\ \vdots \\ -b_{r2} \\ 0 \\ 1 \\ \vdots \\ 0 \end{pmatrix}, \cdots, \boldsymbol{\xi}_{n-r} = \begin{pmatrix} -b_{1,n-r} \\ \vdots \\ -b_{r,n-r} \\ 0 \\ 0 \\ \vdots \\ 1 \end{pmatrix}$$

因为 $R(\boldsymbol{\xi}_1,\boldsymbol{\xi}_2,\cdots,\boldsymbol{\xi}_{n-r}) = n-r$，所以 $\boldsymbol{\xi}_1,\boldsymbol{\xi}_2,\cdots,\boldsymbol{\xi}_{n-r}$ 线性无关，又因为 $\boldsymbol{Ax}=\boldsymbol{0}$ 的任一解

$$\boldsymbol{x} = \begin{pmatrix} x_1 \\ \vdots \\ x_r \\ x_{r+1} \\ x_{r+2} \\ \vdots \\ x_n \end{pmatrix} = x_{r+1}\begin{pmatrix} -b_{11} \\ \vdots \\ -b_{r1} \\ 1 \\ 0 \\ \vdots \\ 0 \end{pmatrix} + x_{r+2}\begin{pmatrix} -b_{12} \\ \vdots \\ -b_{r2} \\ 0 \\ 1 \\ \vdots \\ 0 \end{pmatrix} + \cdots + x_n\begin{pmatrix} -b_{1,n-r} \\ \vdots \\ -b_{r,n-r} \\ 0 \\ 0 \\ \vdots \\ 1 \end{pmatrix}$$

即
$$\boldsymbol{x} = x_{r+1}\boldsymbol{\xi}_1 + x_{r+2}\boldsymbol{\xi}_2 + \cdots + x_n\boldsymbol{\xi}_{n-r}$$

这表明方程组(3.1) 的解空间 S 中的任一向量 $\boldsymbol{x}$ 能由 $\boldsymbol{\xi}_1,\boldsymbol{\xi}_2,\cdots,\boldsymbol{\xi}_{n-r}$ 线性表示，而 $\boldsymbol{\xi}_1,\boldsymbol{\xi}_2,\cdots,\boldsymbol{\xi}_{n-r}$ 线性无关，故 $\boldsymbol{\xi}_1,\boldsymbol{\xi}_2,\cdots,\boldsymbol{\xi}_{n-r}$ 为方程组(3.1) 的解空间 S 的一个基，其维数为 $n-r$.

例 15　求齐次线性方程组

$$\begin{cases} x_1 - x_2 - 5x_3 - x_4 = 0 \\ x_1 - x_3 + 2x_4 = 0 \\ 3x_1 - x_2 - 7x_3 + 3x_4 = 0 \end{cases}$$

的基础解系与通解.

解 对系数矩阵 $\boldsymbol{A}$ 施行初等行变换变为行最简形矩阵

$$\boldsymbol{A} = \begin{pmatrix} 1 & -1 & -5 & -1 \\ 1 & 0 & -1 & 2 \\ 3 & -1 & -7 & 3 \end{pmatrix} \xrightarrow[r_3 - 3r_1]{r_2 - r_1} \begin{pmatrix} 1 & -1 & -5 & -1 \\ 0 & 1 & 4 & 3 \\ 0 & 2 & 8 & 6 \end{pmatrix} \xrightarrow{r_3 - 2r_2}$$

$$\begin{pmatrix} 1 & -1 & -5 & -1 \\ 0 & 1 & 4 & 3 \\ 0 & 0 & 0 & 0 \end{pmatrix} \xrightarrow{r_1 + 2r_2} \begin{pmatrix} 1 & 0 & -1 & 2 \\ 0 & 1 & 4 & 3 \\ 0 & 0 & 0 & 0 \end{pmatrix}$$

可见 $R(\boldsymbol{A}) = 2 < 4$,故此方程组有无穷多解. 与之同解的方程组为

$$\begin{cases} x_1 = x_3 - 2x_4 \\ x_2 = -4x_3 - 3x_4 \end{cases}$$

令 $\begin{pmatrix} x_3 \\ x_4 \end{pmatrix} = \begin{pmatrix} 1 \\ 0 \end{pmatrix}, \begin{pmatrix} 0 \\ 1 \end{pmatrix}$,则对应有 $\begin{pmatrix} x_1 \\ x_2 \end{pmatrix} = \begin{pmatrix} 1 \\ -4 \end{pmatrix}, \begin{pmatrix} -2 \\ -3 \end{pmatrix}$,即得基础解系

$$\boldsymbol{\xi}_1 = (1, -4, 1, 0)^{\mathrm{T}}, \boldsymbol{\xi}_2 = (-2, -3, 0, 1)^{\mathrm{T}}$$

于是,此方程组的通解为 $\boldsymbol{x} = k_1\boldsymbol{\xi}_1 + k_2\boldsymbol{\xi}_2$($k_1, k_2$ 为任意实数).

3.5.2 非齐次线性方程组的解的结构

设有非齐次线性方程组

$$\begin{cases} a_{11}x_1 + a_{12}x_2 + \cdots + a_{1n}x_n = b_1 \\ a_{21}x_1 + a_{22}x_2 + \cdots + a_{2n}x_n = b_2 \\ \qquad \vdots \\ a_{m1}x_1 + a_{m2}x_2 + \cdots + a_{mn}x_n = b_m \end{cases} \tag{3.4}$$

记

$$\boldsymbol{A} = \begin{pmatrix} a_{11} & a_{12} & \cdots & a_{1n} \\ a_{21} & a_{22} & \cdots & a_{2n} \\ \vdots & \vdots & & \vdots \\ a_{m1} & a_{m2} & \cdots & a_{mn} \end{pmatrix}, \boldsymbol{x} = (x_1, x_2, \cdots, x_n)^{\mathrm{T}}, \boldsymbol{\beta} = (b_1, b_2, \cdots, b_m)^{\mathrm{T}}$$

则方程组(3.4) 可写成矩阵形式

$$\boldsymbol{Ax} = \boldsymbol{\beta} \tag{3.5}$$

与之对应的齐次线性方程组为

$$\boldsymbol{Ax} = \boldsymbol{0}$$

非齐次线性方程组 $\boldsymbol{Ax} = \boldsymbol{\beta}$ 的解向量有如下性质.

性质3 若 $\boldsymbol{x} = \boldsymbol{\eta}_1$, $\boldsymbol{x} = \boldsymbol{\eta}_2$ 是方程组(3.5) 的解向量, 则 $\boldsymbol{x} = \boldsymbol{\eta}_1 - \boldsymbol{\eta}_2$ 也是方程组(3.2)

的解向量.

证 设$\boldsymbol{\eta}_1$与$\boldsymbol{\eta}_2$是方程组(3.5)的两个解向量,因为$\boldsymbol{A}(\boldsymbol{\eta}_1-\boldsymbol{\eta}_2)=\boldsymbol{A}\boldsymbol{\eta}_1-\boldsymbol{A}\boldsymbol{\eta}_2=\boldsymbol{B}-\boldsymbol{B}=\boldsymbol{0}$,所以$\boldsymbol{\eta}_1-\boldsymbol{\eta}_2$是方程组(3.2)的解向量.

性质4 若$\boldsymbol{x}=\boldsymbol{\eta}$是方程组(3.5)的一个解向量,$\boldsymbol{x}=\boldsymbol{\xi}$是方程组(3.2)的解向量,则$\boldsymbol{x}=\boldsymbol{\xi}+\boldsymbol{\eta}$是方程组(3.5)的解向量.

证 因为$\boldsymbol{A}(\boldsymbol{\eta}+\boldsymbol{\xi})=\boldsymbol{A}\boldsymbol{\eta}+\boldsymbol{A}\boldsymbol{\xi}=\boldsymbol{\beta}+\boldsymbol{0}=\boldsymbol{\beta}$,所以,$\boldsymbol{\eta}+\boldsymbol{\xi}$是方程组(3.5)的解向量.

由上面两个性质,就可得出方程组(3.5)解空间的结构.

定理17 如果$\boldsymbol{\eta}^*$是非齐次线性方程组(3.5)的一个解向量(也称特解),那么方程组(3.5)的通解可以写成$\boldsymbol{\eta}=\boldsymbol{\eta}^*+\boldsymbol{\xi}$. 其中$\boldsymbol{\xi}$是对应的齐次线性方程组(3.2)的通解.

证 因为$\boldsymbol{\eta}$和$\boldsymbol{\eta}^*$的差是方程组(3.2)的一个解向量.

令$\boldsymbol{\xi}=\boldsymbol{\eta}-\boldsymbol{\eta}^*$,即得$\boldsymbol{\eta}=\boldsymbol{\eta}^*+\boldsymbol{\xi}$,于是,要求出方程组(3.5)的全部解向量,只要找出方程组(3.5)的一个解向量(即特解)和方程组(3.2)的全部解向量就行了. 而方程组(3.2)的全部解向量都能由它的基础解系$\boldsymbol{\xi}_1,\boldsymbol{\xi}_2,\cdots,\boldsymbol{\xi}_{n-r}$线性表示,这样我们就能写出方程组(3.5)的通解

$$\boldsymbol{\eta}=\boldsymbol{\eta}^*+k_1\boldsymbol{\xi}_1+k_2\boldsymbol{\xi}_2+\cdots+k_{n-r}\boldsymbol{\xi}_{n-r}$$

其中,$k_1,k_2,\cdots,k_{n-r}$为任意常数.

例16 求非齐次线性方程组

$$\begin{cases}x_1-x_2-5x_3-x_4=1\\x_1-x_3+2x_4=2\\3x_1-x_2-7x_3+3x_4=5\end{cases}$$

的通解.

解 对增广矩阵$\boldsymbol{B}=(\boldsymbol{A},\boldsymbol{\beta})$施行初等行变换

$$\boldsymbol{B}=(\boldsymbol{A},\boldsymbol{\beta})=\begin{pmatrix}1&-1&-5&-1&1\\1&0&-1&2&2\\3&-1&-7&3&5\end{pmatrix}\xrightarrow[r_3-3r_1]{r_2-r_1}\begin{pmatrix}1&-1&-5&-1&1\\0&1&4&3&1\\0&2&8&6&2\end{pmatrix}\xrightarrow{r_3-2r_2}$$

$$\begin{pmatrix}1&-1&-5&-1&1\\0&1&4&3&1\\0&0&0&0&0\end{pmatrix}\xrightarrow{r_1+r_2}\begin{pmatrix}1&0&-1&2&2\\0&1&4&3&1\\0&0&0&0&0\end{pmatrix}$$

可见$R(\boldsymbol{A})=R(\boldsymbol{B})=2<4$,故此方程组有无穷多解.

与之同解的方程组为

$$\begin{cases}x_1-x_3+2x_4=2\\x_2+4x_3+3x_4=1\end{cases}$$

令$\begin{pmatrix}x_3\\x_4\end{pmatrix}=\begin{pmatrix}0\\0\end{pmatrix}$,则对应有$\begin{pmatrix}x_1\\x_2\end{pmatrix}=\begin{pmatrix}2\\1\end{pmatrix}$,得到此方程组的一个解$\boldsymbol{\eta}^*=(2,1,0,0)^{\mathrm{T}}$与之对应的齐次线性方程组为

$$\begin{cases}x_1=x_3-2x_4\\x_2=-4x_3-3x_4\end{cases}$$

令$\begin{pmatrix} x_3 \\ x_4 \end{pmatrix} = \begin{pmatrix} 1 \\ 0 \end{pmatrix}, \begin{pmatrix} 0 \\ 1 \end{pmatrix}$，则$\begin{pmatrix} x_1 \\ x_2 \end{pmatrix} = \begin{pmatrix} 1 \\ -4 \end{pmatrix}, \begin{pmatrix} -2 \\ -3 \end{pmatrix}$，即得对应的齐次方程组的基础解系

$$\boldsymbol{\xi}_1 = (1, -4, 1, 0)^{\mathrm{T}}, \boldsymbol{\xi}_2 = (-2, -3, 0, 1)^{\mathrm{T}}$$

于是所求通解为

$$\boldsymbol{x} = k_1\boldsymbol{\xi}_1 + k_2\boldsymbol{\xi}_2 + \boldsymbol{\eta}^* = k_1(1, -4, 1, 0)^{\mathrm{T}} + k_2(-2, -3, 0, 1)^{\mathrm{T}} + (2, 1, 0, 0)^{\mathrm{T}}$$

k_1, k_2 为任意实数.

习　题　三

1. 填空题

(1) 已知$\boldsymbol{\alpha} = (3,5,7,9)^{\mathrm{T}}, \boldsymbol{\beta} = (-1,5,2,0)^{\mathrm{T}}$，且$2\boldsymbol{\alpha} + 3\boldsymbol{x} = \boldsymbol{\beta}$，则$\boldsymbol{x} =$ ________.

(2) 当 $k =$ ________ 时，向量 $\boldsymbol{\beta} = (1,k,5)^{\mathrm{T}}$ 能由向量 $\boldsymbol{\alpha}_1 = (1, -3, 2)^{\mathrm{T}}, \alpha_2 = (2, -1, 1)^{\mathrm{T}}$ 线性表示.

(3) 若 $\boldsymbol{\beta} = (0,k,k^2)^{\mathrm{T}}$ 能由向量 $\boldsymbol{\alpha}_1 = (1+k,1,1)^{\mathrm{T}}, \boldsymbol{\alpha}_2 = (1,1+k,1)^{\mathrm{T}}, \boldsymbol{\alpha}_3 = (1,1,1+k)^{\mathrm{T}}$ 唯一地线性表示，则 k 满足条件 ________.

(4) 设$\boldsymbol{\alpha}_1 = (k,1,1)^{\mathrm{T}}, \boldsymbol{\alpha}_2 = (0,2,3)^{\mathrm{T}}, \boldsymbol{\alpha}_3 = (1,2,1)^{\mathrm{T}}$，则当$k =$ ________时，$\boldsymbol{\alpha}_1, \boldsymbol{\alpha}_2, \boldsymbol{\alpha}_3$ 线性相关.

(5) 设 $\boldsymbol{\alpha}_1 = (2,1,3,-1)^{\mathrm{T}}, \boldsymbol{\alpha}_2 = (3,-1,2,0)^{\mathrm{T}}, \boldsymbol{\alpha}_3 = (4,2,6,-2)^{\mathrm{T}}, \boldsymbol{\alpha}_4 = (4,-3,1,1)^{\mathrm{T}}$，则$R(\boldsymbol{\alpha}_1, \boldsymbol{\alpha}_2, \boldsymbol{\alpha}_3, \boldsymbol{\alpha}_4) =$ ________.

(6) 设$\boldsymbol{A}$为四阶方阵，$R(\boldsymbol{A}) = 3$，则$R(\boldsymbol{A}^*) =$ ________.

(7) 设$\boldsymbol{\alpha} = (1,2,3)^{\mathrm{T}}, \boldsymbol{\beta} = (1,2,3), \boldsymbol{A} = \boldsymbol{\alpha\beta}$，则$R(\boldsymbol{A}) =$ ________.

(8) 设$\boldsymbol{A} = (a_{ij})_{4\times3}, \boldsymbol{B} = (b_{ij})_{3\times4}$，且$R(\boldsymbol{A}) = 2, R(\boldsymbol{B}) = 3$，则$R(\boldsymbol{AB}) \leqslant$ ________.

(9) 已知向量组 $\boldsymbol{\alpha}_1 = (1,2,3,4)^{\mathrm{T}}, \boldsymbol{\alpha}_2 = (2,3,4,5)^{\mathrm{T}}, \boldsymbol{\alpha}_3 = (3,4,5,6)^{\mathrm{T}}, \boldsymbol{\alpha}_4 = (4,5,6,t)^{\mathrm{T}}$，且$R(\boldsymbol{\alpha}_1, \boldsymbol{\alpha}_2, \boldsymbol{\alpha}_3, \boldsymbol{\alpha}_4) = 3$，则$t =$ ________.

(10) 设$\boldsymbol{\alpha} = (1,0,1)^{\mathrm{T}}, \boldsymbol{\beta} = (0,1,1)^{\mathrm{T}}$是$\boldsymbol{Ax} = \boldsymbol{0}$的两个解，其中$\boldsymbol{A} = \begin{pmatrix} 1 & -1 & 1 \\ -3 & a & 3 \\ 2 & 2 & b \end{pmatrix}$，则$a =$ ________，$b =$ ________.

2. 选择题

(1) 设$\boldsymbol{\alpha}_1, \boldsymbol{\alpha}_2, \cdots, \boldsymbol{\alpha}_m$是一组$n$维向量，则下列结论正确的是________.

(A) 若$\boldsymbol{\alpha}_1, \boldsymbol{\alpha}_2, \cdots, \boldsymbol{\alpha}_m$不线性相关，就一定线性无关

(B) 如果存在不全为零的数$k_1, k_2, \cdots, k_m$，使得$k_1\boldsymbol{\alpha}_1 + k_2\boldsymbol{\alpha}_2 + \cdots + k_m\boldsymbol{\alpha}_m = \boldsymbol{0}$，则$\boldsymbol{\alpha}_1, \boldsymbol{\alpha}_2, \cdots, \boldsymbol{\alpha}_m$ 线性无关

(C) 若向量组$\boldsymbol{\alpha}_1, \boldsymbol{\alpha}_2, \cdots, \boldsymbol{\alpha}_m (m \geqslant 2)$线性相关，则$\boldsymbol{\alpha}_1$能由其余$m-1$个向量$\alpha_2, \cdots, \boldsymbol{\alpha}_m$线性表示

(D) 向量组$\boldsymbol{\alpha}_1, \boldsymbol{\alpha}_2, \cdots, \boldsymbol{\alpha}_m (m \geqslant 2)$线性无关的充分必要条件是$\boldsymbol{\alpha}_1$不能由其余$m-1$个向量$\boldsymbol{\alpha}_2, \cdots, \boldsymbol{\alpha}_m$线性表示

(2) 向量 $\boldsymbol{\beta}$ 能由向量组 $\boldsymbol{\alpha}_1,\boldsymbol{\alpha}_2,\cdots,\boldsymbol{\alpha}_m$ 线性表示，则________.

(A) 存在不全为零的数 $k_1,k_2,\cdots,k_m$，使得 $k_1\boldsymbol{\alpha}_1+k_2\boldsymbol{\alpha}_2+\cdots+k_m\boldsymbol{\alpha}_m=\mathbf{0}$

(B) 存在全为零的数 $k_1,k_2,\cdots,k_m$，使得 $k_1\boldsymbol{\alpha}_1+k_2\boldsymbol{\alpha}_2+\cdots+k_m\boldsymbol{\alpha}_m=\mathbf{0}$

(C) 对 $\boldsymbol{\beta}$ 的表示式不唯一

(D) 向量组 $\boldsymbol{\alpha}_1,\boldsymbol{\alpha}_2,\cdots,\boldsymbol{\alpha}_m,\boldsymbol{\beta}$ 线性相关

(3) 向量组 $\boldsymbol{\alpha}_1,\boldsymbol{\alpha}_2,\cdots,\boldsymbol{\alpha}_m$ 线性相关的充分与必要条件是________.

(A) $\boldsymbol{\alpha}_1,\boldsymbol{\alpha}_2,\cdots,\boldsymbol{\alpha}_m$ 中有一零向量

(B) $\boldsymbol{\alpha}_1,\boldsymbol{\alpha}_2,\cdots,\boldsymbol{\alpha}_m$ 中任意两个向量的分量对应成比例

(C) $\boldsymbol{\alpha}_1,\boldsymbol{\alpha}_2,\cdots,\boldsymbol{\alpha}_m$ 中有一个向量是其余向量的线性组合

(D) $\boldsymbol{\alpha}_1,\boldsymbol{\alpha}_2,\cdots,\boldsymbol{\alpha}_m$ 中任意一个向量都是其余向量的线性组合

(4) n 维向量组 $\boldsymbol{\alpha}_1,\boldsymbol{\alpha}_2,\cdots,\boldsymbol{\alpha}_m$ 线性无关的充分与必要条件是________.

(A) $\boldsymbol{\alpha}_1,\boldsymbol{\alpha}_2,\cdots,\boldsymbol{\alpha}_m$ 均不是零向量

(B) $\boldsymbol{\alpha}_1,\boldsymbol{\alpha}_2,\cdots,\boldsymbol{\alpha}_m$ 中任意两个向量的分量对应不成比例

(C) 向量组所含向量的个数 $m\leqslant n$

(D) 某向量 $\boldsymbol{\beta}$ 可由向量组 $\boldsymbol{\alpha}_1,\boldsymbol{\alpha}_2,\cdots,\boldsymbol{\alpha}_m$ 线性表示，且表示式唯一

(5) 已知向量组 $\boldsymbol{\alpha}_1,\boldsymbol{\alpha}_2,\boldsymbol{\alpha}_3,\boldsymbol{\alpha}_4$ 线性无关，则向量组________.

(A) $\boldsymbol{\alpha}_1+\boldsymbol{\alpha}_2,\boldsymbol{\alpha}_2+\boldsymbol{\alpha}_3,\boldsymbol{\alpha}_3+\boldsymbol{\alpha}_4,\boldsymbol{\alpha}_4+\boldsymbol{\alpha}_1$ 线性无关

(B) $\boldsymbol{\alpha}_1-\boldsymbol{\alpha}_2,\boldsymbol{\alpha}_2-\boldsymbol{\alpha}_3,\boldsymbol{\alpha}_3-\boldsymbol{\alpha}_4,\boldsymbol{\alpha}_4-\boldsymbol{\alpha}_1$ 线性无关

(C) $\boldsymbol{\alpha}_1+\boldsymbol{\alpha}_2,\boldsymbol{\alpha}_2+\boldsymbol{\alpha}_3,\boldsymbol{\alpha}_3+\boldsymbol{\alpha}_4,\boldsymbol{\alpha}_4-\boldsymbol{\alpha}_1$ 线性无关

(D) $\boldsymbol{\alpha}_1+\boldsymbol{\alpha}_2,\boldsymbol{\alpha}_2+\boldsymbol{\alpha}_3,\boldsymbol{\alpha}_3-\boldsymbol{\alpha}_4,\boldsymbol{\alpha}_4-\boldsymbol{\alpha}_1$ 线性无关

(6) 设 $\boldsymbol{\alpha}_1=(1,0,0,k_1)^{\mathrm{T}},\boldsymbol{\alpha}_2=(1,2,0,k_2)^{\mathrm{T}},\boldsymbol{\alpha}_3=(1,2,3,k_3)^{\mathrm{T}},\boldsymbol{\alpha}_4=(1,1,1,k_4)^{\mathrm{T}}$，其中 k_1,k_2,k_3,k_4 为任意常数，则________.

(A) $\boldsymbol{\alpha}_1,\boldsymbol{\alpha}_2,\boldsymbol{\alpha}_3$ 线性相关　　(B) $\boldsymbol{\alpha}_1,\boldsymbol{\alpha}_2,\boldsymbol{\alpha}_3$ 线性无关

(C) $\boldsymbol{\alpha}_1,\boldsymbol{\alpha}_2,\boldsymbol{\alpha}_4$ 线性相关　　(D) $\boldsymbol{\alpha}_1,\boldsymbol{\alpha}_2,\boldsymbol{\alpha}_4$ 线性无关

(7) 若向量组 $\boldsymbol{\alpha}_1,\boldsymbol{\alpha}_2,\cdots,\boldsymbol{\alpha}_m$ 的秩为 r，则________.

(A) $r<m$

(B) 向量组中任意小于 r 个向量的部分组线性无关

(C) 向量组中任意 r 个向量线性无关

(D) 向量组中任意 $r+1$ 个向量必定线性相关

(8) 设向量 $\boldsymbol{\alpha}=\boldsymbol{\alpha}_1+\boldsymbol{\alpha}_2+\cdots+\boldsymbol{\alpha}_m(m>1)$，而 $\boldsymbol{\beta}_1=\boldsymbol{\alpha}-\boldsymbol{\alpha}_1,\boldsymbol{\beta}_2=\boldsymbol{\alpha}-\boldsymbol{\alpha}_2,\cdots,\boldsymbol{\beta}_m=\boldsymbol{\alpha}-\boldsymbol{\alpha}_m$，则________.

(A) $R(\boldsymbol{\alpha}_1,\boldsymbol{\alpha}_2,\cdots,\boldsymbol{\alpha}_m)=R(\boldsymbol{\beta}_1,\boldsymbol{\beta}_2,\cdots,\boldsymbol{\beta}_m)$

(B) $R(\boldsymbol{\alpha}_1,\boldsymbol{\alpha}_2,\cdots,\boldsymbol{\alpha}_m)\geqslant R(\boldsymbol{\beta}_1,\boldsymbol{\beta}_2,\cdots,\boldsymbol{\beta}_m)$

(C) $R(\boldsymbol{\alpha}_1,\boldsymbol{\alpha}_2,\cdots,\boldsymbol{\alpha}_m)<R(\boldsymbol{\beta}_1,\boldsymbol{\beta}_2,\cdots,\boldsymbol{\beta}_m)$

(D) 不能确定 $R(\boldsymbol{\alpha}_1,\boldsymbol{\alpha}_2,\cdots,\boldsymbol{\alpha}_m)$ 与 $R(\boldsymbol{\beta}_1,\boldsymbol{\beta}_2,\cdots,\boldsymbol{\beta}_m)$ 的大小关系

(9) 设有 n 阶方阵 $\boldsymbol{A}$，$R(\boldsymbol{A})=r<n$，则在 $\boldsymbol{A}$ 的 n 个行向量中________.

(A) 必有 r 个行向量线性无关

(B) 任意 r 个行向量线性无关

(C) 任意 r 个行向量都是 $\boldsymbol{A}$ 的行向量组的最大无关组

(D) 任意一个行向量都可以由其余 $r-1$ 个行向量线性表示

(10) 设有 n 阶方阵 $\boldsymbol{A}$, $R(\boldsymbol{A})=n-3$, 且 $\boldsymbol{\alpha}_1,\boldsymbol{\alpha}_2,\boldsymbol{\alpha}_3$ 是 $\boldsymbol{Ax}=\boldsymbol{0}$ 的三个线性无关的解, 则 $\boldsymbol{Ax}=\boldsymbol{0}$ 的基础解系为________.

(A) $\boldsymbol{\alpha}_1+\boldsymbol{\alpha}_2,\boldsymbol{\alpha}_2+\boldsymbol{\alpha}_3,\boldsymbol{\alpha}_3+\boldsymbol{\alpha}_1$

(B) $\boldsymbol{\alpha}_2-\boldsymbol{\alpha}_1,\boldsymbol{\alpha}_3-\boldsymbol{\alpha}_2,\boldsymbol{\alpha}_1-\boldsymbol{\alpha}_3$

(C) $2\boldsymbol{\alpha}_2-\boldsymbol{\alpha}_1,\frac{1}{2}\boldsymbol{\alpha}_3-\boldsymbol{\alpha}_2,\boldsymbol{\alpha}_1-\boldsymbol{\alpha}_3$

(D) $\boldsymbol{\alpha}_1+\boldsymbol{\alpha}_2+\boldsymbol{\alpha}_3,\boldsymbol{\alpha}_3-\boldsymbol{\alpha}_2,-\boldsymbol{\alpha}_1-2\boldsymbol{\alpha}_3$

3. 判定下列向量组的线性相关性.

(1) $\boldsymbol{\alpha}_1=(2,3)^{\mathrm{T}},\boldsymbol{\alpha}_2=(-1,2)^{\mathrm{T}}$;

(2) $\boldsymbol{\alpha}_1=(-1,0,2)^{\mathrm{T}},\boldsymbol{\alpha}_2=(-1,-2,7)^{\mathrm{T}},\boldsymbol{\alpha}_3=(1,-2,3)^{\mathrm{T}}$;

(3) $\boldsymbol{\alpha}_1=(2,4,1,1,0)^{\mathrm{T}},\boldsymbol{\alpha}_2=(3,5,2,-1,1)^{\mathrm{T}},\boldsymbol{\alpha}_3=(6,-7,8,3,9)^{\mathrm{T}}$;

(4) $\boldsymbol{\alpha}_1=(1,1,0,0)^{\mathrm{T}},\boldsymbol{\alpha}_2=(0,1,1,0)^{\mathrm{T}},\boldsymbol{\alpha}_3=(0,0,1,1)^{\mathrm{T}},\boldsymbol{\alpha}_4=(-1,0,0,1)^{\mathrm{T}}$.

4. 求下列向量组的秩及一个最大无关组, 并将其余向量用此最大无关组线性表示.

(1) $\boldsymbol{\alpha}_1=\begin{pmatrix}25\\75\\75\\25\end{pmatrix},\boldsymbol{\alpha}_2=\begin{pmatrix}31\\94\\94\\32\end{pmatrix},\boldsymbol{\alpha}_3=\begin{pmatrix}17\\53\\54\\20\end{pmatrix},\boldsymbol{\alpha}_4=\begin{pmatrix}43\\132\\134\\48\end{pmatrix}$;

(2) $\boldsymbol{\alpha}_1=\begin{pmatrix}1\\0\\2\\1\end{pmatrix},\boldsymbol{\alpha}_2=\begin{pmatrix}1\\2\\0\\1\end{pmatrix},\boldsymbol{\alpha}_3=\begin{pmatrix}2\\1\\3\\0\end{pmatrix},\boldsymbol{\alpha}_4=\begin{pmatrix}2\\5\\-1\\4\end{pmatrix},\boldsymbol{\alpha}_5=\begin{pmatrix}1\\-1\\3\\-1\end{pmatrix}$.

5. 如果向量组 $\boldsymbol{\alpha}_1,\boldsymbol{\alpha}_2,\cdots,\boldsymbol{\alpha}_m$ 线性无关, 证明向量组

$$\boldsymbol{\alpha}_1,\boldsymbol{\alpha}_1+\boldsymbol{\alpha}_2,\cdots,\boldsymbol{\alpha}_1+\boldsymbol{\alpha}_2+\cdots+\boldsymbol{\alpha}_m$$

也线性无关.

6. 设向量组 $\boldsymbol{\alpha}_1,\boldsymbol{\alpha}_2,\boldsymbol{\alpha}_3$ 线性无关, 问常数 m,p,l 满足什么条件时, 向量组 $m\boldsymbol{\alpha}_1-\boldsymbol{\alpha}_2$, $p\boldsymbol{\alpha}_2-\boldsymbol{\alpha}_3,l\boldsymbol{\alpha}_3-\boldsymbol{\alpha}_1$ 线性相关.

7. 若向量 $\boldsymbol{\beta}$ 可由向量组 $\boldsymbol{\alpha}_1,\boldsymbol{\alpha}_2,\cdots,\boldsymbol{\alpha}_n$ 线性表示, 且表示法唯一. 证明: 向量组 $\boldsymbol{\alpha}_1$, $\boldsymbol{\alpha}_2,\cdots,\boldsymbol{\alpha}_m$ 线性无关.

8. 证明: n 维向量组 $\boldsymbol{\alpha}_1,\boldsymbol{\alpha}_2,\cdots,\boldsymbol{\alpha}_m$ 线性无关的充分与必要条件是任一 n 维向量都可由它线性表示.

9. 若向量组 $\boldsymbol{\alpha}_1=(1,0,0)^{\mathrm{T}},\boldsymbol{\alpha}_2=(1,1,0)^{\mathrm{T}},\boldsymbol{\alpha}_3=(1,1,1)^{\mathrm{T}}$ 可由向量组 $\boldsymbol{\beta}_1,\boldsymbol{\beta}_2,\boldsymbol{\beta}_3$ 线性表示, 也可由向量组 $\boldsymbol{\gamma}_1,\boldsymbol{\gamma}_2,\boldsymbol{\gamma}_3,\boldsymbol{\gamma}_4$ 线性表示, 证明向量组 $\boldsymbol{\beta}_1,\boldsymbol{\beta}_2,\boldsymbol{\beta}_3$ 与向量组 $\boldsymbol{\gamma}_1,\boldsymbol{\gamma}_2$, $\boldsymbol{\gamma}_3,\boldsymbol{\gamma}_4$ 等价.

10. 已知向量组 $\boldsymbol{\alpha}_1=(0,1,-1)^{\mathrm{T}},\boldsymbol{\alpha}_2=(a,2,0)^{\mathrm{T}},\boldsymbol{\alpha}_3=(b,1,0)^{\mathrm{T}}$ 与向量组 $\boldsymbol{\beta}_1=$

$(1,2,-3)^T$，$\boldsymbol{\beta}_2=(3,0,1)^T$，$\boldsymbol{\beta}_3=(9,6,-7)^T$有相同的秩，且$\boldsymbol{\alpha}_3$可由$\boldsymbol{\beta}_1,\boldsymbol{\beta}_2,\boldsymbol{\beta}_3$线性表示，试确定$a,b$的关系.

11. 证明$\boldsymbol{\alpha}_1=(1,2,1)^T$，$\boldsymbol{\alpha}_2=(4,-1,-5)^T$，$\boldsymbol{\alpha}_3=(-1,-3,-4)^T$是$\mathbf{R}^3$的一个基，并求$\boldsymbol{\beta}=(2,1,2)^T$在这个基中的坐标.

12. 求下列齐次线性方程组的一个基础解系和通解

(1) $\begin{cases} x_1+2x_2-2x_3+2x_4-x_5=0 \\ x_1+2x_2-x_3+3x_4-2x_5=0; \\ 2x_1+4x_2-7x_3+x_4+x_5=0 \end{cases}$

(2) $\begin{cases} x_1-2x_2+x_3-x_4+x_5=0 \\ 2x_1+x_2-x_3+2x_4-3x_5=0 \\ 3x_1-2x_2-3x_3+x_4-2x_5=0 \\ 2x_1-5x_2+x_3-2x_4+2x_5=0 \end{cases}$.

13. 求下列非齐次线性方程组的通解

(1) $\begin{cases} x_1-5x_2+2x_3-3x_4=11 \\ 5x_1+3x_2-6x_3-x_4=-1; \\ 2x_1+4x_2+2x_3+x_4=-6 \end{cases}$

(2) $\begin{cases} x_1+x_2+2x_3+x_4+x_5=7 \\ 3x_1+2x_2+x_3+x_4-3x_5=-2 \\ x_2+3x_3+2x_4+6x_5=23 \\ 5x_1+4x_2-3x_3+3x_4-x_5=12 \end{cases}$.

14. 当λ取何值时，线性方程组

$$\begin{cases} \lambda x_1+x_2+x_3=\lambda-3 \\ x_1+\lambda x_2+x_3=-2 \\ x_1+x_2+\lambda x_3=-2 \end{cases}$$

无解？ 有唯一解？有无穷多解？ 在方程组有无穷多解时，求出其通解.

15. 设有向量组A：$\boldsymbol{\alpha}_1=(a,2,10)^T$，$\boldsymbol{\alpha}_2=(-2,1,5)^T$，$\boldsymbol{\alpha}_3=(-1,1,4)^T$及向量$\boldsymbol{\beta}=(1,b,-1)^T$，问$a,b$为何值时：

(1) 向量$\boldsymbol{\beta}$不能由向量组A线性表示；

(2) 向量$\boldsymbol{\beta}$能由向量组A线性表示，且表示式唯一；

(3) 向量$\boldsymbol{\beta}$能由向量组A线性表示，且表示式不唯一，并求一般表示式.

16. 设$\boldsymbol{A}=(a_{ij})_{m\times n}$，$\boldsymbol{B}=(b_{ij})_{n\times p}$，如果$\boldsymbol{AB}=\mathbf{0}$且$R(\boldsymbol{B})=n$，证明$\boldsymbol{A}=\mathbf{0}$.

第 4 章 相似矩阵及二次型

本章主要讨论向量的内积、特征值与特征向量、相似矩阵的理论及二次型等,这些内容在许多学科中都有非常重要的应用.

4.1 预备知识,向量的内积

4.1.1 向量的内积

1. 向量内积的概念

定义 4.1 设有 n 维向量

$$\boldsymbol{x}=\begin{pmatrix}x_1\\x_2\\\vdots\\x_n\end{pmatrix},\boldsymbol{y}=\begin{pmatrix}y_1\\y_2\\\vdots\\y_n\end{pmatrix}$$

令

$$[\boldsymbol{x},\boldsymbol{y}]=x_1y_1+x_2y_2+\cdots+x_ny_n$$

$[\boldsymbol{x},\boldsymbol{y}]$ 称为向量 $\boldsymbol{x}$ 与 $\boldsymbol{y}$ 的内积.

易知, $[\boldsymbol{x},\boldsymbol{y}]=\boldsymbol{x}^{\mathrm{T}}\boldsymbol{y}$.

内积具有下列运算性质:

(1) $[\boldsymbol{x},\boldsymbol{y}]=[\boldsymbol{y},\boldsymbol{x}]$;

(2) $[\lambda\boldsymbol{x},\boldsymbol{y}]=\lambda[\boldsymbol{x},\boldsymbol{y}]$;

(3) $[\boldsymbol{x}+\boldsymbol{y},\boldsymbol{z}]=[\boldsymbol{x},\boldsymbol{z}]+[\boldsymbol{y},\boldsymbol{z}]$;

(4) $[\boldsymbol{x},\boldsymbol{x}]\geqslant 0$,当且仅当,$\boldsymbol{x}=\boldsymbol{0}$ 时,$[\boldsymbol{x},\boldsymbol{x}]=0$.

其中 $\boldsymbol{x},\boldsymbol{y},\boldsymbol{z}$ 是为向量,λ 为实数.

这些性质可根据内积定义直接证明. 用这些性质还可以证明施瓦茨(Schwarz) 不等式

$$[\boldsymbol{x},\boldsymbol{y}]^2\leqslant[\boldsymbol{x},\boldsymbol{x}]\cdot[\boldsymbol{y},\boldsymbol{y}]$$

证明:$\forall t\in\mathbf{R}$,由$[\boldsymbol{x}+t\boldsymbol{y},\boldsymbol{x}+t\boldsymbol{y}]\geqslant 0$,可得

$$[\boldsymbol{x}+t\boldsymbol{y},\boldsymbol{x}]+[\boldsymbol{x}+t\boldsymbol{y},t\boldsymbol{y}]\geqslant 0\Rightarrow$$
$$[\boldsymbol{x},\boldsymbol{x}]+[t\boldsymbol{y},\boldsymbol{x}]+[\boldsymbol{x},t\boldsymbol{y}]+[t\boldsymbol{y},t\boldsymbol{y}]\geqslant 0\Rightarrow$$
$$[\boldsymbol{x},\boldsymbol{x}]+2t[\boldsymbol{x},\boldsymbol{y}]+t^2[\boldsymbol{y},\boldsymbol{y}]\geqslant 0$$

所以　$\Delta\leqslant 0\Rightarrow 4[\boldsymbol{x},\boldsymbol{y}]^2-4[\boldsymbol{x},\boldsymbol{x}]\cdot[\boldsymbol{y},\boldsymbol{y}]\leqslant 0\Rightarrow[\boldsymbol{x},\boldsymbol{y}]^2\leqslant[\boldsymbol{x},\boldsymbol{x}]\cdot[\boldsymbol{y},\boldsymbol{y}]$

2. 向量的长度,两向量间夹角

定义 4.2　非负实数 $\|\boldsymbol{x}\|=\sqrt{[\boldsymbol{x},\boldsymbol{x}]}=\sqrt{x_1^2+x_2^2+\cdots+x_n^2}$ 称为 n 维向量 $\boldsymbol{x}$ 的长度(范数).

向量的长度具有性质:

(1) 非负性:$\|\boldsymbol{x}\|\geqslant 0$,当且仅当 $\boldsymbol{x}=\boldsymbol{0}$ 时,$\|\boldsymbol{x}\|=0$;

(2) 齐次性:$\|\lambda\boldsymbol{x}\|=|\lambda|\,\|\boldsymbol{x}\|$;

(3) 三角不等式:$\|\boldsymbol{x}+\boldsymbol{y}\|\leqslant\|\boldsymbol{x}\|+\|\boldsymbol{y}\|$.

长为 1 的向量称为单位向量. 若向量 $\boldsymbol{x}\neq\boldsymbol{0}$, 则 $\dfrac{1}{\|\boldsymbol{x}\|}\boldsymbol{x}$ 是单位向量.

向量的夹角:根据施瓦茨(Schwarz) 不等式得

$$\left|\frac{[\boldsymbol{x},\boldsymbol{y}]}{\|\boldsymbol{x}\|\cdot\|\boldsymbol{y}\|}\right|\leqslant 1\quad(\|\boldsymbol{x}\|\cdot\|\boldsymbol{y}\|\neq 0)$$

当 $\|\boldsymbol{x}\|\neq 0,\ \|\boldsymbol{y}\|\neq 0$ 时

$$\theta=\arccos\frac{[\boldsymbol{x},\boldsymbol{y}]}{\|\boldsymbol{x}\|\cdot\|\boldsymbol{y}\|}$$

称为 n 维向量 $\boldsymbol{x}$ 与 $\boldsymbol{y}$ 的夹角.

4.1.2　向量的正交性

1. 正交向量组的概念

向量 $\boldsymbol{x}$ 与 $\boldsymbol{y}$ 正交:如果 $[\boldsymbol{x},\boldsymbol{y}]=0$,那么 $\boldsymbol{x}$ 与 $\boldsymbol{y}$ 的夹角为 $\dfrac{\pi}{2}$,这时称向量 $\boldsymbol{x}$ 与 $\boldsymbol{y}$ 正交.

显然,若 $\boldsymbol{x}=\boldsymbol{0}$,则 $\boldsymbol{x}$ 与任何向量都正交.

正交向量组:一组两两正交的非零向量组,称为正交向量组.

例 1　$\begin{pmatrix}-1\\0\\0\end{pmatrix},\begin{pmatrix}0\\\frac{1}{\sqrt{2}}\\\frac{1}{\sqrt{2}}\end{pmatrix},\begin{pmatrix}\frac{1}{\sqrt{3}}\\\frac{1}{\sqrt{3}}\\\frac{1}{\sqrt{3}}\end{pmatrix}$ 都是 3 维单位向量.

例 2　试求一个非零向量与向量 $\boldsymbol{\alpha}_1=\begin{pmatrix}1\\1\\1\end{pmatrix},\boldsymbol{\alpha}_2=\begin{pmatrix}1\\-2\\1\end{pmatrix}$ 都正交.

解　设所求向量为

$$\boldsymbol{x} = \begin{pmatrix} x_1 \\ x_2 \\ x_3 \end{pmatrix}$$

那么它应满足

$$\begin{cases} x_1 + x_2 + x_3 = 0 \\ x_1 - 2x_2 + x_3 = 0 \end{cases}$$

由 $\boldsymbol{A} = \begin{pmatrix} 1 & 1 & 1 \\ 1 & -2 & 1 \end{pmatrix} \xrightarrow{r_2 - r_1} \begin{pmatrix} 1 & 1 & 1 \\ 0 & -3 & 0 \end{pmatrix} \xrightarrow[r_1 - r_2]{r_2 \div (-3)} \begin{pmatrix} 1 & 0 & 1 \\ 0 & 1 & 0 \end{pmatrix}$

得$\begin{cases} x_1 = -x_3 \\ x_2 = 0 \end{cases}$,取向量 $\boldsymbol{x} = \begin{pmatrix} -1 \\ 0 \\ 1 \end{pmatrix}$ 即为所求.

2. 正交向量组的性质

定理 4.1 正交向量组必线性无关.

证 设向量组$\boldsymbol{a}_1, \boldsymbol{a}_2, \cdots, \boldsymbol{a}_r$ 是正交向量组,若有一组数 $\lambda_1, \lambda_2, \cdots, \lambda_r$,使

$$\lambda_1 \boldsymbol{a}_1 + \lambda_2 \boldsymbol{a}_2 + \cdots + \lambda_r \boldsymbol{a}_r = \boldsymbol{0}$$

以$\boldsymbol{a}_1^{\mathrm{T}}$ 左乘上式两边,得

$$\lambda_1 \boldsymbol{a}_1^{\mathrm{T}} \boldsymbol{a}_1 = \boldsymbol{0}$$

因为$\boldsymbol{\alpha}_1 \neq \boldsymbol{0}$,所以$\boldsymbol{\alpha}_1^{\mathrm{T}} \boldsymbol{\alpha}_1 = \| \boldsymbol{\alpha}_1 \|^2 \neq 0$,因此必有 $\lambda_1 = 0$.

类似地,可证 $\lambda_2 = \lambda_3 = \cdots = \lambda_r = 0$.

于是向量组$\boldsymbol{a}_1, \boldsymbol{a}_2, \cdots, \boldsymbol{a}_r$ 线性无关.

例 3 向量组 $\boldsymbol{\alpha} = \begin{pmatrix} 1 \\ 0 \\ 0 \end{pmatrix}, \boldsymbol{\beta} = \begin{pmatrix} 1 \\ 1 \\ 0 \end{pmatrix}$ 线性无关,但不为正交向量组.

证 设矩阵 $\boldsymbol{A} = (\boldsymbol{\alpha}, \boldsymbol{\beta})$,则 $R(\boldsymbol{A}) = 2$,所以 $\boldsymbol{\alpha}, \boldsymbol{\beta}$ 线性无关.

但$[\boldsymbol{\alpha}, \boldsymbol{\beta}] = 1 \times 1 + 0 \times 1 + 0 \times 0 = 1 \neq 0$,故向量组 $\boldsymbol{\alpha}, \boldsymbol{\beta}$ 线性无关,但不为正交向量组.

3. 施密特(Schimidt)正交化方法

规范正交向量组:由单位向量构成的正交向量组.

向量组$\boldsymbol{e}_1, \boldsymbol{e}_2, \cdots, \boldsymbol{e}_r$ 为规范正交向量组,当且仅当

$$[\boldsymbol{e}_i, \boldsymbol{e}_j] = \begin{cases} 1, & \text{当 } i = j \\ 0, & \text{当 } i \neq j \end{cases} \quad i, j = 1, 2, \cdots, r$$

设向量组$\boldsymbol{a}_1, \boldsymbol{a}_2, \cdots, \boldsymbol{a}_r$ 线性无关,则必有规范正交向量组$\boldsymbol{e}_1, \boldsymbol{e}_2, \cdots, \boldsymbol{e}_r$ 与$\boldsymbol{a}_1, \boldsymbol{a}_2, \cdots, \boldsymbol{a}_r$ 等价.

把基$\boldsymbol{a}_1, \boldsymbol{a}_2, \cdots, \boldsymbol{a}_r$ 正交规范化方法(施密特(Schimidt)正交化方法):

正交化:

取

$$\boldsymbol{b}_1 = \boldsymbol{a}_1$$

$$\boldsymbol{b}_2=\boldsymbol{a}_2-\frac{[\boldsymbol{b}_1,\boldsymbol{a}_2]}{[\boldsymbol{b}_1,\boldsymbol{b}_1]}\boldsymbol{b}_1$$

$$\boldsymbol{b}_3=\boldsymbol{a}_3-\frac{[\boldsymbol{b}_1,\boldsymbol{a}_3]}{[\boldsymbol{b}_1,\boldsymbol{b}_1]}\boldsymbol{b}_1-\frac{[\boldsymbol{b}_2,\boldsymbol{a}_3]}{[\boldsymbol{b}_2,\boldsymbol{b}_2]}\boldsymbol{b}_2$$

$$\vdots$$

$$\boldsymbol{b}_r=\boldsymbol{a}_r-\frac{[\boldsymbol{b}_1,\boldsymbol{a}_r]}{[\boldsymbol{b}_1,\boldsymbol{b}_1]}\boldsymbol{b}_1-\frac{[\boldsymbol{b}_2,\boldsymbol{a}_r]}{[\boldsymbol{b}_2,\boldsymbol{b}_2]}\boldsymbol{b}_2-\cdots-\frac{[\boldsymbol{b}_{r-1},\boldsymbol{a}_r]}{[\boldsymbol{b}_{r-1},\boldsymbol{b}_{r-1}]}\boldsymbol{b}_{r-1}$$

单位化:取$\boldsymbol{e}_1=\frac{1}{\|\boldsymbol{b}_1\|}\boldsymbol{b}_1,\boldsymbol{e}_2=\frac{1}{\|\boldsymbol{b}_2\|}\boldsymbol{b}_2,\cdots,\boldsymbol{e}_r=\frac{1}{\|\boldsymbol{b}_r\|}\boldsymbol{b}_r$.

于是,$\boldsymbol{e}_1,\boldsymbol{e}_2,\cdots,\boldsymbol{e}_r$ 是规范正交向量组,且与$\boldsymbol{a}_1,\boldsymbol{a}_2,\cdots,\boldsymbol{a}_r$ 等价.

例 4　把向量组$\boldsymbol{\alpha}_1=\begin{pmatrix}1\\1\\1\end{pmatrix},\boldsymbol{\alpha}_2=\begin{pmatrix}-1\\1\\1\end{pmatrix}$规范正交化.

解　正交化:取

$$\boldsymbol{b}_1=\boldsymbol{a}_1$$

$$\boldsymbol{b}_2=\boldsymbol{a}_2-\frac{[\boldsymbol{a}_2,\boldsymbol{b}_1]}{[\boldsymbol{b}_1,\boldsymbol{b}_1]}\boldsymbol{b}_1=\begin{pmatrix}-1\\1\\1\end{pmatrix}-\frac{1}{3}\begin{pmatrix}1\\1\\1\end{pmatrix}=\frac{2}{3}\begin{pmatrix}-2\\1\\1\end{pmatrix}$$

单位化:取

$$\boldsymbol{e}_1=\frac{1}{\|\boldsymbol{b}_1\|}\boldsymbol{b}_1=\frac{1}{\sqrt{3}}\begin{pmatrix}1\\1\\1\end{pmatrix}$$

$$\boldsymbol{e}_2=\frac{1}{\|\boldsymbol{b}_2\|}\boldsymbol{b}_2=\frac{1}{\sqrt{6}}\begin{pmatrix}-2\\1\\1\end{pmatrix}$$

$\boldsymbol{e}_1,\boldsymbol{e}_2$ 即为所求.

例 5　已知$\boldsymbol{a}_1=\begin{pmatrix}1\\-1\\1\end{pmatrix}$,求向量$\boldsymbol{a}_2,\boldsymbol{a}_3$ 使$\boldsymbol{a}_1,\boldsymbol{a}_2,\boldsymbol{a}_3$ 为正交向量组.

解　因为向量$\boldsymbol{a}_2,\boldsymbol{a}_3$ 都与向量$\boldsymbol{a}_1$ 正交,所以对齐次方程组 $x_1-x_2+x_3=0$,取它的一个基础解系$\boldsymbol{b}_2=\begin{pmatrix}1\\1\\0\end{pmatrix},\boldsymbol{b}_3=\begin{pmatrix}-1\\0\\1\end{pmatrix}$,再把$\boldsymbol{b}_2,\boldsymbol{b}_3$ 正交化即为所求$\boldsymbol{a}_2,\boldsymbol{a}_3$. 也就是取

$$\boldsymbol{a}_2=\boldsymbol{b}_2=\begin{pmatrix}1\\1\\0\end{pmatrix},\boldsymbol{a}_3=\boldsymbol{b}_3-\frac{[\boldsymbol{a}_2,\boldsymbol{b}_3]}{[\boldsymbol{a}_2,\boldsymbol{a}_2]}\boldsymbol{a}_2=\begin{pmatrix}-1\\0\\1\end{pmatrix}+\frac{1}{2}\begin{pmatrix}1\\1\\0\end{pmatrix}=\frac{1}{2}\begin{pmatrix}-1\\1\\2\end{pmatrix}$$

向量组$\boldsymbol{a}_1,\boldsymbol{a}_2,\boldsymbol{a}_3$ 就是所求正交向量组.

定义 4.3　设 n 维向量$\boldsymbol{e}_1,\boldsymbol{e}_2,\cdots,\boldsymbol{e}_r$ 是向量空间 V 的一个基, 如果向量组$\boldsymbol{e}_1,\boldsymbol{e}_2,\cdots,\boldsymbol{e}_r$ 为规范正交向量组,则称$\boldsymbol{e}_1,\boldsymbol{e}_2,\cdots,\boldsymbol{e}_r$ 是 $\boldsymbol{V}$ 的一个规范正交基.

4.2 特征值与特征向量

4.2.1 特征值与特征向量的定义

定义 4.4 设 $\boldsymbol{A}$ 是 n 阶矩阵,如果数 λ_0 和 n 维非零列向量 $\boldsymbol{p}$ 使得

$$\boldsymbol{A}\boldsymbol{p} = \lambda_0\boldsymbol{p} \tag{4.1}$$

那么数 λ_0 称为方阵 $\boldsymbol{A}$ 的特征值,非零向量 $\boldsymbol{p}$ 称为 $\boldsymbol{A}$ 的对于特征值 λ_0 的特征向量.

行列式 $|\boldsymbol{A}-\lambda\boldsymbol{E}| = \begin{vmatrix} a_{11}-\lambda & a_{12} & \cdots & a_{1n} \\ a_{21} & a_{22}-\lambda & \cdots & a_{2n} \\ \vdots & \vdots & & \vdots \\ a_{n1} & a_{n2} & \cdots & a_{nn}-\lambda \end{vmatrix}$ 是 λ 的 m 次多项式,称为方阵 $\boldsymbol{A}$ 的特征多项式.

方程 $|\boldsymbol{A}-\lambda\boldsymbol{E}|=0$ 称为 n 阶矩阵 $\boldsymbol{A}$ 的特征方程.

式(4.1) 也可写成

$$(\boldsymbol{A}-\lambda_0\boldsymbol{E})\boldsymbol{p} = \boldsymbol{0} \tag{4.2}$$

于是,矩阵 $\boldsymbol{A}$ 的特征值 λ_0 是它的特征方程 $|\boldsymbol{A}-\lambda\boldsymbol{E}|=0$ 的根,λ_0 的特征向量 $\boldsymbol{p}$ 是齐次线性方程组 $(\boldsymbol{A}-\lambda_0\boldsymbol{E})\boldsymbol{x}=\boldsymbol{0}$ 的非零解.

4.2.2 特征值与特征向量的求法

求 n 阶方阵 $\boldsymbol{A}$ 的特征值与特征向量的方法:

(1) 求出矩阵 $\boldsymbol{A}$ 的特征多项式, 即计算行列式 $|\boldsymbol{A}-\lambda\boldsymbol{E}|$;

(2) 特征方程 $|\boldsymbol{A}-\lambda\boldsymbol{E}|=0$ 的解(根) $\lambda_1,\lambda_2,\cdots,\lambda_n$ 就是 $\boldsymbol{A}$ 的特征值;

(3) 解齐次线性方程组 $(\boldsymbol{A}-\lambda_i\boldsymbol{E})\boldsymbol{x}=\boldsymbol{0}$, 它的非零解都是特征值 λ_i 的特征向量.

例 6 求矩阵 $\boldsymbol{A}=\begin{pmatrix} -1 & 1 & 0 \\ -4 & 3 & 0 \\ 1 & 0 & 2 \end{pmatrix}$ 的特征值和特征向量.

解 $\boldsymbol{A}$ 的特征多项式为

$$|\boldsymbol{A}-\lambda\boldsymbol{E}| = \begin{vmatrix} -1-\lambda & 1 & 0 \\ -4 & 3-\lambda & 0 \\ 1 & 0 & 2-\lambda \end{vmatrix} = (2-\lambda)(1-\lambda)^2$$

所以,$\boldsymbol{A}$ 的特征值为 $\lambda_1=2,\lambda_2=\lambda_3=1$.

当 $\lambda_1=2$ 时,解方程 $(\boldsymbol{A}-2\boldsymbol{E})\boldsymbol{x}=\boldsymbol{0}$. 由

$$\boldsymbol{A}-2\boldsymbol{E} = \begin{pmatrix} -3 & 1 & 0 \\ -4 & 1 & 0 \\ 1 & 0 & 0 \end{pmatrix} \sim \begin{pmatrix} 1 & 0 & 0 \\ 0 & 1 & 0 \\ 0 & 0 & 0 \end{pmatrix}$$

得基础解系

$$p_1=\begin{pmatrix}0\\0\\1\end{pmatrix}$$

所以特征值 $\lambda_1=2$ 的全部特征向量为 $k_1 p_1$,其中 k 为任意非零数.

当 $\lambda_2=\lambda_3=1$ 时,解方程$(A-E)x=0$. 由

$$A-E=\begin{pmatrix}-2&1&0\\-4&2&0\\1&0&1\end{pmatrix}\sim\begin{pmatrix}1&0&1\\0&1&2\\0&0&0\end{pmatrix}$$

得基础解系

$$p_2=\begin{pmatrix}-1\\-2\\1\end{pmatrix}$$

所以特征值 $\lambda_2=\lambda_3=1$ 的全部特征向量为 $k_2 p_2$,其中 k 是任意非零数.

例7　求矩阵 $A=\begin{pmatrix}-2&1&1\\0&2&0\\-4&1&3\end{pmatrix}$ 的特征值与特征向量.

解　$|\lambda E-A|=\begin{vmatrix}\lambda+2&-1&-1\\0&\lambda-2&0\\4&-1&\lambda-3\end{vmatrix}=(\lambda+1)(\lambda-2)^2$,得特征值 $\lambda_1=-1$,$\lambda_2=\lambda_3=2$.

当 $\lambda_1=-1$ 时, 解方程$(-E-A)x=0$,得基础解系

$$p_1=\begin{pmatrix}1\\0\\1\end{pmatrix}$$

所以特征值 $\lambda_1=-1$ 的全部特征向量为 $k_1 p_1(k\neq 0)$.

当 $\lambda_2=\lambda_3=2$ 时, 解方程$(2E-A)x=0$,得基础解系

$$p_2=\begin{pmatrix}0\\1\\-1\end{pmatrix},p_3=\begin{pmatrix}1\\0\\4\end{pmatrix}$$

所以特征值 $\lambda_2=\lambda_3=2$ 的全部特征向量为 $k_2 p_2+k_3 p_3$(k_2,k_3 不全为零).

例8　如果矩阵 A 满足 $A^2=A$,则称 A 是幂等矩阵. 试证幂等矩阵的特征值只能是0或1.

证　设 $A\alpha=\lambda\alpha(\alpha\neq 0)$,得

$$A^2\alpha=A(A\alpha)=A(\lambda\alpha)=\lambda(A\alpha)=\lambda(\lambda\alpha)=\lambda^2\alpha$$

所以,λ^2 是矩阵 A^2 的特征根.

因为 $A^2=A$ 且 $\alpha\neq 0$,所以 $\lambda=\lambda^2$,所以 $\lambda=0$ 或 $\lambda=1$.

注:由证明过程可得结论,若 λ 是 A 的特征值, 则 λ^2 是 A^2 的特征值,进而 λ^k 是 A^k 的特征值.

定理4.2　设$\lambda_1,\lambda_2,\cdots,\lambda_m$是方阵$\boldsymbol{A}$的特征值,$\boldsymbol{p}_1,\boldsymbol{p}_2,\cdots,\boldsymbol{p}_m$依次是与之对应的特征向量, 如果$\lambda_1,\lambda_2,\cdots,\lambda_m$各不相等,那么$\boldsymbol{p}_1,\boldsymbol{p}_2,\cdots,\boldsymbol{p}_m$线性无关.

证　对特征向量的个数m用数学归纳法.

由于特征向量是非零向量,所以$m=1$时定理成立.

假设$m-1$个不同的特征值的特征向量是线性无关的,令$\boldsymbol{p}_1,\boldsymbol{p}_2,\cdots,\boldsymbol{p}_m$依次为$m$个不等的特征值$\lambda_1,\lambda_2,\cdots,\lambda_m$对应的特征向量.

下面证明$\boldsymbol{p}_1,\boldsymbol{p}_2,\cdots,\boldsymbol{p}_m$线性无关.

设有一组数$x_1,x_2,\cdots,x_m$使得

$$x_1\boldsymbol{p}_1+x_2\boldsymbol{p}_2+\cdots+x_m\boldsymbol{p}_m=\boldsymbol{0} \tag{4.3}$$

成立. 以λ_m乘等式(4.3) 两端,得

$$x_1\lambda_m\boldsymbol{p}_1+\cdots+x_{m-1}\lambda_m\boldsymbol{p}_{m-1}+x_m\lambda_m\boldsymbol{p}_m=\boldsymbol{0} \tag{4.4}$$

以矩阵$\boldsymbol{A}$左乘式 (4.3) 两端,得

$$x_1\lambda_1\boldsymbol{p}_1+\cdots+x_{m-1}\lambda_{m-1}\boldsymbol{p}_{m-1}+x_m\lambda_m\boldsymbol{p}_m=\boldsymbol{0} \tag{4.5}$$

式(4.5) 减式(4.4) 得

$$x_1(\lambda_1-\lambda_m)\boldsymbol{p}_1+\cdots+x_{m-1}(\lambda_{m-1}-\lambda_m)\boldsymbol{p}_{m-1}=\boldsymbol{0}$$

根据归纳法假设,$\boldsymbol{p}_1,\boldsymbol{p}_2,\cdots,\boldsymbol{p}_{m-1}$线性无关,于是

$$x_1(\lambda_1-\lambda_m)=\cdots=x_{m-1}(\lambda_{m-1}-\lambda_m)=0$$

但$\lambda_1-\lambda_m\neq 0,\cdots,\lambda_{m-1}-\lambda_m\neq 0$,所以$x_1=0,\cdots,x_{m-1}=0$.

这时式(4.3) 变成$x_m\boldsymbol{p}_m=\boldsymbol{0}$. 因为$\boldsymbol{p}_m\neq\boldsymbol{0}$, 所以只有$x_m=0$.

这就证明了$\boldsymbol{p}_1,\boldsymbol{p}_2,\cdots,\boldsymbol{p}_m$线性无关.

归纳法完成,定理得证.

例10　设λ是方阵$\boldsymbol{A}$的特征值,μ为任意常数,证明$\mu\lambda$是$\mu\boldsymbol{A}$的特征值.

证　因为λ是$\boldsymbol{A}$的特征值,所以有向量$\boldsymbol{p}\neq\boldsymbol{0}$使$A\boldsymbol{p}=\lambda\boldsymbol{p}$. 于是,$(\mu A)\boldsymbol{p}=(\mu\lambda)\boldsymbol{p}$. 所以$\mu\lambda$是$\mu\boldsymbol{A}$的特征值.

4.3　相似矩阵

4.3.1　相似矩阵的概念及性质

1. 相似矩阵的概念

定义4.5　设$\boldsymbol{A},\boldsymbol{B}$都是$n$阶矩阵,若有可逆矩阵$\boldsymbol{P}$,使$\boldsymbol{P}^{-1}\boldsymbol{AP}=\boldsymbol{B}$, 则称矩阵$\boldsymbol{A}$与$\boldsymbol{B}$相似,可逆矩阵$\boldsymbol{P}$称为把$\boldsymbol{A}$变成$\boldsymbol{B}$的相似变换矩阵.

相似矩阵有相同的行列式,相同的秩.

2. 相似矩阵的性质

定理4.3　若n阶矩阵$\boldsymbol{A}$与$\boldsymbol{B}$相似,则$\boldsymbol{A}$与$\boldsymbol{B}$的特征多项式相同,从而$\boldsymbol{A}$与$\boldsymbol{B}$的特征值也相同.

证　因为$\boldsymbol{A}$与$\boldsymbol{B}$相似, 所以有可逆矩阵$\boldsymbol{P}$, 使$\boldsymbol{P}^{-1}\boldsymbol{AP}=\boldsymbol{B}$, 故$|\boldsymbol{B}-\lambda\boldsymbol{E}|=|\boldsymbol{P}^{-1}\boldsymbol{AP}-\boldsymbol{P}^{-1}(\lambda\boldsymbol{E})\boldsymbol{P}|=|\boldsymbol{P}^{-1}(\boldsymbol{A}-\lambda\boldsymbol{E})\boldsymbol{P}|=|\boldsymbol{P}^{-1}||\boldsymbol{A}-\lambda\boldsymbol{E}||\boldsymbol{P}|=|\boldsymbol{A}-\lambda\boldsymbol{E}|$. 证毕.

推论　若n阶矩阵$\boldsymbol{A}$与对角矩阵$\boldsymbol{\Lambda}=\begin{pmatrix}\lambda_1 & & & \\ & \lambda_2 & & \\ & & \ddots & \\ & & & \lambda_n\end{pmatrix}$相似，则$\lambda_1,\lambda_2,\cdots,\lambda_n$也就是$\boldsymbol{A}$的$n$个特征值.

证　因为$\lambda_1,\lambda_2,\cdots,\lambda_n$即是对角矩阵$\boldsymbol{\Lambda}$的$n$个特征值，由定理4.3知$\lambda_1,\lambda_2,\cdots,\lambda_n$也就是$\boldsymbol{A}$的$n$个特征值.

定理4.4　n阶矩阵$\boldsymbol{A}$与对角矩阵相似的充分必要条件是：$\boldsymbol{A}$有n个线性无关的特征向量.

证　如果可逆矩阵$\boldsymbol{P}$，使$\boldsymbol{P}^{-1}\boldsymbol{AP}=\boldsymbol{\Lambda}$为对角型矩阵，也就是$\boldsymbol{AP}=\boldsymbol{P\Lambda}$.

若记矩阵$\boldsymbol{P}=(\boldsymbol{p}_1,\boldsymbol{p}_2,\cdots,\boldsymbol{p}_n)$，其中$\boldsymbol{p}_1,\boldsymbol{p}_2,\cdots,\boldsymbol{p}_n$是$\boldsymbol{P}$的列向量组，就有

$$\boldsymbol{A}(\boldsymbol{p}_1,\boldsymbol{p}_2,\cdots,\boldsymbol{p}_n)=(\boldsymbol{p}_1,\boldsymbol{p}_2,\cdots,\boldsymbol{p}_n)\begin{pmatrix}\lambda_1 & & & \\ & \lambda_2 & & \\ & & \ddots & \\ & & & \lambda_n\end{pmatrix}$$

即
$$(\boldsymbol{Ap}_1,\boldsymbol{Ap}_2,\cdots,\boldsymbol{Ap}_n)=(\lambda_1\boldsymbol{p}_1,\lambda_2\boldsymbol{p}_2,\cdots,\lambda_n\boldsymbol{p}_n)$$
于是有
$$\boldsymbol{A}\boldsymbol{p}_i=\lambda_i\boldsymbol{p}_i\quad i=1,2,\cdots,n$$
再由$\boldsymbol{p}$是可逆矩阵便可知，$\boldsymbol{p}_1,\boldsymbol{p}_2,\cdots,\boldsymbol{p}_n$就是$\boldsymbol{A}$的$n$个线性无关的特征向量.

反之，如果n阶矩阵$\boldsymbol{A}$有n个线性无关的特征向量$\boldsymbol{p}_1,\boldsymbol{p}_2,\cdots,\boldsymbol{p}_n$，于是，应有数$\lambda_1,\lambda_2,\cdots,\lambda_n$使$\boldsymbol{A}\boldsymbol{p}_i=\lambda_i\boldsymbol{p}_i,i=1,2,\cdots,n$.

以向量组$\boldsymbol{p}_1,\boldsymbol{p}_2,\cdots,\boldsymbol{p}_n$构成矩阵$\boldsymbol{P}=(\boldsymbol{p}_1,\boldsymbol{p}_2,\cdots,\boldsymbol{p}_n)$，则$\boldsymbol{P}$为可逆矩阵，且$\boldsymbol{AP}=\boldsymbol{P\Lambda}$，其中$\boldsymbol{\Lambda}$是以$\lambda_1,\lambda_2,\cdots,\lambda_n$构成的对角矩阵，也就是$\boldsymbol{P}^{-1}\boldsymbol{AP}=\boldsymbol{\Lambda}$，即$\boldsymbol{A}$与对角矩阵相似.

推论　如果n阶矩阵$\boldsymbol{A}$的特征值互不相等，则$\boldsymbol{A}$与对角矩阵相似.

例6中的3阶矩阵$\boldsymbol{A}=\begin{pmatrix}-1 & 1 & 0\\ -4 & 3 & 0\\ 1 & 0 & 2\end{pmatrix}$只有2个线性无关的特征向量，所以它不可能与对角矩阵相似.

例11　如果$\boldsymbol{A}=\begin{pmatrix}1 & 0\\ 0 & 1\end{pmatrix}$，$\boldsymbol{B}=\begin{pmatrix}1 & 1\\ 0 & 1\end{pmatrix}$，那么$|\boldsymbol{A}-\lambda\boldsymbol{E}|=|\boldsymbol{B}-\lambda\boldsymbol{E}|=(1-\lambda)^2$，于是$\boldsymbol{A}$与$\boldsymbol{B}$的特征多项式相同，但$\boldsymbol{A}$与$\boldsymbol{B}$不相似.

注：特征多项式相同的矩阵未必相似.

例12　已知$\boldsymbol{A}=\begin{pmatrix}2 & 0 & 0\\ 0 & 0 & 1\\ 0 & 1 & x\end{pmatrix}$与$\boldsymbol{B}=\begin{pmatrix}2 & 0 & 0\\ 0 & y & 0\\ 0 & 0 & -1\end{pmatrix}$相似，求$x,y$.

解　因为相似矩阵有相同的特征值，故$\boldsymbol{A},\boldsymbol{B}$有相同的特征值$2,y,-1$.

根据特征方程根与系数的关系，有$2+0+x=2+y+(-1)$，$|\boldsymbol{A}|=-2y$. 而$|\boldsymbol{A}|=-2$，故$x=0,y=1$.

例 13　设2阶矩阵 $\boldsymbol{A}$ 的特征值为 1，-5，与特征值对应的特征向量分别为$(1,1)^{\mathrm{T}}$，$(2,-1)^{\mathrm{T}}$，求 $\boldsymbol{A}$.

解　因为2阶矩阵 $\boldsymbol{A}$ 有2个互异的特征值，据定理4.4的推论，$\boldsymbol{A}$ 能与对角矩阵相似.取

$$\boldsymbol{P}=\begin{pmatrix}1 & 2\\1 & -1\end{pmatrix}$$

应有

$$\boldsymbol{P}^{-1}\boldsymbol{A}\boldsymbol{P}=\begin{pmatrix}1 & 0\\0 & -5\end{pmatrix}$$

所以

$$\boldsymbol{A}=\boldsymbol{P}\begin{pmatrix}1 & 0\\0 & -5\end{pmatrix}\boldsymbol{P}^{-1}=\begin{pmatrix}1 & 2\\1 & -1\end{pmatrix}\begin{pmatrix}1 & 0\\0 & -5\end{pmatrix}\begin{pmatrix}\frac{1}{3} & \frac{2}{3}\\\frac{1}{3} & -\frac{1}{3}\end{pmatrix}=\begin{pmatrix}-3 & 4\\2 & -1\end{pmatrix}$$

例 14　判断矩阵 $\boldsymbol{A}=\begin{pmatrix}3 & -1 & -2\\2 & 0 & -2\\2 & -1 & -1\end{pmatrix}$ 是否与对角矩阵相似，若是，求出相似变换矩阵和对角矩阵.

解　$\boldsymbol{A}$ 的特征多项式为

$$|\boldsymbol{A}-\lambda\boldsymbol{E}|=\begin{vmatrix}3-\lambda & -1 & -2\\2 & -\lambda & -2\\2 & -1 & -1-\lambda\end{vmatrix}=\begin{vmatrix}\lambda-3 & 1 & 2\\-2 & \lambda & 2\\0 & \lambda-1 & 1-\lambda\end{vmatrix}=$$

$$(\lambda-1)\begin{vmatrix}\lambda-3 & 1 & 2\\-2 & \lambda & 2\\0 & 1 & -1\end{vmatrix}=-\lambda(\lambda-1)^2$$

因此 $\boldsymbol{A}$ 的特征值为 $\lambda_1=0,\lambda_2=\lambda_3=1$.

当 $\lambda_1=0$ 时，解方程 $(\boldsymbol{A}-0\boldsymbol{E})\boldsymbol{x}=\boldsymbol{0}$.

由

$$\boldsymbol{A}=\begin{pmatrix}3 & -1 & -2\\2 & 0 & -2\\2 & -1 & -1\end{pmatrix}\sim\begin{pmatrix}1 & -1 & 0\\0 & 1 & -1\\0 & 0 & 0\end{pmatrix}$$

得基础解系

$$\boldsymbol{p}_1=\begin{pmatrix}1\\1\\1\end{pmatrix}$$

当 $\lambda_2=\lambda_3=1$ 时，解方程 $(\boldsymbol{A}-\boldsymbol{E})\boldsymbol{x}=\boldsymbol{0}$. 由

$$\boldsymbol{A}-\boldsymbol{E}=\begin{pmatrix}2 & -1 & -2\\2 & -1 & -2\\2 & -1 & -2\end{pmatrix}\sim\begin{pmatrix}1 & -\frac{1}{2} & -1\\0 & 0 & 0\\0 & 0 & 0\end{pmatrix}$$

得基础解系

$$\boldsymbol{p}_2=\begin{pmatrix}\frac{1}{2}\\1\\0\end{pmatrix},\boldsymbol{p}_3=\begin{pmatrix}1\\0\\1\end{pmatrix}$$

于是,3 阶矩阵 $\boldsymbol{A}$ 有 3 个线性无关的特征向量,所以它能与对角矩阵相似.

令 $\boldsymbol{P}=\begin{pmatrix}1&\frac{1}{2}&1\\1&1&0\\1&0&1\end{pmatrix}$,则可逆矩阵 $\boldsymbol{P}$ 为所求相似变换矩阵,且

$$\boldsymbol{P}^{-1}\boldsymbol{AP}=\begin{pmatrix}0&0&0\\0&1&0\\0&0&1\end{pmatrix}$$

例 15　社会调查表明,某地劳动力从业转移情况是:在从农人员中每年有$\frac{3}{4}$改为从事非农工作,在非农从业人员中每年有$\frac{1}{20}$改为从农工作. 到 2000 年底该地从农工作和从事非农工作人员各占全部劳动力的$\frac{1}{5}$和$\frac{4}{5}$,试预测到 2005 年底该地劳动力从业情况以及经过多年之后该地劳动力从业情况的发展趋势.

解　到 2001 年底该地从农工作和从事非农工作人员占全部劳动力的百分比分别为

$$\frac{1}{4}\times\frac{1}{5}+\frac{1}{20}\times\frac{4}{5}$$

和

$$\frac{3}{4}\times\frac{1}{5}+\frac{19}{20}\times\frac{4}{5}$$

如果引入 2 阶矩阵 $\boldsymbol{A}=(a_{ij})$,其中 $a_{12}=\frac{1}{20}$表示每年非农从业人员中有$\frac{1}{20}$改为从农工作. $a_{21}=\frac{3}{4}$表示每年从农人员中有$\frac{3}{4}$改为从事非农工作. 于是有 $\boldsymbol{A}=\begin{pmatrix}\frac{1}{4}&\frac{1}{20}\\\frac{3}{4}&\frac{19}{20}\end{pmatrix}$. 再引入 2 维列向量,其分量依次为到某年底从农工作和从事非农工作人员各占全部劳动力的百分比. 如向量 $\boldsymbol{x}=\begin{pmatrix}\frac{1}{5}\\\frac{4}{5}\end{pmatrix}$表示到 2000 年底该地从农工作和从事非农工作人员各占全部劳动力的$\frac{1}{5}$和$\frac{4}{5}$. 那么,2001 年底该地从农工作和从事非农工作人员各占全部劳动力的百分比就可由下述运算得出

$$\boldsymbol{Ax}=\begin{pmatrix}\frac{1}{4}&\frac{1}{20}\\\frac{3}{4}&\frac{19}{20}\end{pmatrix}\begin{pmatrix}\frac{1}{5}\\\frac{4}{5}\end{pmatrix}=\begin{pmatrix}\frac{1}{4}\times\frac{1}{5}+\frac{1}{20}\times\frac{4}{5}\\\frac{3}{4}\times\frac{1}{5}+\frac{19}{20}\times\frac{4}{5}\end{pmatrix}=\begin{pmatrix}\frac{9}{100}\\\frac{91}{100}\end{pmatrix}$$

于是，到2005年底该地从农工作和从事非农工作人员各占全部劳动力的百分比应为A^5x，k年后该地劳动力的从业情况可由计算A^kx而得.

矩阵A的特征多项式

$$|A-\lambda E|=\begin{vmatrix}\frac{1}{4}-\lambda & \frac{1}{20}\\ \frac{3}{4} & \frac{19}{20}-\lambda\end{vmatrix}=(5\lambda-1)(\lambda-1)$$

得A的特征值$\lambda_1=\frac{1}{5}$，$\lambda_2=1$. 据定理4.4的推论，A能与对角矩阵相似.

求特征值$\lambda_1=\frac{1}{5}$对应的特征向量，得

$$\begin{pmatrix}1\\-1\end{pmatrix}$$

求特征值$\lambda_2=1$对应的特征向量，得

$$\begin{pmatrix}1\\15\end{pmatrix}$$

取矩阵$P=\begin{pmatrix}1 & 1\\-1 & 15\end{pmatrix}$，则$P$为可逆矩阵，且使得$P^{-1}AP=\begin{pmatrix}\frac{1}{5} & 0\\0 & 1\end{pmatrix}$.

因为

$$P^{-1}=\frac{1}{16}\begin{pmatrix}15 & -1\\1 & 1\end{pmatrix}$$

所以

$$A^5x=P\begin{pmatrix}\frac{1}{5} & 0\\0 & 1\end{pmatrix}^5P^{-1}x=P\begin{pmatrix}\left(\frac{1}{5}\right)^5 & 0\\0 & 1\end{pmatrix}P^{-1}x=$$

$$\begin{pmatrix}1 & 1\\-1 & 15\end{pmatrix}\begin{pmatrix}\left(\frac{1}{5}\right)^5 & 0\\0 & 1\end{pmatrix}\left(\frac{1}{16}\begin{pmatrix}15 & -1\\1 & 1\end{pmatrix}\right)\begin{pmatrix}\frac{1}{5}\\\frac{4}{5}\end{pmatrix}=\frac{1}{16}\begin{pmatrix}1+\frac{11}{5^6}\\15-\frac{11}{5^6}\end{pmatrix}$$

类似地，第k年底该地劳动力的从业情况为

$$A^kx=\frac{1}{16}\begin{pmatrix}1 & 1\\-1 & 15\end{pmatrix}\begin{pmatrix}\left(\frac{1}{5}\right)^k & 0\\0 & 1\end{pmatrix}\begin{pmatrix}15 & -1\\1 & 1\end{pmatrix}\begin{pmatrix}\frac{1}{5}\\\frac{4}{5}\end{pmatrix}=$$

$$\frac{1}{16}\begin{pmatrix}1+\frac{15}{5^k} & 1-\frac{1}{5^k}\\15\left(1-\frac{1}{5^k}\right) & 15+\frac{15}{5^k}\end{pmatrix}\begin{pmatrix}\frac{1}{5}\\\frac{4}{5}\end{pmatrix}=\frac{1}{16}\begin{pmatrix}1+\frac{11}{5^{k+1}}\\15-\frac{11}{5^{k+1}}\end{pmatrix}$$

按此规律发展，多年之后该地从农工作和从事非农工作人员占全部劳动力的百分比趋于

$$\frac{1}{16}\begin{pmatrix}1\\15\end{pmatrix}\approx\begin{pmatrix}\frac{6}{100}\\\frac{94}{100}\end{pmatrix}$$

即,多年之后该地从农工作和从事非农工作人员各占全部劳动力的$\frac{6}{100}$和$\frac{94}{100}$.

4.3.2　求正交阵的方法

1. 正交矩阵

定义 4.6　如果 n 阶矩阵 $\boldsymbol{A}$ 满足 $\boldsymbol{A}^{\mathrm{T}}\boldsymbol{A}=\boldsymbol{E}$,那么称 $\boldsymbol{A}$ 为正交矩阵.

例 16　$\begin{pmatrix}\cos\alpha & -\sin\alpha\\ \sin\alpha & \cos\alpha\end{pmatrix}$,$\begin{pmatrix}1 & 0 & 0\\ 0 & \frac{1}{\sqrt{2}} & -\frac{1}{\sqrt{2}}\\ 0 & \frac{1}{\sqrt{2}} & \frac{1}{\sqrt{2}}\end{pmatrix}$,$\begin{pmatrix}1 & 0 & 0\\ 0 & 0 & -1\\ 0 & -1 & 0\end{pmatrix}$都是正交矩阵.

n 阶矩阵 $\boldsymbol{A}$ 为正交矩阵的充分必要条件是 $\boldsymbol{A}$ 的列(行)向量组是规范正交向量组. 或者说, n 阶矩阵 $\boldsymbol{A}$ 为正交矩阵的充分必要条件是 $\boldsymbol{A}$ 的列(行)向量组构成向量空间 R^n 的一个规范正交基.

设 n 阶矩阵 $\boldsymbol{A}=(\boldsymbol{a}_1,\boldsymbol{a}_2,\cdots,\boldsymbol{a}_n)$,其中 $\boldsymbol{a}_1,\boldsymbol{a}_2,\cdots,\boldsymbol{a}_n$ 是 $\boldsymbol{A}$ 的列向量组.

$\boldsymbol{A}$ 为正交矩阵,即

$$\boldsymbol{E}=\boldsymbol{A}^{\mathrm{T}}\boldsymbol{A}=\begin{pmatrix}\boldsymbol{a}_1^{\mathrm{T}}\\ \boldsymbol{a}_2^{\mathrm{T}}\\ \vdots\\ \boldsymbol{a}_n^{\mathrm{T}}\end{pmatrix}(\boldsymbol{a}_1\quad \boldsymbol{a}_2\quad \cdots\quad \boldsymbol{a}_n)=\begin{pmatrix}\boldsymbol{a}_1^{\mathrm{T}}\boldsymbol{a}_1 & \boldsymbol{a}_1^{\mathrm{T}}\boldsymbol{a}_2 & \cdots & \boldsymbol{a}_1^{\mathrm{T}}\boldsymbol{a}_n\\ \boldsymbol{a}_2^{\mathrm{T}}\boldsymbol{a}_1 & \boldsymbol{a}_2^{\mathrm{T}}\boldsymbol{a}_2 & \cdots & \boldsymbol{a}_2^{\mathrm{T}}\boldsymbol{a}_n\\ \vdots & \vdots & & \vdots\\ \boldsymbol{a}_n^{\mathrm{T}}\boldsymbol{a}_1 & \boldsymbol{a}_n^{\mathrm{T}}\boldsymbol{a}_2 & \cdots & \boldsymbol{a}_n^{\mathrm{T}}\boldsymbol{a}_n\end{pmatrix}$$

亦即

$$\boldsymbol{a}_i^{\mathrm{T}}\boldsymbol{a}_j=\begin{cases}1, & 当\ i=j\\ 0, & 当\ i\neq j\end{cases}\quad i,j=1,2,\cdots,n$$

由此可见,$\boldsymbol{A}$ 为正交矩阵的充分必要条件是 $\boldsymbol{A}$ 的列(行)向量组是规范正交向量组.

变量 $x_1,x_2,\cdots,x_n$ 与变量 $y_1,y_2,\cdots,y_n$ 之间的关系式

$$\begin{cases}x_1=p_{11}y_1+p_{12}y_2+\cdots+p_{1n}y_n\\ x_2=p_{21}y_1+p_{22}y_2+\cdots+p_{2n}y_n\\ \qquad\vdots\\ x_n=p_{n1}y_1+p_{n2}y_2+\cdots+p_{nn}y_n\end{cases}\qquad (*)$$

叫做从变量 $y_1,y_2,\cdots,y_n$ 到变量 $x_1,x_2,\cdots,x_n$ 的线性变换.

线性变换的系数构成矩阵 $\boldsymbol{P}=(p_{ij})_{n\times n}$, 于是线性变换($*$)就可以记为 $\boldsymbol{x}=\boldsymbol{P}\boldsymbol{y}$,其中

$$x = \begin{pmatrix} x_1 \\ x_2 \\ \vdots \\ x_n \end{pmatrix}, y = \begin{pmatrix} y_1 \\ y_2 \\ \vdots \\ y_n \end{pmatrix}$$

2. 正交变换

定义 4.7 若 P 为正交矩阵,则线性变换 $x = Py$ 称为正交变换.

正交变换具有下列性质:

(1) 正交变换保持两向量内积不变;

(2) 正交变换保持向量的长度不变(保距性);

(3) 正交变换保持向量的夹角不变(保角性);

(4) 正交变换把规范正交基仍变为规范正交基.

3. 求正交矩阵的方法

定理 4.5 实对称矩阵的特征值为实数.

证 设 λ 是实对称矩阵 A 的特征值,p 为对应的特征向量,即 $Ap = \lambda p$. 于是有

$$\bar{p}^{T}Ap = \bar{p}^{T}(Ap) = \lambda \bar{p}^{T}p$$

及

$$\bar{p}^{T}Ap = (\bar{p}^{T}A^{T})p = \overline{(Ap)}^{T}p = \bar{\lambda}\bar{p}^{T}p$$

两式相减,得

$$(\lambda - \bar{\lambda})\bar{p}^{T}p = 0$$

因为 $p \neq 0$, 所以 $\bar{p}^{T}p \neq 0$,故 $\lambda = \bar{\lambda}$,即 λ 为实数.

定理 4.6 设 λ_1,λ_2 是实对称矩阵 A 的两个特征值,p_1,p_2 依次是它们对应的特征向量. 若 $\lambda_1 \neq \lambda_2$, 则 p_1 与 p_2 正交.

证 由已知有

$$Ap_1 = \lambda_1 p_1 \tag{4.9}$$

$$Ap_2 = \lambda_2 p_2 \tag{4.10}$$

以 p_1^{T} 左乘式(4.10)的两端得

$$p_1^{T}(Ap_2) = \lambda_2 p_1^{T}p_2$$

因为 A 是实对称矩阵,所以

$$p_1^{T}(Ap_2) = (Ap_1)^{T}p_2 = (\lambda_1 p_1)^{T}p_2 = \lambda_1 p_1^{T}p_2$$

于是 $(\lambda_1 - \lambda_2)p_1^{T}p_2 = 0$. 因为 $\lambda_1 \neq \lambda_2$,故 $p_1^{T}p_2 = 0$,即 p_1 与 p_2 正交.

定理 4.7 设 A 为 n 阶对称矩阵,λ 是 A 的特征方程的 r 重根, 则矩阵 $A - \lambda E$ 的秩 $R(A - \lambda E) = n - r$,从而特征值 λ 恰有 r 个线性无关的特征向量.

定理 4.8 设 A 为 n 阶对称矩阵,则必有正交矩阵 P,使 $P^{-1}AP = \Lambda$,其中 Λ 是以 A 的 n 个特征值为对角元素的对角矩阵.

证 设 A 的互不相等的特征值为 $\lambda_1,\lambda_2,\cdots,\lambda_m$,它们的重数依次为 $r_1,r_2,\cdots,r_m$,于是,$r_1 + r_2 + \cdots + r_m = n$. 根据定理4.5及定理4.7知,对应特征值 λ_i 恰有 r_i 个线性无关的

实特征向量，把它们正交单位化，即得 r_i 个单位正交的特征向量，$i=1,2,\cdots,m$. 由 $r_1+r_2+\cdots+r_m=n$，知这样的特征向量恰有 n 个. 又实对称矩阵不等的特征值对应的特征向量正交(根据定理4.6)，故这 n 个特征向量构成规范正交向量组. 以它们为列构成矩阵 $\boldsymbol{P}$，则 $\boldsymbol{P}$ 为正交矩阵，并有 $\boldsymbol{P}^{-1}\boldsymbol{AP}=\boldsymbol{\Lambda}$，其中对角矩阵 $\boldsymbol{\Lambda}$ 的对角元素含 r_1 个 $\lambda_1,\cdots,r_m$ 个 λ_m，恰是 $\boldsymbol{A}$ 的 n 个特征值.

设方阵 $\boldsymbol{A}$，求正交矩阵 $\boldsymbol{P}$，使 $\boldsymbol{P}^{-1}\boldsymbol{AP}=\boldsymbol{\Lambda}$($\boldsymbol{\Lambda}$ 为对角阵) 的具体方法：

第一步，利用 $\boldsymbol{A}$ 的特征多项式，求 $\boldsymbol{A}$ 的特征值；

第二步，根据特征值，求特征向量；

第三步，根据特征向量找到正交矩阵.

例17　设 $\boldsymbol{A}=\begin{pmatrix}5&0&0\\0&2&1\\0&1&2\end{pmatrix}$，求一个正交矩阵 $\boldsymbol{P}$，使 $\boldsymbol{P}^{-1}\boldsymbol{AP}=\boldsymbol{\Lambda}$ 为对角矩阵.

解　$\boldsymbol{A}$ 的特征多项式为

$$|\boldsymbol{A}-\lambda\boldsymbol{E}|=\begin{vmatrix}5-\lambda&0&0\\0&2-\lambda&1\\0&1&2-\lambda\end{vmatrix}=(1-\lambda)(3-\lambda)(5-\lambda)$$

故，得特征值

$$\lambda_1=1,\lambda_2=3,\lambda_3=5$$

当 $\lambda_1=1$ 时，由

$$\begin{pmatrix}4&0&0\\0&1&1\\0&1&1\end{pmatrix}\begin{pmatrix}x_1\\x_2\\x_3\end{pmatrix}=\begin{pmatrix}0\\0\\0\end{pmatrix}$$

解得基础解系

$$\begin{pmatrix}x_1\\x_2\\x_3\end{pmatrix}=\begin{pmatrix}0\\-1\\1\end{pmatrix}$$

单位化得

$$\boldsymbol{p}_1=\begin{pmatrix}0\\-\frac{1}{\sqrt{2}}\\\frac{1}{\sqrt{2}}\end{pmatrix}$$

当 $\lambda_2=3$ 时，由

$$\begin{pmatrix}2&0&0\\0&-1&1\\0&1&-1\end{pmatrix}\begin{pmatrix}x_1\\x_2\\x_3\end{pmatrix}=\begin{pmatrix}0\\0\\0\end{pmatrix}$$

解得基础解系

$$\begin{pmatrix} x_1 \\ x_2 \\ x_3 \end{pmatrix} = \begin{pmatrix} 0 \\ 1 \\ 1 \end{pmatrix}$$

单位化得

$$\boldsymbol{p}_2 = \begin{pmatrix} 0 \\ \frac{1}{\sqrt{2}} \\ \frac{1}{\sqrt{2}} \end{pmatrix}$$

当 $\lambda_3 = 5$ 时,由

$$\begin{pmatrix} 0 & 0 & 0 \\ 0 & -3 & 1 \\ 0 & 1 & -3 \end{pmatrix} \begin{pmatrix} x_1 \\ x_2 \\ x_3 \end{pmatrix} = \begin{pmatrix} 0 \\ 0 \\ 0 \end{pmatrix}$$

解得基础解系

$$\begin{pmatrix} x_1 \\ x_2 \\ x_3 \end{pmatrix} = \begin{pmatrix} 1 \\ 0 \\ 0 \end{pmatrix}$$

单位化得

$$\boldsymbol{p}_3 = \begin{pmatrix} 1 \\ 0 \\ 0 \end{pmatrix}$$

于是得正交矩阵

$$\boldsymbol{P} = (\boldsymbol{p}_1, \boldsymbol{p}_2, \boldsymbol{p}_3) = \begin{pmatrix} 0 & 0 & 1 \\ -\frac{1}{\sqrt{2}} & \frac{1}{\sqrt{2}} & 0 \\ \frac{1}{\sqrt{2}} & \frac{1}{\sqrt{2}} & 0 \end{pmatrix}$$

且使得

$$\boldsymbol{P}^{-1}\boldsymbol{A}\boldsymbol{P} = \boldsymbol{P}^{\mathrm{T}}\boldsymbol{A}\boldsymbol{P} = \begin{pmatrix} 1 & & \\ & 3 & \\ & & 5 \end{pmatrix}$$

例 18 设 $\boldsymbol{A} = \begin{pmatrix} 1 & 1 & 1 \\ 1 & 1 & 1 \\ 1 & 1 & 1 \end{pmatrix}$,求一个正交矩阵 $\boldsymbol{P}$,使 $\boldsymbol{P}^{-1}\boldsymbol{A}\boldsymbol{P} = \boldsymbol{\Lambda}$ 为对角矩阵.

解 $\boldsymbol{A}$ 的特征多项式为

$$|\boldsymbol{A} - \lambda \boldsymbol{E}| = \begin{vmatrix} 1-\lambda & 1 & 1 \\ 1 & 1-\lambda & 1 \\ 1 & 1 & 1-\lambda \end{vmatrix} = (3-\lambda)\lambda^2$$

故得特征值

$$\lambda_1=\lambda_2=0,\lambda_3=3$$

当 $\lambda_1=\lambda_2=0$ 时,解齐次线性方程组

$$(\boldsymbol{A}-0\boldsymbol{E})\boldsymbol{x}=\boldsymbol{0}$$

解得基础解系

$$\boldsymbol{b}_1=\begin{pmatrix}-1\\1\\0\end{pmatrix},\boldsymbol{b}_2=\begin{pmatrix}-1\\0\\1\end{pmatrix}$$

将其规范正交化.

正交化：取

$$\boldsymbol{q}_1=\boldsymbol{b}_1=\begin{pmatrix}-1\\1\\0\end{pmatrix}$$

$$\boldsymbol{q}_2=\boldsymbol{b}_2-\frac{[\boldsymbol{b}_1,\boldsymbol{b}_2]}{[\boldsymbol{b}_1,\boldsymbol{b}_1]}\boldsymbol{b}_1=\boldsymbol{b}_2-\frac{\boldsymbol{b}_1^{\mathrm{T}}\boldsymbol{b}_2}{\boldsymbol{b}_1^{\mathrm{T}}\boldsymbol{b}_1}\boldsymbol{b}_1=\begin{pmatrix}-1\\0\\1\end{pmatrix}-\frac{1}{2}\begin{pmatrix}-1\\1\\0\end{pmatrix}=\begin{pmatrix}-\frac{1}{2}\\-\frac{1}{2}\\1\end{pmatrix}$$

再单位化得

$$\boldsymbol{p}_1=\begin{pmatrix}-\frac{1}{\sqrt{2}}\\\frac{1}{\sqrt{2}}\\0\end{pmatrix},\boldsymbol{p}_2=\begin{pmatrix}-\frac{1}{\sqrt{6}}\\-\frac{1}{\sqrt{6}}\\\frac{2}{\sqrt{6}}\end{pmatrix}$$

当 $\lambda_3=3$ 时,解齐次线性方程组

$$(\boldsymbol{A}-3\boldsymbol{E})\boldsymbol{x}=\boldsymbol{0}$$

解得基础解系

$$\boldsymbol{b}_3=\begin{pmatrix}1\\1\\1\end{pmatrix}$$

单位化得

$$\boldsymbol{p}_3=\begin{pmatrix}\frac{1}{\sqrt{3}}\\\frac{1}{\sqrt{3}}\\\frac{1}{\sqrt{3}}\end{pmatrix}$$

于是得正交矩阵

$$P=(p_1,p_2,p_3)=\begin{pmatrix}-\frac{1}{\sqrt{2}} & -\frac{1}{\sqrt{6}} & \frac{1}{\sqrt{3}}\\ \frac{1}{\sqrt{2}} & -\frac{1}{\sqrt{6}} & \frac{1}{\sqrt{3}}\\ 0 & \frac{2}{\sqrt{6}} & \frac{1}{\sqrt{3}}\end{pmatrix}$$

且使得

$$P^{-1}AP=P^{T}AP=\begin{pmatrix}0 & & \\ & 0 & \\ & & 3\end{pmatrix}$$

* 4.4　二次型及其标准形

4.4.1　二次型与标准形的定义与性质

1. 二次型

定义 4.8　n 个变量 $x_1,x_2,\cdots,x_n$ 的二次齐次函数

$$f(x_1,x_2,\cdots,x_n)=a_{11}x_1^2+a_{22}x_2^2+\cdots+a_{nn}x_n^2+ 2a_{12}x_1x_2+2a_{13}x_1x_3+\cdots+2a_{n-1,n}x_{n-1}x_n \tag{4.11}$$

称为二次型.

若取 $a_{ji}=a_{ij}$,则 $2a_{ij}x_ix_j=a_{ij}x_ix_j+a_{ji}x_jx_i$ 于是式(4.11) 可写成

$$f(x_1,x_2,\cdots,x_n)=\sum_{i,j=1}^{n}a_{ij}x_ix_j \tag{4.12}$$

对二次型 (4.11) ,记

$$A=\begin{pmatrix}a_{11} & a_{12} & \cdots & a_{1n}\\ a_{21} & a_{22} & \cdots & a_{2n}\\ \vdots & \vdots & & \vdots\\ a_{n1} & a_{n2} & \cdots & a_{nn}\end{pmatrix},x=\begin{pmatrix}x_1\\ x_2\\ \vdots\\ x_n\end{pmatrix}$$

则二次型 (4.11) 又表示为

$$f(x_1,x_2,\cdots,x_n)=x^{T}Ax$$

其中 A 为对称矩阵,叫做二次型 $f(x_1,x_2,\cdots,x_n)$ 的矩阵,也把 $f(x_1,x_2,\cdots,x_n)$ 叫做对称矩阵 A 的二次型.

对称矩阵 A 的秩,叫做二次型 $f(x_1,x_2,\cdots,x_n)=x^{T}Ax$ 的秩.

2. 合同矩阵

对于 $A_{n\times n}$,$B_{n\times n}$,若有可逆矩阵 $C_{n\times n}$ 使得 $C^{T}AC=B$,称 A 合同于 B.

(1)A 合同于 A: $E^{T}AE=A$;

(2) $\boldsymbol{A}$ 合同于 $\boldsymbol{B} \Rightarrow \boldsymbol{B}$ 合同于 $\boldsymbol{A}$：$(\boldsymbol{C}^{-1})^{\mathrm{T}}\boldsymbol{B}(\boldsymbol{C}^{-1}) = \boldsymbol{A}$；

(3) $\boldsymbol{A}$ 合同于 $\boldsymbol{B}$，$\boldsymbol{B}$ 合同于 $\boldsymbol{S} \Rightarrow \boldsymbol{A}$ 合同于 $\boldsymbol{S}$.

定理 4.9　设有可逆矩阵 $\boldsymbol{C}$，使 $\boldsymbol{B} = \boldsymbol{C}^{\mathrm{T}}\boldsymbol{A}\boldsymbol{C}$，如果 $\boldsymbol{A}$ 为对称矩阵，则 $\boldsymbol{B}$ 也为对称矩阵，且 $R(\boldsymbol{A}) = R(\boldsymbol{B})$.

证　因为 $\boldsymbol{A}$ 是对称矩阵，即 $\boldsymbol{A}^{\mathrm{T}} = \boldsymbol{A}$，所以

$$\boldsymbol{B}^{\mathrm{T}} = (\boldsymbol{C}^{\mathrm{T}}\boldsymbol{A}\boldsymbol{C})^{\mathrm{T}} = \boldsymbol{C}^{\mathrm{T}}\boldsymbol{A}^{\mathrm{T}}(\boldsymbol{C}^{\mathrm{T}})^{\mathrm{T}} = \boldsymbol{C}^{\mathrm{T}}\boldsymbol{A}\boldsymbol{C} = \boldsymbol{B}$$

即 $\boldsymbol{B}$ 为对称矩阵.

因为 $\boldsymbol{B} = \boldsymbol{C}^{\mathrm{T}}\boldsymbol{A}\boldsymbol{C}$，所以 $R(\boldsymbol{B}) \leqslant R(\boldsymbol{A}\boldsymbol{C}) \leqslant R(\boldsymbol{A})$.

因为 $\boldsymbol{A} = (\boldsymbol{C}^{\mathrm{T}})^{-1}\boldsymbol{B}\boldsymbol{C}^{-1}$，所以 $R(\boldsymbol{A}) \leqslant R(\boldsymbol{A}\boldsymbol{C}) \leqslant R(\boldsymbol{B})$，故得 $R(\boldsymbol{A}) = R(\boldsymbol{B})$.

3. 二次型的标准形

若存在可逆的线性变换

$$\begin{cases} x_1 = c_{11}y_1 + c_{12}y_2 + \cdots + c_{1n}y_n \\ x_2 = c_{21}y_1 + c_{22}y_2 + \cdots + c_{2n}y_n \\ \qquad\vdots \\ x_n = c_{n1}y_1 + c_{n2}y_2 + \cdots + c_{nn}y_n \end{cases} \tag{4.13}$$

将二次型 (4.11) 化为只含平方项，即用线性变换 (4.13) 代入二次型 (4.11)，能使

$$f(x_1, x_2, \cdots, x_n) = k_1y_1^2 + k_2y_2^2 + \cdots\cdots + k_ny_n^2 \tag{4.14}$$

称式 (4.14) 为二次型的标准形.（二次型的标准型不唯一）

也就是说，已知对称矩阵 $\boldsymbol{A}$，求一个可逆矩阵 $\boldsymbol{C}$ 使 $\boldsymbol{C}^{\mathrm{T}}\boldsymbol{A}\boldsymbol{C} = \boldsymbol{\Lambda}$ 为对角矩阵.

4.4.2　化二次型与标准形的方法

1. 用正交变换法化二次型为标准形

定理 4.9′　设 $\boldsymbol{A}$ 为 n 阶对称矩阵，则必有正交矩阵 $\boldsymbol{P}$，使 $\boldsymbol{P}^{-1}\boldsymbol{A}\boldsymbol{P} = \boldsymbol{P}^{\mathrm{T}}\boldsymbol{A}\boldsymbol{P} = \boldsymbol{\Lambda}$，其中 $\boldsymbol{\Lambda}$ 是以 $\boldsymbol{A}$ 的 n 个特征值为对角元素的对角矩阵.

定理 4.10　任意二次型 $f = \sum\limits_{i,j=1}^{n} a_{ij}x_ix_j (a_{ij} = a_{ji})$，总有正交变换 $\boldsymbol{x} = \boldsymbol{P}\boldsymbol{y}$，使 f 化为标准形 $f = \lambda_1y_1^2 + \lambda_2y_2^2 + \cdots + \lambda_ny_n^2$，其中 $\lambda_1, \lambda_2, \cdots, \lambda_n$ 是矩阵 $\boldsymbol{A} = (a_{ij})$ 的特征值.

用正交变换法化二次型为标准形的具体步骤：

第一步，设 $\boldsymbol{A}_{n\times n}$ 为实对称阵，求其特征值为 $\lambda_1, \lambda_2, \cdots, \lambda_n$；

第二步，寻找存在正交矩阵 $\boldsymbol{Q}$，使得

$$\boldsymbol{Q}^{\mathrm{T}}\boldsymbol{A}\boldsymbol{Q} = \boldsymbol{\Lambda} = \begin{pmatrix} \lambda_1 & & \\ & \ddots & \\ & & \lambda_n \end{pmatrix}$$

第三步，作正交变换 $\boldsymbol{x} = \boldsymbol{Q}\boldsymbol{y}$，可得

$$f = \boldsymbol{x}^{\mathrm{T}}\boldsymbol{A}\boldsymbol{x} = (\boldsymbol{Q}\boldsymbol{y})^{\mathrm{T}}\boldsymbol{A}(\boldsymbol{Q}\boldsymbol{y}) = \boldsymbol{y}^{\mathrm{T}}(\boldsymbol{Q}^{\mathrm{T}}\boldsymbol{A}\boldsymbol{Q})\boldsymbol{y} = \boldsymbol{y}^{\mathrm{T}}\boldsymbol{\Lambda}\boldsymbol{y} = \lambda_1y_1^2 + \lambda_2y_2^2 + \cdots + \lambda_ny_n^2$$

例 19　用矩阵记号表示二次型 $f = -x_1^2 + 2x_1x_2 - 4x_2x_3 + 2x_3^2$.

解　二次型的矩阵为$\begin{pmatrix}-1 & 1 & 0\\ 1 & 0 & -2\\ 0 & -2 & 2\end{pmatrix}$,那么

$$f=(x_1,x_2,x_3)\begin{pmatrix}-1 & 1 & 0\\ 1 & 0 & -2\\ 0 & -2 & 2\end{pmatrix}\begin{pmatrix}x_1\\ x_2\\ x_3\end{pmatrix}$$

例 20　求一个正交变换 $\boldsymbol{x}=\boldsymbol{P}\boldsymbol{y}$,把二次型 $f=5x_1^2+2x_2^2+2x_2x_3+2x_3^2$ 化为标准形.

解　二次型的矩阵为 $\boldsymbol{A}=\begin{pmatrix}5 & 0 & 0\\ 0 & 2 & 1\\ 0 & 1 & 2\end{pmatrix}$,它的特征多项式为

$$|\boldsymbol{A}-\lambda\boldsymbol{E}|=\begin{vmatrix}5-\lambda & 0 & 0\\ 0 & 2-\lambda & 1\\ 0 & 1 & 2-\lambda\end{vmatrix}=(1-\lambda)(3-\lambda)(5-\lambda)$$

于是 $\boldsymbol{A}$ 的特征值为

$$\lambda_1=1,\lambda_2=3,\lambda_3=5$$

当 $\lambda_1=1$ 时,解方程$(\boldsymbol{A}-\boldsymbol{E})\boldsymbol{x}=\boldsymbol{0}$,解得基础解系

$$\begin{pmatrix}x_1\\ x_2\\ x_3\end{pmatrix}=\begin{pmatrix}0\\ -1\\ 1\end{pmatrix}$$

单位化得

$$\boldsymbol{p}_1=\begin{pmatrix}0\\ -\frac{1}{\sqrt{2}}\\ \frac{1}{\sqrt{2}}\end{pmatrix}$$

当 $\lambda_2=3$ 时,解方程$(\boldsymbol{A}-3\boldsymbol{E})\boldsymbol{x}=\boldsymbol{0}$,解得基础解系

$$\begin{pmatrix}x_1\\ x_2\\ x_3\end{pmatrix}=\begin{pmatrix}0\\ 1\\ 1\end{pmatrix}$$

单位化得

$$\boldsymbol{p}_2=\begin{pmatrix}0\\ \frac{1}{\sqrt{2}}\\ \frac{1}{\sqrt{2}}\end{pmatrix}$$

当 $\lambda_3=5$ 时,解方程$(\boldsymbol{A}-5\boldsymbol{E})\boldsymbol{x}=\boldsymbol{0}$,解得基础解系

$$\begin{pmatrix} x_1 \\ x_2 \\ x_3 \end{pmatrix} = \begin{pmatrix} 1 \\ 0 \\ 0 \end{pmatrix}$$

单位化得

$$\boldsymbol{p}_3 = \begin{pmatrix} 1 \\ 0 \\ 0 \end{pmatrix}$$

于是正交变换为

$$\begin{pmatrix} x_1 \\ x_2 \\ x_3 \end{pmatrix} = \begin{pmatrix} 0 & 0 & 1 \\ -\frac{1}{\sqrt{2}} & \frac{1}{\sqrt{2}} & 0 \\ \frac{1}{\sqrt{2}} & \frac{1}{\sqrt{2}} & 0 \end{pmatrix} \begin{pmatrix} y_1 \\ y_2 \\ y_3 \end{pmatrix}$$

且有 $f = y_1^2 + 3y_2^2 + 5y_3^2$.

例 21　求一个正交变换 $\boldsymbol{x} = \boldsymbol{P}\boldsymbol{y}$,把二次型

$$f = \frac{1}{2}x_1^2 - x_1x_2 + 2x_1x_3 + \frac{1}{2}x_2^2 + 2x_2x_3 - x_3^2$$

化为标准形.

解　二次型的矩阵为

$$\boldsymbol{A} = \begin{pmatrix} \frac{1}{2} & -\frac{1}{2} & 1 \\ -\frac{1}{2} & \frac{1}{2} & 1 \\ 1 & 1 & -1 \end{pmatrix}$$

它的特征多项式为

$$|\boldsymbol{A} - \lambda\boldsymbol{E}| = \begin{vmatrix} \frac{1}{2} - \lambda & -\frac{1}{2} & 1 \\ -\frac{1}{2} & \frac{1}{2} - \lambda & 1 \\ 1 & 1 & -1 - \lambda \end{vmatrix} = (1 - \lambda)^2(2 + \lambda)$$

故得特征值 $\lambda_1 = \lambda_2 = 1, \lambda_3 = -2$.

当 $\lambda_1 = \lambda_2 = 1$ 时,解方程 $(\boldsymbol{A} - \boldsymbol{E})\boldsymbol{x} = \boldsymbol{0}$,解得基础解系

$$\boldsymbol{b}_1 = \begin{pmatrix} -1 \\ 1 \\ 0 \end{pmatrix}, \boldsymbol{b}_2 = \begin{pmatrix} 2 \\ 0 \\ 1 \end{pmatrix}$$

正交化:取

$$\boldsymbol{q}_1 = \boldsymbol{b}_1 = \begin{pmatrix} -1 \\ 1 \\ 0 \end{pmatrix}$$

$$q_2 = b_2 - \frac{[b_1, b_2]}{[b_1, b_1]} q_1 = b_2 - \frac{b_1^{\mathrm{T}} b_2}{b_1^{\mathrm{T}} b_1} q_1 = \begin{pmatrix} 2 \\ 0 \\ 1 \end{pmatrix} - \frac{-2}{2} \begin{pmatrix} -1 \\ 1 \\ 0 \end{pmatrix} = \begin{pmatrix} 1 \\ 1 \\ 1 \end{pmatrix}$$

再单位化得

$$p_1 = \begin{pmatrix} -\frac{1}{\sqrt{2}} \\ \frac{1}{\sqrt{2}} \\ 0 \end{pmatrix}, p_2 = \begin{pmatrix} \frac{1}{\sqrt{3}} \\ \frac{1}{\sqrt{3}} \\ \frac{1}{\sqrt{3}} \end{pmatrix}$$

当 $\lambda_3 = -2$ 时，解方程 $(A + 2E)x = 0$，解得基础解系

$$\begin{pmatrix} x_1 \\ x_2 \\ x_3 \end{pmatrix} = \begin{pmatrix} 1 \\ 1 \\ -2 \end{pmatrix}$$

单位化得

$$p_3 = \begin{pmatrix} \frac{1}{\sqrt{6}} \\ \frac{1}{\sqrt{6}} \\ \frac{-2}{\sqrt{6}} \end{pmatrix}$$

于是正交变换为

$$\begin{pmatrix} x_1 \\ x_2 \\ x_3 \end{pmatrix} = \begin{pmatrix} -\frac{1}{\sqrt{2}} & \frac{1}{\sqrt{3}} & \frac{1}{\sqrt{6}} \\ -\frac{1}{\sqrt{2}} & \frac{1}{\sqrt{3}} & \frac{1}{\sqrt{6}} \\ 0 & \frac{1}{\sqrt{3}} & -\frac{2}{\sqrt{6}} \end{pmatrix} \begin{pmatrix} y_1 \\ y_2 \\ y_3 \end{pmatrix}$$

且有

$$f = y_1^2 + y_2^2 - 2y_3^2$$

2. 用配方法化二次型成标准形

例 22 $f(x_1, x_2, x_3) = 2x_1x_2 + 2x_1x_3 - 6x_2x_3$.

用配方法化 $f(x_1, x_2, x_3)$ 为标准形.

解 先凑平方项，令

$$\begin{cases} x_1 = y_1 + y_2 \\ x_2 = y_1 - y_2 \\ x_3 = y_3 \end{cases}$$

即

$$x = C_1y$$

$$C_1 = \begin{pmatrix} 1 & 1 & 0 \\ 1 & -1 & 0 \\ 0 & 0 & 1 \end{pmatrix}$$

则

$$\begin{aligned} f &= 2y_1^2 - 2y_2^2 + 2y_1y_3 + 2y_2y_3 - 6y_1y_3 + 6y_2y_3 = \\ & 2[y_1^2 - 2y_1y_3] - 2y_2^2 + 8y_2y_3 = \\ & 2[(y_1 - y_3)^2 - y_3^2] - 2y_2^2 + 8y_2y_3 = \\ & 2(y_1 - y_3)^2 - 2(y_2^2 - 4y_2y_3) - 2y_3^2 = \\ & 2(y_1 - y_3)^2 - 2[(y_2 - 2y_3)^2 - 4y_3^2] - 2y_3^2 = \\ & 2(y_1 - y_3)^2 - 2(y_2 - 2y_3)^2 + 6y_3^2 \end{aligned}$$

令

$$\begin{cases} z_1 = y_1 - y_3 \\ z_2 = y_2 - 2y_3 \\ z_3 = y_3 \end{cases}$$

则

$$\begin{cases} y_1 = z_1 + z_3 \\ y_2 = z_2 + 2z_3 \\ y_3 = z_3 \end{cases}$$

即

$$y = C_2z$$

$$C_2 = \begin{pmatrix} 1 & 0 & 1 \\ 0 & 1 & 2 \\ 0 & 0 & 1 \end{pmatrix}$$

可逆变换

$$x = C_1y = C_1C_2z, C = C_1C_2 = \begin{pmatrix} 1 & 1 & 3 \\ 1 & -1 & -1 \\ 0 & 0 & 1 \end{pmatrix}$$

标准形为

$$f = 2z_1^2 - 2z_2^2 + 6z_3^2$$

例 23　化二次型 $f = x_1^2 - 4x_1x_2 + 2x_1x_3 + x_2^2 + 2x_2x_3 - 2x_3^2$ 为标准形，并求所用的变换矩阵.

解　可得

$$\begin{aligned} f &= (x_1^2 - 4x_1x_2 + 2x_1x_3) + x_2^2 + 2x_2x_3 - 2x_3^2 = \\ & ((x_1 - 2x_2 + x_3)^2 - 4x_2^2 - x_3^2 + 4x_2x_3) + x_2^2 + 2x_2x_3 - 2x_3^2 = \\ & (x_1 - 2x_2 + x_3)^2 - 3x_2^2 + 6x_2x_3 - 3x_3^2 = \\ & (x_1 - 2x_2 + x_3)^2 - 3(x_2 - x_3)^2 \end{aligned}$$

令

$$\begin{cases} y_1 = x_1 - 2x_2 + x_3 \\ y_2 = x_2 - x_3 \\ y_3 = x_3 \end{cases}$$

即

$$\begin{cases} x_1 = y_1 + 2y_2 + y_3 \\ x_2 = y_2 + y_3 \\ x_3 = y_3 \end{cases}$$

就把 f 化成标准形

$$f = y_1^2 - 3y_2^2$$

所用线性变换矩阵为

$$\boldsymbol{C} = \begin{pmatrix} 1 & 2 & 1 \\ 0 & 1 & 1 \\ 0 & 0 & 1 \end{pmatrix}$$

*4.5 正定二次型

二次型的标准形显然不是唯一的，只是标准形中所含项数是确定的（即是二次型的秩）. 不仅如此，在限定变换为实变换时，标准形中正系数的个数是不变的（从而负系数的个数也不变）.

定理 4.11（惯性定理） 设实二次型 $f = \boldsymbol{x}^{\mathrm{T}}\boldsymbol{A}\boldsymbol{x}$ 的秩为 r，若有实可逆变换 $\boldsymbol{x} = \boldsymbol{C}\boldsymbol{y}$ 及 $\boldsymbol{x} = \boldsymbol{P}\boldsymbol{z}$ 使

$$f = k_1 y_1^2 + k_2 y_2^2 + \cdots + k_r y_r^2 \quad (k_r \neq 0)$$

和

$$f = \lambda_1 z_1^2 + \lambda_2 z_2^2 + \cdots + \lambda_r z_r^2 \quad (\lambda_r \neq 0)$$

则 $k_1, k_2, \cdots, k_r$ 中正数的个数与 $\lambda_1, \lambda_2, \cdots, \lambda_r$ 中正数的个数相等.

比较常用的二次型式标准形的系数全为正（$r = n$）或全为负的情形有下述定义.

定义 4.9 实二次型 $f = \boldsymbol{x}^{\mathrm{T}}\boldsymbol{A}\boldsymbol{x}$ 称为正定二次型，如果对任何 $\boldsymbol{x} \neq \boldsymbol{0}$，都有 $\boldsymbol{x}^{\mathrm{T}}\boldsymbol{A}\boldsymbol{x} > 0$（显然 $f(0) = 0$）. 正定二次型的矩阵 $\boldsymbol{A}$ 称为正定矩阵；实二次型 $f = \boldsymbol{x}^{\mathrm{T}}\boldsymbol{A}\boldsymbol{x}$ 称为负定二次型，如果对任何 $\boldsymbol{x} \neq \boldsymbol{0}$，都有 $\boldsymbol{x}^{\mathrm{T}}\boldsymbol{A}\boldsymbol{x} < 0$. 负定二次型的矩阵 $\boldsymbol{A}$ 称为负定矩阵.

定理 4.12 n 元实二次型 $f = \boldsymbol{x}^{\mathrm{T}}\boldsymbol{A}\boldsymbol{x}$ 为正定的充分必要条件是：它的标准形的 n 个系数全为正.

证 设可逆变换 $\boldsymbol{x} = \boldsymbol{C}\boldsymbol{y}$ 使

$$f(\boldsymbol{x}) = f(\boldsymbol{C}\boldsymbol{y}) = k_1 y_1^2 + k_2 y_2^2 + \cdots + k_n y_n^2$$

先证充分性.

设 $k_i > 0, i = 1, 2, \cdots, n$. 任给 $\boldsymbol{x} \neq \boldsymbol{0}$，因为 $\boldsymbol{C}$ 是可逆矩阵，所以 $\boldsymbol{y} = \boldsymbol{C}^{-1}\boldsymbol{x} \neq \boldsymbol{0}$，故

$$f(\boldsymbol{x}) = f(\boldsymbol{C}\boldsymbol{y}) = k_1 y_1^2 + k_2 y_2^2 + \cdots + k_n y_n^2 > 0$$

即二次型为正定的.

再证必要性.

用反证法. 假设有 $k_s \leqslant 0$,则当 $\boldsymbol{y}=\boldsymbol{e}_s$ 时,$f(\boldsymbol{C}\boldsymbol{e}_s)=k_s \leqslant 0$,其中 $\boldsymbol{e}_s$ 是第 s 个分量为 1 其余分量都为 0 的 n 维向量. 显然 $\boldsymbol{C}\boldsymbol{e}_s \neq \boldsymbol{0}$,这与 f 为正定相矛盾. 因而 $k_i > 0, i=1,2,\cdots,n$.

推论　对称矩阵 $\boldsymbol{A}$ 为正定的充分必要条件是:$\boldsymbol{A}$ 的特征值全为正.

定理 4.13　对称矩阵 $\boldsymbol{A}$ 为正定矩阵的充分必要条件是:$\boldsymbol{A}$ 的各阶主子式都为正,即

$$a_{11} > 0, \begin{vmatrix} a_{11} & a_{12} \\ a_{21} & a_{22} \end{vmatrix} > 0, \cdots, |\boldsymbol{A}| = \begin{vmatrix} a_{11} & \cdots & a_{n1} \\ \vdots & & \vdots \\ a_{n1} & \cdots & a_{nn} \end{vmatrix} > 0$$

对称矩阵 $\boldsymbol{A}$ 为正定的充分必要条件是:奇数阶主子式为负,而偶数阶主子式为正,即

$$(-1)^r \begin{vmatrix} a_{11} & \cdots & a_{1r} \\ \vdots & & \vdots \\ a_{r1} & \cdots & a_{rr} \end{vmatrix} > 0 \quad (r=1,2,\cdots,n)$$

此定理称为霍尔维茨定理.

例 24　判断下列二次型的正定性:

(1) $f(x_1,x_2,x_3)=5x_1^2+x_2^2+5x_3^2+4x_1x_2-8x_1x_3-4x_2x_3$;

(2) $f(x_1,x_2,x_3)=-5x_1^2-6x_2^2-4x_3^2+4x_1x_2+4x_1x_3$;

(3) $f(x_1,x_2,x_3)=x_1^2+x_2^2+x_3^2+2ax_1x_2+2bx_2x_3(a,b \in \mathbf{R})$.

解　(1) 可得

$$\boldsymbol{A}=\begin{pmatrix} 5 & 2 & -4 \\ 2 & 1 & -2 \\ -4 & -2 & 5 \end{pmatrix}$$

$$\Delta_1=5>0,\ \Delta_2=\begin{vmatrix} 5 & 2 \\ 2 & 1 \end{vmatrix}=1>0,\ \Delta_3=\det \boldsymbol{A}=1>0$$

故 $\boldsymbol{A}$ 为正定矩阵,f 为正定二次型.

(2) 可得

$$\boldsymbol{A}=\begin{pmatrix} -5 & 2 & 2 \\ 2 & -6 & 0 \\ 2 & 0 & -4 \end{pmatrix}$$

$$\Delta_1=-5<0$$

$$\Delta_2=\begin{vmatrix} -5 & 2 \\ 2 & -6 \end{vmatrix}=26>0$$

$$\Delta_3=\det \boldsymbol{A}=-80<0$$

故 $\boldsymbol{A}$ 为负定矩阵,f 为负定二次型.

(3) 可得

$$\boldsymbol{A}=\begin{pmatrix} 1 & a & 0 \\ a & 1 & b \\ 0 & b & 1 \end{pmatrix}$$

$$\Delta_1=1,\ \Delta_2=\begin{vmatrix}1&a\\a&1\end{vmatrix}=1-a^2,\ \Delta_3=\det\boldsymbol{A}=1-(a^2+b^2)$$

当$a^2+b^2<1$时，有

$$\Delta_1>0,\Delta_2>0,\Delta_3>0$$

故$\boldsymbol{A}$为正定矩阵，f为正定二次型.

当$a^2+b^2\geqslant 1$时，有

$$\Delta_1>0,\Delta_3\leqslant 0$$

故$\boldsymbol{A}$为不定矩阵，f为不定二次型.

例 25 判别二次型$f=-5x^2-6y^2-4z^2+4xy+4xz$的正定性.

解 f的矩阵为

$$\boldsymbol{A}=\begin{pmatrix}-5&2&2\\2&-6&0\\2&0&-4\end{pmatrix}$$

各阶顺序主子式

$$a_{11}=-5<0,\begin{vmatrix}a_{11}&a_{12}\\a_{21}&a_{22}\end{vmatrix}=\begin{vmatrix}-5&2\\2&-6\end{vmatrix}=26>0,|\boldsymbol{A}|=-80<0$$

根据定理 4.13 知f是负定二次型.

习　题　四

1. 填空题

(1) 若矩阵$\boldsymbol{A}=\begin{pmatrix}3&1\\5&-1\end{pmatrix}$，则$\boldsymbol{A}$的特征值为________.

(2) 如果实对称矩阵$\boldsymbol{A}$与矩阵$\boldsymbol{B}=\begin{pmatrix}0&0&3\\0&1&0\\3&0&0\end{pmatrix}$合同，则二次型$\boldsymbol{x}^{\mathrm{T}}\boldsymbol{A}\boldsymbol{x}$的规范形为________.

(3) 若二次型$f(x_1,x_2,x_3)=t(x_1^2+x_2^2+x_3^2)^2+2x_1x_2+2x_1x_3-2x_2x_3$为正定的，则$t$的取值范围是________.

2. 选择题

(1) 下列各式中不等于$x_1^2+6x_1x_2+3x_2^2$的是(　　).

(A) $(x_1,x_2)\begin{pmatrix}1&2\\4&3\end{pmatrix}\begin{pmatrix}x_1\\x_2\end{pmatrix}$

(B) $(x_1,x_2)\begin{pmatrix}1&3\\3&3\end{pmatrix}\begin{pmatrix}x_1\\x_2\end{pmatrix}$

(C) $(x_1,x_2)\begin{pmatrix}1&-1\\-5&3\end{pmatrix}\begin{pmatrix}x_1\\x_2\end{pmatrix}$

(D) $(x_1,x_2)\begin{pmatrix}1 & -1\\7 & 3\end{pmatrix}\begin{pmatrix}x_1\\x_2\end{pmatrix}$

(2) 二次型 $f(x_1,x_2,x_3)=x_1^2+6x_1x_2+3x_2^2$ 的矩阵是(　　).

(A) $\begin{pmatrix}1 & -1\\-1 & 3\end{pmatrix}$　　(B) $\begin{pmatrix}1 & 2\\4 & 3\end{pmatrix}$　　(C) $\begin{pmatrix}1 & 3\\3 & 3\end{pmatrix}$　　(D) $\begin{pmatrix}1 & 5\\1 & 3\end{pmatrix}$

(3) 设 $\boldsymbol{A},\boldsymbol{B}$ 均为 n 阶矩阵,且 $\boldsymbol{A}$ 与 $\boldsymbol{B}$ 合同,则(　　).

(A) $\boldsymbol{A}$ 与 $\boldsymbol{B}$ 相似　　(B) $|\boldsymbol{A}|=|\boldsymbol{B}|$

(C) $\boldsymbol{A}$ 与 $\boldsymbol{B}$ 有相同的特征值　　(D) $R(\boldsymbol{A})=R(\boldsymbol{B})$

(4) 二次型 $f(x_1,x_2,x_3)=(x_1+ax_2-2x_3)^2+(2x_2+3x_3)^2+(x_1+3x_2+ax_3)^2$ 是正定二次型的充分必要条件是(　　).

(A) $a>1$　　(B) $a<1$　　(C) $a\neq 1$　　(D) $a=1$

3. 试用施密特法把下列向量组正交化:

(1) $(\boldsymbol{a}_1,\boldsymbol{a}_2,\boldsymbol{a}_3)=\begin{pmatrix}1 & 1 & 1\\1 & 2 & 4\\1 & 3 & 9\end{pmatrix}$;

(2) $(\boldsymbol{a}_1,\boldsymbol{a}_2,\boldsymbol{a}_3)=\begin{pmatrix}1 & 1 & -1\\0 & -1 & 1\\-1 & 0 & 1\\1 & 1 & 0\end{pmatrix}$.

4. 下列矩阵是不是正交阵:

(1) $\begin{pmatrix}1 & -\frac{1}{2} & \frac{1}{3}\\-\frac{1}{2} & 1 & \frac{1}{2}\\\frac{1}{3} & \frac{1}{2} & -1\end{pmatrix}$;　(2) $\begin{pmatrix}\frac{1}{9} & -\frac{8}{9} & -\frac{4}{9}\\-\frac{8}{9} & \frac{1}{9} & -\frac{4}{9}\\-\frac{4}{9} & -\frac{4}{9} & \frac{7}{9}\end{pmatrix}$.

5. 设 $\boldsymbol{A}$ 与 $\boldsymbol{B}$ 都是 n 阶正交阵,证明 $\boldsymbol{AB}$ 也是正交阵.

6. 求下列矩阵的特征值和特征向量,并问它们的特征向量是否两两正交?

(1) $\begin{pmatrix}1 & -1\\2 & 4\end{pmatrix}$;(2) $\begin{pmatrix}1 & 2 & 3\\2 & 1 & 3\\3 & 3 & 6\end{pmatrix}$.

7. 设方阵 $\boldsymbol{A}=\begin{pmatrix}1 & -2 & -4\\-2 & x & -2\\-4 & -2 & 1\end{pmatrix}$ 与 $\boldsymbol{\Lambda}=\begin{pmatrix}5 & 0 & 0\\0 & y & 0\\0 & 0 & -4\end{pmatrix}$ 相似,求 x,y.

8. 设 $\boldsymbol{A},\boldsymbol{B}$ 都是 n 阶方阵,且 $|\boldsymbol{A}|\neq 0$,证明 $\boldsymbol{AB}$ 与 $\boldsymbol{BA}$ 相似.

9. 设 3 阶方阵 $\boldsymbol{A}$ 的特征值为 $\lambda_1=1,\lambda_2=0,\lambda_3=-1$;对应的特征向量依次为

$$\boldsymbol{P}_1=\begin{pmatrix}1\\2\\2\end{pmatrix},\boldsymbol{P}_2=\begin{pmatrix}2\\-2\\1\end{pmatrix},\boldsymbol{P}_3=\begin{pmatrix}-2\\-1\\2\end{pmatrix}$$

求 $\boldsymbol{A}$.

10. 设 3 阶对称矩阵 $\boldsymbol{A}$ 的特征值为 6,3,3, 与特征值 6 对应的特征向量为 $\boldsymbol{P}_1=(1,1,1)^{\mathrm{T}}$,求 $\boldsymbol{A}$.

11. 试求一个正交的相似变换矩阵,将下列对称矩阵化为对角矩阵:

(1) $\begin{pmatrix} 2 & -2 & 0 \\ -2 & 1 & -2 \\ 0 & -2 & 0 \end{pmatrix}$;　(2) $\begin{pmatrix} 2 & 2 & -2 \\ 2 & 5 & -4 \\ -2 & -4 & 5 \end{pmatrix}$.

12. (1) 设 $\boldsymbol{A}=\begin{pmatrix} 3 & -2 \\ -2 & 3 \end{pmatrix}$,求 $\varphi(\boldsymbol{A})=\boldsymbol{A}^{10}-5\boldsymbol{A}^9$;

(2) 设 $\boldsymbol{A}=\begin{pmatrix} 2 & 1 & 2 \\ 1 & 2 & 2 \\ 2 & 2 & 1 \end{pmatrix}$,求 $\varphi(\boldsymbol{A})=\boldsymbol{A}^{10}-6\boldsymbol{A}^9+5\boldsymbol{A}^8$.

13. 用矩阵记号表示下列二次型:

(1) $f=x^2+4xy+4y^2+2xz+z^2+4yz$;

(2) $f=x^2+y^2-7z^2-2xy-4xz-4yz$;

(3) $f=x_1^2+x_2^2+x_3^2+x_4^2-2x_1x_2+4x_1x_3-2x_1x_4+6x_2x_3-4x_2x_4$.

14. 求一个正交变换将下列二次型化成标准形:

(1) $f=2x_1^2+3x_2^2+3x_3^2+4x_2x_3$;

(2) $f=x_1^2+x_2^2+x_3^2+x_4^2+2x_1x_2-2x_1x_4-2x_2x_3+2x_3x_4$.

15. 证明:二次型 $f=\boldsymbol{x}^{\mathrm{T}}\boldsymbol{A}\boldsymbol{x}$ 在 $\|\boldsymbol{x}\|=1$ 时的最大值为矩阵 $\boldsymbol{A}$ 的最大特征值.

16. 判别下列二次型的正定性:

(1) $f=-2x_1^2-6x_2^2-4x_3^2+2x_1x_2+2x_1x_3$;

(2) $f=x_1^2+3x_2^2+9x_3^2+19x_4^2-2x_1x_2+4x_1x_3+2x_1x_4-6x_2x_4-12x_3x_4$.

17. 设 $\boldsymbol{U}$ 为可逆矩阵,$\boldsymbol{A}=\boldsymbol{U}^{\mathrm{T}}\boldsymbol{U}$,证明 $f=\boldsymbol{x}^{\mathrm{T}}\boldsymbol{A}\boldsymbol{x}$ 为正定二次型.

18. 设对称矩阵 $\boldsymbol{A}$ 为正定矩阵,证明:存在可逆矩阵 $\boldsymbol{U}$,使 $\boldsymbol{A}=\boldsymbol{U}^{\mathrm{T}}\boldsymbol{U}$.

*第 5 章　应用选讲

本章介绍了线性代数的几种应用，即遗传模型、对策模型、投入产出模型，作为应用选讲推荐给读者，供读者选学或自学.

5.1　遗传模型

近年来，遗传学的研究引起人们的广泛兴趣. 动植物在产生下一代的过程中，总是将自己的特征遗传给下一代，从而完成一种“生命的延续”.

常染色体遗传中，后代从每个亲体的基因对中各继承一个基因，形成自己的基因对. 人类眼睛颜色是通过常染色体控制的，其特征遗传由两个基因 A 和 a 控制. 基因对是 AA 或 Aa 的人，眼睛为棕色；基因对是 aa 的人，眼睛为蓝色. 由于 AA 及 Aa 都表示了同一外部特征，或认为基因 A 支配 a，也可以认为基因 a 对于基因 A 来说是隐性的.

下面选取一个常染色体遗传 —— 植物后代问题进行讨论.

某植物园中植物的基因型为 AA,Aa,aa. 人们计划用 AA 型植物与每种基因型植物相结合的方案培育植物后代. 经过若干年后，这种植物后代的三种基因型分布将出现什么情形？

假设 $a_n,b_n,c_n(n=0,1,2,\cdots)$ 分别表示第 n 代植物中，基因型为 AA,Aa 和 aa 的植物总数的百分率. 令 $\boldsymbol{x}^{(n)}=(a_n,b_n,c_n)^{\mathrm{T}}$ 为第 n 代植物的基因分布，$\boldsymbol{x}^{(0)}=(a_0,b_0,c_0)^{\mathrm{T}}$ 表示植物基因型的初始分布，显然，我们有

$$a_0+b_0+c_0=1 \tag{5.1}$$

先考虑第 n 代中的 AA 型. 第 $n-1$ 代的 AA 型与 AA 型相结合，后代全部是 AA 型；第 $n-1$ 代的 Aa 型与 AA 型相结合，后代是 AA 的可能性为 $\frac{1}{2}$；第 $n-1$ 代的 aa 型与 AA 型相结合，后代不可能是 AA 型. 因此，有

$$a_n=1\cdot a_{n-1}+\frac{1}{2}b_{n-1}+0\cdot c_{n-1}\quad n=1,2,\cdots \tag{5.2}$$

同理，有

$$b_n=\frac{1}{2}b_{n-1}+c_{n-1} \tag{5.3}$$

$$c_n = 0 \tag{5.4}$$

将式(5.2),(5.3),(5.4)相加,得

$$a_n + b_n + c_n = a_{n-1} + b_{n-1} + c_{n-1} \tag{5.5}$$

将式(5.5)递推,并利用式(5.1),易得

$$a_n + b_n + c_n = 1$$

我们利用矩阵表示式(5.2),(5.3)及(5.5),即

$$\boldsymbol{x}^{(n)} = \boldsymbol{M}\boldsymbol{x}^{(n-1)} \quad n = 1,2,\cdots \tag{5.6}$$

其中

$$\boldsymbol{M} = \begin{pmatrix} 1 & \frac{1}{2} & 0 \\ 0 & \frac{1}{2} & 1 \\ 0 & 0 & 0 \end{pmatrix}$$

这样,式(5.6)递推得到

$$\boldsymbol{x}^{(n)} = \boldsymbol{M}\boldsymbol{x}^{(n-1)} = \boldsymbol{M}^2\boldsymbol{x}^{(n-2)} = \cdots = \boldsymbol{M}^n\boldsymbol{x}^{(0)} \tag{5.7}$$

式(5.7)即为第 n 代基因分布与初始分布的关系. 下面,我们计算 $\boldsymbol{M}^n$.

对矩阵 $\boldsymbol{M}$ 做相似变换,我们可找到非奇异矩阵 $\boldsymbol{P}$ 和对角阵 $\boldsymbol{D}$,使

$$\boldsymbol{M} = \boldsymbol{P}\boldsymbol{D}\boldsymbol{P}^{-1}$$

其中

$$\boldsymbol{D} = \begin{pmatrix} 1 & 0 & 0 \\ 0 & \frac{1}{2} & 0 \\ 0 & 0 & 0 \end{pmatrix}, \boldsymbol{P} = \boldsymbol{P}^{-1} = \begin{pmatrix} 1 & 1 & 1 \\ 0 & -1 & -2 \\ 0 & 0 & 1 \end{pmatrix}$$

这样,经式(5.7)得到

$$\boldsymbol{x}^{(n)} = (\boldsymbol{P}\boldsymbol{D}\boldsymbol{P}^{-1})^n\boldsymbol{x}^{(0)} = \boldsymbol{P}\boldsymbol{D}^n\boldsymbol{P}^{-1}\boldsymbol{x}^{(0)} =$$

$$\begin{pmatrix} 1 & 1 & 1 \\ 0 & -1 & -2 \\ 0 & 0 & 0 \end{pmatrix}\begin{pmatrix} 1 & 0 & 0 \\ 0 & \left(\frac{1}{2}\right)^n & 0 \\ 0 & 0 & 0 \end{pmatrix}\begin{pmatrix} 1 & 1 & 1 \\ 0 & -1 & -2 \\ 0 & 0 & 0 \end{pmatrix}\begin{pmatrix} a_0 \\ b_0 \\ c_0 \end{pmatrix} =$$

$$\begin{pmatrix} a_0 + b_0 + c_0 - \frac{1}{2^n}b_0 - \frac{1}{2^{n-1}}c_0 \\ \frac{1}{2^n}b_0 + \frac{1}{2^{n-1}}c_0 \\ 0 \end{pmatrix}$$

最终有

$$\begin{cases} a_n = 1 - \frac{1}{2^n}b_0 - \frac{1}{2^{n-1}}c_0 \\ b_n = \frac{1}{2^n}b_0 + \frac{1}{2^{n-1}}c_0 \\ c_n = 0 \end{cases}$$

显然,当 $n \to +\infty$ 时,由上述三式,得到

$$a_n \to 1, b_n \to 1, c_n \to 1$$

即在足够长的时间后,培育的植物基本上呈现 AA 型.

5.2　对策模型

例1　A 有两架飞机,B 有四个导弹连分别掩护通向目标的四条路线. 如飞机沿一条线路进攻,则掩护该路线的导弹连必击落一架飞机,不过,由于重新装弹时间很长,所以仅仅能击落一架飞机;如有飞机突防进而摧毁目标,A 赢得为1;否则 A 赢得为0. 现在需要 A,B 双方选择最优策略.

(1) 建立模型

双方的策略规定了导弹连和飞机的兵力分配.

A 的策略是:

a_1—— 飞机从不同的路线进入;

a_2—— 飞机从同一条路线进入.

B 的策略是:

b_1—— 对每一条路线配置一个连;

b_2—— 对两条路线各配置两个连;

b_3—— 对一条路线配置两个连,为另外两条路线各配一个连;

b_4—— 对一条路线配置三个连,为另外一条路线配一个连;

b_5—— 对一条路线配置四个连.

对于 a_1,b_1 一定会将两架飞机全部击落,而 b_5 绝不会如此. 在 b_2 和 b_4 的情况下,只有导弹连恰好配合在飞机选择的两条进入路线时,两架飞机才会全被击落. 因从四条不同进入路线中挑选两条路线,有六种组合方法,所以飞机突防的机会是 $\frac{5}{6}$. 在 b_3 的情况下,飞机沿着未设防路线飞行就可以突破防线,而在六组可能的进入路线中,有三组包含一条未设防路线,所以飞机成功的机会是 $\frac{1}{2}$.

对于 a_2,b_1 不可能将第二架飞机击落,b_2 能成功地在四条路线中的两条上设防,所以飞机成功的机会是 $\frac{1}{2}$. b_3,b_4,b_5 只能保卫一条路线,所以飞机突防的机会是 $\frac{3}{4}$.

(2) 求解

从上面可得到矩阵

$$\begin{array}{c} \\ a_1 \\ a_2 \end{array} \begin{array}{c} \begin{array}{ccccc} b_1 & b_2 & b_3 & b_4 & b_5 \end{array} \\ \begin{pmatrix} 0 & \frac{5}{6} & \frac{1}{2} & \frac{5}{6} & 1 \\ 1 & \frac{1}{2} & \frac{3}{4} & \frac{3}{4} & \frac{3}{4} \end{pmatrix} \end{array}$$

从矩阵可看到,b_3 优超于 b_4 和 b_5,划去 b_4 和 b_5,可得到简化的矩阵

$$\begin{array}{c} \\ a_1 \\ a_2 \end{array}\begin{array}{c} \begin{array}{ccc} b_1 & b_2 & b_3 \end{array} \\ \begin{pmatrix} 0 & \frac{5}{6} & \frac{1}{2} \\ 1 & \frac{1}{2} & \frac{3}{4} \end{pmatrix} \end{array}$$

若 A 的最佳策略是 $(x, x-1)$（x 是 A 选择 a_1 的概率），则对于 b_1，A 赢得是

$$0 \cdot x + 1 \cdot (1-x) = 1-x$$

对于 b_2，A 赢得是

$$\frac{5}{6}x + \frac{1}{2}(1-x) = \frac{1}{2} + \frac{1}{3}x$$

对于 b_3，A 赢得是

$$\frac{1}{2}x + \frac{3}{4}(1-x) = \frac{3}{4} - \frac{1}{4}x$$

把每种赢得作为 x 的函数，从函数的图形中可以看出 b_1, b_2 是合算的，设 $X = (x, 1-x)$ 对 A 是最佳的，v 是对策的值，则对 b_1 有 $v = 1-x$；对 b_2 有 $v = \frac{5}{6}x + \frac{1}{2}(1-x)$.
联立

$$\begin{cases} v = 1-x \\ v = \frac{5}{6}x + \frac{1}{2}(1-x) \end{cases}$$

解得

$$x = \frac{3}{8}, v = \frac{5}{8}$$

同样，设 $Y = (y, 1-y, 0, 0, 0)$（y 是 B 选择 b_1 的概率）是 B 的最佳选择，则有

$$0 \cdot y + \frac{5}{6}(1-y) = v = \frac{5}{8}$$

解得

$$y = \frac{1}{4}$$

从上述过程看出，对于 A，应以 $\frac{3}{8}$ 的概率选择 a_1，以 $\frac{5}{8}$ 的概率选择 a_2；对于 B，应以 $\frac{1}{4}$ 的概率选择 b_1，以 $\frac{3}{4}$ 的概率选择 b_2.

例 2 比赛中队员的出场阵容

现在有甲、乙两运动队举行对抗赛，比赛内容包括三个项目. 两队各有一名健将级运动员（分别设为 A_1, B_1），在三个项目中成绩比较突出. 但是规定他们每人只能参加两项比赛，每个队的其他两名队员可参加全部比赛. 已知各运动员平时成绩如表 5.1，5.2 所示. 我们规定比赛第一名得 5 分，第二名得 3 分，第三名得 1 分. 现在问各队的教练应该让自己的运动健将参加哪两项比赛，以使本队得分最多？

表5.1

甲　队			
	A_1	A_2	A_3
项目1	70.3	74.1	75.5
项目2	63.2	67.2	68.4
项目3	57.1	59.7	63.2

表5.2

乙　队			
	B_1	B_2	B_3
项目1	72.6	73.4	76.9
项目2	61.5	64.5	66.5
项目3	58.6	61.4	64.8

(1) 假设

1) 运动员在比赛中能正常发挥水平.

2) 各队参加比赛项目的运动员名单相互保密.

3) 参赛名单一旦确定,就不允许变动.

(2) 建模

通过分析,此问题属于对策论. 求解方法可用线性规划去解决.

显然本问题属于零和对策问题. 首先介绍一下对策论中的线性规划问题.

1) 设甲采用策略 $\boldsymbol{X}=(x_1,x_2,\cdots,x_n)^{\mathrm{T}}$,乙采用策略 $\boldsymbol{Y}=(y_1,y_2,\cdots,y_n)^{\mathrm{T}}$.

2) 设甲的赢得矩阵为

$$\boldsymbol{A}=\begin{pmatrix} a_{11} & a_{12} & \cdots & a_{1n} \\ a_{21} & a_{22} & \cdots & a_{2n} \\ \vdots & \vdots & & \vdots \\ a_{n1} & a_{n2} & \cdots & a_{nn} \end{pmatrix}$$

3) 设 W 是甲赢得的对策值,V 是乙赢得的对策值,由前面结论知,$W=V$ 为对策值 V_G.

4) 要求最佳出场策略,即求下列不等式组的最优解

$$\begin{cases} \sum\limits_{i=1}^{m} a_{ij}x_i \geqslant W & i=1,2,\cdots,m \\ \sum\limits_{i=1}^{m} x_i = 1 & j=1,2,\cdots,n \\ x_i \geqslant 0 \end{cases}$$

$$\begin{cases}\sum_{j=1}^{n} a_{ij}y_j \leqslant V & i=1,2,\cdots,m\\ \sum_{j=1}^{n} y_j = 1 & j=1,2,\cdots,n\\ y_j \geqslant 0\end{cases}$$

(3) 求解

首先,我们先构造出两名健将都不参加某项比赛时各队的得分表5.3及表5.4.

表5.3　甲队得分表

B_1 不参加某项比赛				
		项目1	项目2	项目3
A_1 不参加某项比赛	项目1	13	12	12
	项目2	12	12	13
	项目3	12	13	14

表5.4　乙队得分表

B_1 不参加某项比赛				
		项目1	项目2	项目3
A_1 不参加某项比赛	项目1	14	15	15
	项目2	15	15	14
	项目3	15	14	13

由此得到甲队赢得矩阵

$$\begin{pmatrix}-1 & -3 & -3\\ -3 & -3 & -1\\ -3 & -1 & 1\end{pmatrix}$$

从上面矩阵可知,此问题在纯策略情况下无解,所以应在混合扩充意义下求解.

将甲队赢得矩阵中各元素均加上3,则原问题可转化为求解下列线性规划问题:

$\max \quad W$

$$\text{s.t.}\quad \begin{cases}2x_1 \geqslant W\\ 2x_3 \geqslant W\\ 2x_2 + 4x_3 \geqslant W & i=1,2,3\\ \sum_{i=1}^{3} x_i = 1\\ x_i \geqslant 0\end{cases} \tag{5.8}$$

$\min \quad V$

$$\text{s.t.}\quad \begin{cases} 2y_1 \leqslant V \\ 2y_3 \leqslant V \\ 2y_2 + 4y_3 \leqslant V \\ \sum_{j=1}^{3} y_j = 1 \\ y_j \geqslant 0 \end{cases} \quad j = 1,2,3 \tag{5.9}$$

令 $y'_j = \frac{y_j}{V}$,则式(5.9) 转化为

$$\max \quad S = \sum_{j=1}^{3} y'_j$$

$$\text{s.t.}\quad \begin{cases} 2y'_1 \leqslant 1 \\ 2y'_3 \leqslant 1 \\ 2y'_2 + 4y'_3 \leqslant 1 \\ y'_j \geqslant 0 \end{cases} \quad j = 1,2,3 \tag{5.10}$$

引入松弛变量,则式(5.10) 变成

$$\max \quad S = \sum_{j=1}^{3} y'_j + 0 \cdot y'_4 + 0 \cdot y'_5 + 0 \cdot y'_6$$

$$\text{s.t.}\quad \begin{cases} 2y'_1 + y'_4 = 1 \\ 2y'_3 + y'_5 = 1 \\ 2y'_2 + 4y'_3 + y'_5 = 1 \\ y'_j \geqslant 0 \end{cases} \quad j = 1,2,3,4,5,6 \tag{5.11}$$

我们利用单纯形法求解,现构造单纯形表 5.5.

表 5.5

		1	1	1	0	0	0
S'		y'_1	y'_2	y'_3	y'_4	y'_5	y'_6
y'_4	1	2	0	0	1	0	0
y'_5	1	0	0	2	0	1	0
y'_6	1	0	2	[4]	0	0	1

由单纯形可知,4 为主元,将表中 4 所在的列其他元素变成 0,然后单位化,得表 5.6.

表 5.6

		1	$\frac{1}{2}$	0	0	0	$-\frac{1}{4}$
S'		y'_1	y'_2	y'_3	y'_4	y'_5	y'_6
y'_4	1	2	0	0	1	0	0
y'_5	$\frac{1}{2}$	0	-1	0	0	1	$-\frac{1}{2}$
y'_6	$\frac{1}{4}$	0	$\frac{1}{2}$	1	0	0	$\frac{1}{4}$

同理,依次进行下去,得到表5.7,表5.8.

表5.7

		0	$\frac{1}{2}$	0	$-\frac{1}{2}$	0	$-\frac{1}{4}$
S'		y'_1	y'_2	y'_3	y'_4	y'_5	y'_6
y'_1	$\frac{1}{2}$	1	0	0	1	0	0
y'_5	$\frac{1}{2}$	0	-1	0	0	1	$-\frac{1}{2}$
y'_3	$\frac{1}{4}$	0	$\frac{1}{2}$	1	0	0	$\frac{1}{4}$

表5.8

		0	0	-1	$-\frac{1}{2}$	0	$-\frac{1}{2}$
S'		y'_1	y'_2	y'_3	y'_4	y'_5	y'_6
y'_1	$\frac{1}{2}$	1	0	0	1	0	0
y'_5	1	0	0	1	0	0	$-\frac{1}{4}$
y'_2	$\frac{1}{2}$	0	1	0	0	0	$\frac{1}{4}$

即
$$y_1=\frac{1}{2},y_2=\frac{1}{2},y_3=0\quad V_G=-2$$

同理可解出$x_1=\frac{1}{2},x_2=0,x_3=\frac{1}{2}$. 这样,教练员的最佳决策是:甲队$A_1$应参加项目2,并各以$\frac{1}{2}$概率参加项目1及项目3的比赛;乙队中的$B_1$应参加项目3,并以$\frac{1}{2}$的概率参加项目1及项目2的比赛. 此时,甲队期望赢得12.5分,乙队期望赢得14.5分.

5.3 投入产出数学模型

投入产出理论是研究国民经济各部门联系平衡的一种数学方法,从数学模型来看,它是研究一个经济系统各部分间的“投入”与“产出”关系的一种线性模型,我们称之为投入产出模型. 它除了可以应用于部门平衡外,也可以应用于适合此模型的其他经济系统.

5.3.1 平衡方程

国民经济是一个由许多经济部门组成的有机整体,各经济部门之间在产品的生产与分配上有非常复杂的经济与技术联系,每一个部门都有双重身份,一方面作为生产部门以自己的产品分配给各部门作为生产资料或满足居民和社会的非生产性消费需要,并提供积累和出口物资等;另一方面,作为消费者,每一个部门在其生产过程中也要消耗各部门的产品或进口物资等,所以各部门之间形成了一个复杂的相互交错的关系. 部门联系平衡表采用棋盘的形式,从生产和分配两个角度反映部门之间的产品运动.

把整个国民经济分成 n 个物质生产部门,然后按着一定次序排成一个棋盘表(表 5.9).

表 5.9　部门联系平衡表

部门间流量 / 部门（列）/ 部门（行）		消耗部门	最终产品				总产品
		$1\ \ 2\ \ \cdots\ \ n$	消费	积累	出口	合计	
生产部门	1	$x_{11}\ \ x_{12}\ \ \cdots\ \ x_{1n}$				y_1	x_1
	2	$x_{21}\ \ x_{22}\ \ \cdots\ \ x_{2n}$				y_2	x_2
	$\vdots$	$\vdots\ \ \vdots\ \ \ \ \vdots$				$\vdots$	$\vdots$
	n	$x_{n1}\ \ x_{n2}\ \ \cdots\ \ x_{nn}$				y_n	x_n
净产品价值	劳动报酬	$v_1\ \ v_2\ \ \cdots\ \ v_n$					
	纯收入	$m_1\ \ m_2\ \ \cdots\ \ m_n$					
	合　计	$z_1\ \ z_2\ \ \cdots\ \ z_n$					
总产品价值		$x_1\ \ x_2\ \ \cdots\ \ x_n$					

此表可以按实物表现编制,也可以按货币表现编制;本节除 5.3.5 外,只讲以货币表现形式进行平衡计算. 表中“最终产品”、“总产品” 等均指一个生产周期内(例如一年) 产品的价值. 某部门的“总产品” 或“总产量”,则是指该部门“总产量的货币指数”. 某部门消耗另一部门的“产品” 或“产品量”,则是指“产品的货币数值”.

表中 $x_1,x_2,\cdots,x_n$ 分别表示第1,第2,$\cdots$,第 n 生产部门的总产品或相应消耗部门的总产品价值.

表中左上角部分(或第一象限) 由 n 个部门交叉组成,例如第二行如是燃料工业部门,那么第二列也是燃料工业部门,如第三行是电力工业部门,那么第三列也是电力工业部门.

表中 $x_{ij}(i = 1,2,\cdots,n;j = 1,2,\cdots,n)$ 称为部门间的流量,它表示第 j 部门所消耗第 i 部门的产品,也可以说是第 i 部门分配给第 j 部门的产品,例如 x_{32} 表示燃料部门消耗电力部门的电力价值,也就是电力部门分配给燃料部门的电力价值.

从表的行来看,例如第 i 行,它指出第 i 生产部门对各部门生产上的分配;从表的列来看,例如第 j 列,它指出第 j 部门作为消耗部门,它在产品生产上对各部门产品的消耗.

这一部分反映了国民经济物质生产部门之间的技术性联系,它是部门之间平衡表的最基本部分.

表中右上角部分(或称第二象限),每一行反映了某一部门从总产品中扣除了补偿生产消耗后的余量,即不参加本期生产周转的最终产品的分配情况. 其中 $y_1, y_2, \cdots, y_n$ 分别表示第1,第2,……,第 n 生产部门的最终产品,它用于集体和个人的消费、生产和非生产积累、储备和出口等方面.

表中左下角部分(或称第三象限),每一列指出了该部门新创造的价值(净价值),其中 $z_1, z_2, \cdots, z_n$ 分别表示第1,第2,……,第 n 生产部门的净价值,它包括工资、利润等.

表中右下角部分(或称第四象限)反映国民收入的再分配,如非生产部门工作者的工资、非生产性事业和组织的收入等.

从表5.9的行来看,第一、二象限的每一行有一个等式,即每一个生产部门分配各部门的生产性消耗加上该部门的最终产品应等于它的总产品. 即

$$\begin{cases} x_1 = x_{11} + x_{12} + \cdots + x_{1n} + y_1 \\ x_2 = x_{21} + x_{22} + \cdots + x_{2n} + y_2 \\ \qquad\vdots \\ x_n = x_{n1} + x_{n2} + \cdots + x_{nn} + y_n \end{cases} \tag{5.12}$$

用总和号表示可以写成

$$x_i = \sum_{j=1}^{n} x_{ij} + y_i \quad (i = 1, 2, \cdots, n) \tag{5.13}$$

这个方程组称为分配平衡方程组.

式(5.13)中 $\sum_{j=1}^{n} x_{ij}$ 为第 i 部门分配给各部门生产消耗的产品总和.

从表5.9的列来看,第一、三象限的每一列也有一个等式,即对每一个消耗部门来说,各部门为它提供的生产消耗加上该部门新创造的价值应等于它的总产品价值. 即

$$\begin{cases} x_1 = x_{11} + x_{12} + \cdots + x_{1n} + z_1 \\ x_2 = x_{21} + x_{22} + \cdots + x_{2n} + z_2 \\ \qquad\vdots \\ x_n = x_{n1} + x_{n2} + \cdots + x_{nn} + z_n \end{cases} \tag{5.14}$$

用总和号表示可以写成

$$x_j = \sum_{i=1}^{n} x_{ij} + z_j \quad (j = 1, 2, \cdots, n) \tag{5.15}$$

这个方程组称为消耗平衡方程.

式(5.15)中 $\sum_{i=1}^{n} x_{ij}$ 为第 j 部门生产中消耗各部门的产品总和.

注意下面几个关系:

(1) 由式(5.13)和式(5.15)可得

$$\sum_{j=1}^{n} x_{kj} + y_k = \sum_{i=1}^{n} x_{ik} + z_k \quad (k = 1, 2, \cdots, n) \tag{5.16}$$

但一般来说

$$\sum_{j=1}^{n} x_{kj} \neq \sum_{i=1}^{n} x_{ik}, y_k \neq z_k \quad (k = 1, 2, \cdots, n)$$

（2）显然

$$\sum_{i=1}^{n}\left(\sum_{j=1}^{n}x_{ij}+y_i\right)=\sum_{j=1}^{n}\left(\sum_{i=1}^{n}x_{ij}+z_j\right) \tag{5.17}$$

因为等式两边都是社会总产品. 于是有

$$\sum_{i=1}^{n}\sum_{j=1}^{n}x_{ij}+\sum_{i=1}^{n}y_i=\sum_{j=1}^{n}\sum_{i=1}^{n}x_{ij}+\sum_{j=1}^{n}z_j$$

根据总和号性质,有

$$\sum_{i=1}^{n}\sum_{j=1}^{n}x_{ij}=\sum_{j=1}^{n}\sum_{i=1}^{n}x_{ij} \tag{5.18}$$

因此可得

$$\sum_{i=1}^{n}y_i=\sum_{j=1}^{n}z_j \tag{5.19}$$

这表明各部门的最终产品的总和等于各部门新创造的价值的总和(即国民收入).

5.3.2　直接消耗系数

为确定各部门间生产技术性的数量联系,这一节介绍部门间直接消耗系数的概念,并讨论直接消耗系数矩阵的性质.

一、直接消耗系数

如果把电力部门作为第 3 部门,燃料部门作为第 2 部门;假设电力部门每年总产品价值为 3 亿元,而电力部门每年消耗燃料部门 2 400 万元的燃料,那么电力部门每生产价值为 1 元的电,直接消耗燃料部门$\frac{2\,400}{30\,000}=0.08$(元) 的燃料. 这个比值 0.08,就是电力部门对燃料部门的直接消耗系数,记作 a_{23}. 即

$$a_{23}=\frac{2\,400}{30\,000}=0.08$$

定义 5.1　第 j 部门生产单位产品直接消耗第 i 部门的产品量,称为第 j 部门对第 i 部门的直接消耗系数,以 a_{ij} 表示. 即

$$a_{ij}=\frac{x_{ij}}{x_j}\quad (i,j=1,2,\cdots,n) \tag{5.20}$$

换句话说,a_{ij} 也就是第 j 部门生产单位产品,需要第 i 部门直接分配给第 j 部门的产品量.

物质生产部门之间的直接消耗系数,基本上是技术性的,因而是相对稳定的,通常也叫做技术系数.

各部门间的直接消耗系数构成的 n 阶矩阵

$$\boldsymbol{A}=\begin{pmatrix} a_{11} & a_{12} & \cdots & a_{1n} \\ a_{21} & a_{22} & \cdots & a_{2n} \\ \vdots & \vdots & & \vdots \\ a_{n1} & a_{n2} & \cdots & a_{nn} \end{pmatrix}$$

称为直接消耗系数矩阵.

二、平衡方程组的矩阵表示

将 $x_{ij} = a_{ij}x_j$ 代入分配平衡方程组(5.12),得

$$\begin{cases} x_1 = a_{11}x_1 + a_{12}x_2 + \cdots + a_{1n}x_n + y_1 \\ x_2 = a_{21}x_1 + a_{22}x_2 + \cdots + a_{2n}x_n + y_2 \\ \vdots \\ x_n = a_{n1}x_1 + a_{n2}x_2 + \cdots + a_{nn}x_n + y_n \end{cases} \tag{5.21}$$

或写成

$$x_i = \sum_{j=1}^{n} a_{ij}x_j + y_j \quad (i = 1,2,\cdots,n) \tag{5.22}$$

设
$$\boldsymbol{X} = \begin{pmatrix} x_1 \\ x_2 \\ \vdots \\ x_n \end{pmatrix}, \boldsymbol{Y} = \begin{pmatrix} y_1 \\ y_2 \\ \vdots \\ y_n \end{pmatrix}$$

则方程组(5.21)可以写成矩阵形式

$$\boldsymbol{X} = \boldsymbol{AX} + \boldsymbol{Y} \tag{5.23}$$

或

$$(\boldsymbol{I} - \boldsymbol{A})\boldsymbol{X} = \boldsymbol{Y} \tag{5.24}$$

将 $x_{ij} = a_{ij}x_j$ 代入消耗平衡方程组(5.14),得

$$\begin{cases} x_1 = a_{11}x_1 + a_{12}x_2 + \cdots + a_{1n}x_n + z_1 \\ x_2 = a_{21}x_1 + a_{22}x_2 + \cdots + a_{2n}x_n + z_2 \\ \vdots \\ x_n = a_{n1}x_1 + a_{n2}x_2 + \cdots + a_{nn}x_n + z_n \end{cases} \tag{5.25}$$

或写成

$$x_j = \sum_{i=1}^{n} a_{ij}x_j + z_j \quad (j = 1,2,\cdots,n) \tag{5.26}$$

设

$$\boldsymbol{D} = \begin{pmatrix} \sum_{i=1}^{n} a_{i1} & & & \\ & \sum_{i=1}^{n} a_{i2} & & \\ & & \ddots & \\ & & & \sum_{i=1}^{n} a_{in} \end{pmatrix}, \boldsymbol{Z} = \begin{pmatrix} z_1 \\ z_2 \\ \vdots \\ z_n \end{pmatrix}$$

则方程组(5.25)可以写成矩阵形式

$$\boldsymbol{X} = \boldsymbol{DX} + \boldsymbol{Z} \tag{5.27}$$

或

$$(I - D)X = Z \tag{5.28}$$

三、直接消耗系数的性质

第 j 部门对第 i 部门以货币表现的直接消耗系数

$$a_{ij} = \frac{x_{ij}}{x_j} \quad (i,j = 1,2,\cdots,n)$$

有下列性质:

(1)
$$0 \leqslant a_{ij} < 1 \quad (i,j = 1,2,\cdots,n) \tag{5.29}$$

这是因为 $x_{ij} \geqslant 0, x_j > 0$, 且 $x_{ij} < x_j (i,j = 1,2,\cdots,n)$, 所以有 $0 \leqslant a_{ij} < 1 (i,j = 1,2,\cdots,n)$;

(2)
$$\sum_{i=1}^{n} |a_{ij}| < 1 \quad (j = 1,2,\cdots,n) \tag{5.30}$$

这是因为根据消耗平衡方程(5.26),有

$$x_j = \sum_{i=1}^{n} a_{ij}x_j + z_j \quad (j = 1,2,\cdots,n)$$

整理后得

$$\left(1 - \sum_{i=1}^{n} a_{ij}\right) x_j = z_j \quad (j = 1,2,\cdots,n)$$

因为
$$x_j > 0, z_j > 0 \quad (j = 1,2,\cdots,n)$$

那么
$$1 - \sum_{i=1}^{n} a_{ij} > 0 \quad (j = 1,2,\cdots,n)$$

因此
$$\sum_{i=1}^{n} a_{ij} < 1 \quad (j = 1,2,\cdots,n)$$

由式(5.29),上式可写成

$$\sum_{i=1}^{n} |a_{ij}| < 1 \quad (j = 1,2,\cdots,n)$$

5.3.3　平衡方程的解

一、解消耗平衡方程组

在消耗平衡方程组

$$x_j = \sum_{i=1}^{n} a_{ij}x_j + z_j \quad (j = 1,2,\cdots,n)$$

中,如果消耗系数 $a_{ij}(i,j = 1,2,\cdots,n)$ 为已知时,每一个方程中只有两个变量 x_j 与 z_j,如果已知其中一个,可以很容易地解出另一个.

(1) 如果已知 x_j,那么 $z_j = \left(1 - \sum_{i=1}^{n} a_{ij}\right) x_j (j = 1,2,\cdots,n)$;

(2) 如果已知 z_j,那么 $x_j = \dfrac{z_j}{1 - \sum_{i=1}^{n} a_{ij}} (j = 1,2,\cdots,n)$.

二、解分配平衡方程组

在分配平衡方程组

$$x_i = \sum_{j=1}^{n} a_{ij}x_j + y_i \quad (j = 1,2,\cdots,n)$$

中,有 n 个方程,如果 $a_{ij}(i,j = 1,2,\cdots,n)$ 为已知时,有 $2n$ 个变量 $x_1,x_2,\cdots,x_n,y_1,y_2,\cdots,y_n$,每一个方程中有 $n+1$ 个变量.

(1) 如果已知 $x_i(i = 1,2,\cdots,n)$,那么

$$y_i = x_i - \sum_{j=1}^{n} a_{ij}x_j \quad (i = 1,2,\cdots,n)$$

(2) 如果已知 $y_i(i = 1,2,\cdots,n)$,要求 $x_i(i = 1,2,\cdots,n)$ 就成为解含 n 个未知量,n 个方程的线性方程组.

下面讨论平衡方程组有非负解 $x_i(i = 1,2,\cdots,n)$ 存在.

定理 5.1 如果 n 阶矩阵 $\boldsymbol{A} = (a_{ij})$ 具有以下性质:$0 \leqslant a_{ij} < 1(i,j = 1,2,\cdots,n)$ 及 $\sum_{i=1}^{n} |a_{ij}| < 1(j = 1,2,\cdots,n)$,那么,方程$(\boldsymbol{I}-\boldsymbol{A})\boldsymbol{X} = \boldsymbol{Y}$,当 $\boldsymbol{Y}$ 为已知且为非负时,$\boldsymbol{X}$ 存在非负解.

证明略.

现在再讨论在各部门最终产品 $y_i(i = 1,2,\cdots,n)$ 为已知时,解分配平衡方程组,求各部门总产品 $x_i(i = 1,2,\cdots,n)$ 的问题.

如果报告期的消耗系数为矩阵 $\boldsymbol{A}$,设 $\boldsymbol{A}$ 不变,那么计划期的分配平衡方程为

$$\boldsymbol{X} = \boldsymbol{AX} + \boldsymbol{Y}$$

因为 $\boldsymbol{A}$ 为报告期的消耗系数,根据消耗系数的性质有:$0 \leqslant a_{ij} < 1(i,j = 1,2,\cdots,n)$ 及 $\sum_{i=1}^{n} |a_{ij}| < 1(j = 1,2,\cdots,n)$.

因此根据定理 5.1,计划期分配平衡方程组有非负解

$$\boldsymbol{X} = (\boldsymbol{I}-\boldsymbol{A})^{-1}\boldsymbol{Y}$$

并可由分配方程组用迭代法求解.

例 3 设有一个经济系统包括三个部门,在某一个生产周期内各部门间的消耗系数及最终产品如下:

消耗系数 消耗部门 / 生产部门	1	2	3	最终产品
1	0.25	0.1	0.1	245
2	0.2	0.2	0.1	90
3	0.1	0.1	0.2	175

求各部门的总产品及部门间的流量.

解 设 $x_i(i = 1,2,3)$ 表示第 i 部门的总产品.

已知
$$A=\begin{pmatrix}0.25 & 0.1 & 0.1\\ 0.2 & 0.2 & 0.1\\ 0.1 & 0.1 & 0.2\end{pmatrix}$$
代入分配平衡方程组得
$$\begin{cases}x_1=0.25x_1+0.1x_2+0.1x_3+245\\ x_2=0.2x_1+0.2x_2+0.1x_3+90\\ x_3=0.1x_1+0.1x_2+0.2x_3+175\end{cases}$$
取初始解
$$x_1^{(0)}=0\quad x_2^{(0)}=0\quad x_3^{(0)}=0$$
有

(1) $x_1^{(1)}=245, x_2^{(1)}=90, x_3^{(1)}=175$;

(2) $x_1^{(2)}=332.75, x_2^{(2)}=174.5, x_3^{(2)}=243.5$;

(3) $x_1^{(3)}=369.98, x_2^{(3)}=215.8, x_3^{(3)}=274.425$;

(4) $x_1^{(4)}=386.519, x_2^{(4)}=234.6, x_3^{(4)}=288.463$;

(5) $x_1^{(5)}=393.93567, x_2^{(5)}=243.0698, x_3^{(5)}=294.80435$;

(6) $x_1^{(6)}=397.27154, x_2^{(6)}=246.88152, x_3^{(6)}=297.66141$;

(7) $x_1^{(7)}=398.77212, x_2^{(7)}=248.5967, x_3^{(7)}=298.94756$;

……

(16) $x_1^{(16)}=399.99916, x_2^{(16)}=249.99904, x_3^{(16)}=299.99927$.

此方程的精确解是
$$X=(400\quad 250\quad 300)$$
按 $x_1=400, x_2=250, x_3=300$ 计算部门间流量可得 $x_{11}=100, x_{12}=25, x_{13}=30, x_{21}=80, x_{22}=50, x_{23}=30, x_{31}=40, x_{32}=25, x_{33}=60$.

现将所求得的各部门的总产量及部门间流量列表如下：

x_{ij} 消耗部门 / 生产部门	1	2	3	Y	X
1	100	25	30	245	400
2	80	50	30	90	250
3	40	25	60	175	300

5.3.4　完全消耗系数

$a_{ij}=\dfrac{x_{ij}}{x_j}$ 是第 j 部门生产一个单位产品时直接消耗第 i 部门的产品量，所以称为直接消耗系数. 但是第 j 部门生产产品时除直接消耗第 i 部门的产品外，还通过其他部门间接消耗第 i 部门的产品. 例如，炼铁除需要直接消耗煤外，还通过其他部门间接消耗煤；炼铁需要电力,而生产电力需要消耗煤;炼铁需要运输,运输也需要消耗 ……;甚至开采煤本身也需要消耗煤,如此推下去,各部门间形成一个无穷的连锁.

第 j 部门生产产品时直接消耗第 i 部门的产品称为第 j 部门对第 i 部门的直接消耗,第 j 部门生产产品时通过其他各部门间接消耗第 i 部门的产品称为第 j 部门对第 i 部门的间接消耗,我们把直接消耗与间接消耗的和称为完全消耗.

定义 5.2 第 j 部门生产单位产品时对第 i 部门完全消耗产品量称为第 j 部门对第 i 部门的完全消耗系数,用 c_{ij} 表示,即

$$c_{ij} = a_{ij} + c_{i1}a_{1j} + c_{i2}a_{2j} + \cdots + c_{in}a_{nj} =$$

$$a_{ij} + \sum_{k=1}^{n} c_{ik}a_{kj} \quad (i,j = 1,2,\cdots,n) \tag{5.31}$$

假设一个产品单位有 1,2,3 三个部门,如果研究第 2 部门对第 1 部门的完全消耗系数 c_{12},就需考虑第 2 部门在生产过程中,除直接消耗第 1 部门的产品外,还通过其他各部门间接消耗第 1 部门的产品. 例如,考察第 2 部门通过第 3 部门间接消耗第 1 部门的产品,设第 3 部门生产一个产品完全消耗第 1 部门 0.3 个单位产品($c_{13} = 0.3$),而第 2 部门生产一个单位产品直接消耗第 3 部门 0.8 个单位产品($a_{32} = 0.8$),那么第 2 部门生产一个单位产品通过第 3 部门而间接消耗第 1 部门的产品为($c_{13} \cdot a_{32}$) $= 0.3 \times 0.8 = 0.24$(个) 单位产品.

各部门间的完全消耗系数构成的矩阵

$$\boldsymbol{C} = \begin{pmatrix} c_{11} & c_{12} & \cdots & c_{1n} \\ c_{21} & c_{22} & \cdots & c_{2n} \\ \vdots & \vdots & & \vdots \\ c_{n1} & c_{n2} & \cdots & c_{nn} \end{pmatrix}$$

称为完全消耗系数矩阵.

将式(5.31) 用矩阵形式表示为

$$\boldsymbol{C} = \boldsymbol{A} + \boldsymbol{CA}$$

即

$$\boldsymbol{C}(\boldsymbol{I} - \boldsymbol{A}) = \boldsymbol{A}$$

则

$$\boldsymbol{C} = \boldsymbol{A}(\boldsymbol{I} - \boldsymbol{A})^{-1} = [\boldsymbol{I} - (\boldsymbol{I} - \boldsymbol{A})](\boldsymbol{I} - \boldsymbol{A})^{-1} = (\boldsymbol{I} - \boldsymbol{A})^{-1} - \boldsymbol{I}$$

所以

$$\boldsymbol{C} = (\boldsymbol{I} - \boldsymbol{A})^{-1} - \boldsymbol{I} \tag{5.32}$$

如已知直接消耗系数矩阵 $\boldsymbol{A} = (a_{ij})$,求完全消耗系数矩阵,可直接由方程组(5.31) 求解,亦可由关系式(5.30) 求得.

例 4 求例 3 题的经济系统的完全消耗系数矩阵.

解 例 3 给出

$$\boldsymbol{A} = \begin{pmatrix} 0.25 & 0.1 & 0.1 \\ 0.2 & 0.2 & 0.1 \\ 0.1 & 0.1 & 0.2 \end{pmatrix}$$

于是

$$\boldsymbol{I} - \boldsymbol{A} = \begin{pmatrix} 0.75 & -0.1 & -0.1 \\ -0.2 & 0.8 & -0.1 \\ -0.1 & -0.1 & 0.8 \end{pmatrix}$$

求出

$$(\boldsymbol{I}-\boldsymbol{A})^{-1}=\begin{pmatrix} \dfrac{0.63}{0.4455} & \dfrac{0.09}{0.4455} & \dfrac{0.09}{0.4455} \\ \dfrac{0.17}{0.4455} & \dfrac{0.59}{0.4455} & \dfrac{0.095}{0.4455} \\ \dfrac{0.1}{0.4455} & \dfrac{0.085}{0.4455} & \dfrac{0.58}{0.4455} \end{pmatrix}$$

由

$$\boldsymbol{C}=(\boldsymbol{I}-\boldsymbol{A})^{-1}-\boldsymbol{I}$$

可得

$$\boldsymbol{C}=\begin{pmatrix} \dfrac{0.1845}{0.4455} & \dfrac{0.09}{0.4455} & \dfrac{0.09}{0.4455} \\ \dfrac{0.17}{0.4455} & \dfrac{0.1445}{0.4455} & \dfrac{0.095}{0.4455} \\ \dfrac{0.1}{0.4455} & \dfrac{0.085}{0.4455} & \dfrac{0.1345}{0.4455} \end{pmatrix}$$

下面利用完全消耗系数来分析最终产品与总产品的关系.

根据关系式(5.32),可把分配平衡方程的解

$$\boldsymbol{X}=(\boldsymbol{I}-\boldsymbol{A})^{-1}\boldsymbol{Y}$$

改写为

$$\boldsymbol{X}=(\boldsymbol{C}+\boldsymbol{I})\boldsymbol{Y}$$

即

$$\begin{pmatrix} x_1 \\ x_2 \\ \vdots \\ x_n \end{pmatrix}=\begin{pmatrix} c_{11}+1 & c_{12} & \cdots & c_{1n} \\ c_{21} & c_{22}+1 & \cdots & c_{2n} \\ \vdots & \vdots & & \vdots \\ c_{n1} & c_{n2} & \cdots & c_{nn}+1 \end{pmatrix}\begin{pmatrix} y_1 \\ y_2 \\ \vdots \\ y_n \end{pmatrix}$$

于是有

$$x_i=c_{i1}y_1+c_{i2}y_2+\cdots+c_{in}y_n+y_i=\sum_{j=1}^{n}c_{ij}y_j+y_i\quad(i=1,2,\cdots,n)\tag{5.33}$$

由式(5.33)可以看出 $\sum\limits_{j=1}^{n}c_{ij}y_j(i=1,2,\cdots,n)$ 是第 i 部门分配给各部门的生产消耗总和,它可以表示成各部门最终的加权和,其加权系数为相应的完全消耗系数. 另外,也可以将第 i 部门$(i=1,2,\cdots,n)$的总产品 x_i 表示为各部门最终产品的加权和;其加权系数除 y_i 的权数为 $c_{ii}+1$ 外,其余 $y_j(j=1,2,\cdots,n,j\neq i)$ 的权数都是相应的完全消耗系数.

如已知报告期的完全消耗系数及计划期的各部门最终产品,可由式(5.33)求出各部门总产品.

特别是当个别部门最终产品改变计划,需要重新计算各部门总产品时利用式(5.33)就非常方便.

如 y_j 改变为 $y_j+\Delta y_j$,其他不变,设此时 x_i 改变为 $x_i+\Delta x_i$,那么

$$x_i+\Delta x_i=c_{i1}y_1+c_{i2}y_2+\cdots+c_{ij}(y_j+\Delta y_j)+\cdots+c_{in}y_n+y_i\tag{5.34}$$

于是可得

$$\Delta x_i=c_{ij}\Delta c y_j$$

因此,要求的各部门新的总产品,只要算出 $c_{1j}\Delta y_j, c_{2j}\Delta y_j, \cdots, (c_{jj}+1)\Delta y_j, \cdots, c_{nj}\Delta y_j$,分别加于原来的 $x_1, x_2, \cdots, x_j, \cdots, x_n$ 即得.

注意:完全消耗系数 c_{ij} 并不意味着当第 j 部门生产单位总产品时,需要第 i 部门提供的产品量为 c_{ij},根据上面的讨论,c_{ij} 表示当其他部门最终产品不变,第 j 部门最终产品增加一个单位时,第 i 部门($i \neq j$)的总产品量就要增加 c_{ij} 个单位(当 $i=j$ 时,第 i 部门的总产品量就要增加 $c_{ij}+1$ 个单位).

例 5 一个经济系统有三个部门,其完全消耗系数如下:

	1	2	3
1	0.384	0.367	0.31
2	1.299 4	0.977 4	0.904
3	1.158	1.328	0.893

下一个生产周期最终产品计划,第 1 部门为 90,第 2 部门为 70,第 3 部门为 160. 那么各部门总产品要达到多少,才能满足计划要求?

解 由式(5.33)有

$$x_1 = 0.384 \times 90 + 0.367 \times 70 + 0.31 \times 160 + 90 \approx 200$$
$$x_2 = 1.229\,4 \times 90 + 0.977\,4 \times 70 + 0.904 \times 160 + 70 \approx 400$$
$$x_3 = 1.158 \times 90 + 1.328 \times 70 + 0.893 \times 160 + 160 \approx 500$$

5.3.5 实物表现的投入产出数学模型

前面讨论的是货币表现的投入产出模型,其中产品数量是用货币单位,现在研究实物表现的投入产出模型,其中产品数量用实物单位.

设用 $q_i(i=1,2,\cdots,n)$,$q_{ij}(i,j=1,2,\cdots,n)$,$r_i(i=1,2,\cdots,n)$,分别表示实物单位的第 i 部门的总产品,第 i 部门向第 j 部门提供的产品,第 i 部门的最终产品.

那么,有平衡方程组

$$q_i = \sum_{j=1}^{n} q_{ij} + r_i \quad (i=1,2,\cdots,n) \tag{5.35}$$

并定义第 j 部门对第 i 部门的直接消耗系数为

$$b_{ij} = \frac{q_{ij}}{q_j} \quad (i,j=1,2,\cdots,n) \tag{5.36}$$

例 6 设煤炭部门作为第 2 部门,生铁部门作为第 3 部门,如果生产 1 000 万吨铁需要直接消耗第 2 部门 2 000 万吨煤,则每生产 1 万吨铁需要消耗第 2 部门 2 万吨煤,即

$$b_{23} = \frac{2\,000}{1\,000} = 2$$

以 $q_{ij} = b_{ij}q_j$ 代入方程组(5.35),得

$$q_i = \sum_{j=1}^{n} b_{ij}q_j + r_i \quad (i=1,2,\cdots,n) \tag{5.37}$$

设
$$B=\begin{pmatrix}b_{11}&b_{12}&\cdots&b_{1n}\\b_{21}&b_{22}&\cdots&b_{2n}\\\vdots&\vdots&&\vdots\\b_{n1}&b_{n2}&\cdots&b_{nn}\end{pmatrix},Q=\begin{pmatrix}q_1\\q_2\\\vdots\\q_n\end{pmatrix},R=\begin{pmatrix}r_1\\r_2\\\vdots\\r_n\end{pmatrix}$$

则方程组(5.37)的矩阵形式为

$$Q=BQ+R \tag{5.38}$$

或

$$(I-B)Q=R \tag{5.39}$$

当给定 $R>0$ 时,实物表现的分配平衡方程(5.39)是否有非负解存在? 由于矩阵 B 不具有用货币表现时矩阵 A 的性质($0\leqslant a_{ij}<1,\sum_{j=1}^{n}|a_{ij}|<1$),但可以通过证明 A 与 B 相似,而得出方程组(5.39)有非负解存在.

如果设第 i 部门产品价格为 $p_i(i=1,2,\cdots,n)$,则

$$x_i=p_iq_i\quad(i=1,2,\cdots,n)$$

$$a_{ij}=\frac{x_{ij}}{x_j}=\frac{p_iq_{ij}}{p_jq_j}=\frac{p_i}{p_j}b_{ij}\quad(i,j=1,2,\cdots,n)$$

由

$$\begin{pmatrix}a_{11}&a_{12}&\cdots&a_{1n}\\a_{21}&a_{22}&\cdots&a_{2n}\\\vdots&\vdots&&\vdots\\a_{n1}&a_{n2}&\cdots&a_{nn}\end{pmatrix}=\begin{pmatrix}\frac{p_1}{p_1}b_{11}&\frac{p_1}{p_2}b_{12}&\cdots&\frac{p_1}{p_n}b_{1n}\\\frac{p_2}{p_1}b_{21}&\frac{p_2}{p_2}b_{22}&\cdots&\frac{p_2}{p_n}b_{2n}\\\vdots&\vdots&&\vdots\\\frac{p_n}{p_1}b_{n1}&\frac{p_n}{p_2}b_{n2}&\cdots&\frac{p_n}{p_n}b_{nn}\end{pmatrix}=$$

$$\begin{pmatrix}p_1&&&\\&p_2&&\\&&\ddots&\\&&&p_n\end{pmatrix}\begin{pmatrix}b_{11}&b_{12}&\cdots&b_{1n}\\b_{21}&b_{22}&\cdots&b_{2n}\\\vdots&\vdots&&\vdots\\b_{n1}&b_{n2}&\cdots&b_{nn}\end{pmatrix}\begin{pmatrix}\frac{1}{p_1}&&&\\&\frac{1}{p_2}&&\\&&\ddots&\\&&&\frac{1}{p_n}\end{pmatrix}=PBP^{-1}$$

于是得出 A 与 B 相似,由于相似矩阵有相同的特征值,因此,由平衡方程组有非负解的讨论知方程(5.39)有非负解

$$Q=(I-B)^{-1}R \tag{5.40}$$

习　题　五

1. 血友病也是一种遗传疾病,得这种病的人由于体内没有能力生产血凝块因子而不能使出血停止. 很有意思的是,虽然男人及女人都会得这种病,但只有女人才有通过遗传传递这种缺损的能力. 若已知某时刻的男人和女人的比例为1∶1.2,试建立一个预测这种

遗传疾病逐代扩散的数学模型.

2. 一个包括三个部门的经济系统,已知报告期直接消耗系数矩阵为

$$A=\begin{pmatrix}0.2 & 0.2 & 0.3125\\0.14 & 0.15 & 0.25\\0.16 & 0.5 & 0.1875\end{pmatrix}$$

如计划期最终产品为 $Y=\begin{pmatrix}60\\55\\120\end{pmatrix}$,求计划期的各部门总产品 X.

*第 6 章 上机计算(III)

随着现代科学技术飞速发展,计算手段日趋“电算化”. 数学教学中引入计算机辅助教学、培养学生电算能力已成为数学教学改革一个当务之急. 因此开设本章上机计算(III),针对于工程中常用的线性代数中行列式的运算、向量及向量组的运算、矩阵的运算、解线性方程组及特征值特征向量和二次型的运算等给出了计算机程序设计,并给予计算实例,指导学生上机计算.

6.1　行列式与矩阵的计算

6.1.1　行列式与矩阵

上机目的

掌握行列式矩阵的输入方法. 掌握利用 Mathematica（4.0 以上版本）对矩阵进行转置、加、减、数乘、相乘、乘方等运算，并能求矩阵的逆矩阵和计算方阵的行列式.

基本命令

在 Mathematica 中，向量和矩阵是以表的形式给出的.

1. 表在形式上是用花括号括起来的若干表达式，表达式之间用逗号隔开.

如输入

{2,4,8,16}

{x,x+1,y,Sqrt[2]}

则输入了两个向量.

2. 表的生成函数.

(1)最简单的数值表生成函数 Range，其命令格式如下：

Range[正整数 n]—生成表{1,2,3,4,…,n}；

Range[m, n]—生成表{m,…,n}；

Range[m, n, dx]—生成表{m,…,n}，步长为 dx.

(2)通用表的生成函数 Table. 例如，输入命令

Table[n^3,{n,1,20,2}]

则输出 {1,27,125,343,729,1331,2197,3375,4913,6859}

输入

```
Table[x*y,{x,3},{y,3}]
```

则输出

```
{{1,2,3},{2,4,6},{3,6,9}}
```

3. 表作为向量和矩阵.

一层表在线性代数中表示向量，二层表表示矩阵. 例如,矩阵

$$\begin{pmatrix}2 & 3\\4 & 5\end{pmatrix}$$

可以用数表{{2,3},{4,5}}表示.

输入

```
A={{2,3},{4,5}}
```

则输出

```
{{2,3},{4,5}}
```

命令 MatrixForm[A]把矩阵 $\boldsymbol{A}$ 显示成通常的矩阵形式. 例如，输入命令

```
MatrixForm[A]
```

则输出

$$\begin{pmatrix}2 & 3\\4 & 5\end{pmatrix}$$

下面是一个生成抽象矩阵的例子.

输入

```
Table[a[i,j],{i,4},{j,3}]
MatrixForm[%]
```

则输出

$$\begin{pmatrix}a[1,1] & a[1,2] & a[1,3]\\a[2,1] & a[2,2] & a[2,3]\\a[3,1] & a[3,2] & a[3,3]\\a[4,1] & a[4,2] & a[4,3]\end{pmatrix}$$

注:这个矩阵也可以用命令 Array 生成,如输入

```
Array[a,{4,3}]//MatrixForm
```

则输出与上一命令相同.

4. 命令 IdentityMatrix[n]生成 n 阶单位矩阵.

例如,输入

```
IdentityMatrix[5]
```

则输出一个 5 阶单位矩阵(输出略).

5. 命令 DiagonalMatrix[…]生成 n 阶对角矩阵.

例如,输入

```
DiagonalMatrix[{b[1],b[2],b[3]}]
```

则输出

{{b[1],0,0},{0,b[2],0},{0,0,b[3]}}

它是一个以 b[1], b[2], b[3]为主对角线元素的3阶对角矩阵.

6. 矩阵的线性运算:A+B 表示矩阵 $\boldsymbol{A}$ 与 $\boldsymbol{B}$ 的加法;k * A 表示数 k 与矩阵 $\boldsymbol{A}$ 的乘法;A · B 或 Dot[A,B]表示矩阵 $\boldsymbol{A}$ 与矩阵 $\boldsymbol{B}$ 的乘法.

7. 求矩阵 $\boldsymbol{A}$ 的转置的命令:Transpose[A].

8. 求方阵 $\boldsymbol{A}$ 的 n 次幂的命令:MatrixPower[A,n].

9. 求方阵 $\boldsymbol{A}$ 的逆的命令:Inverse[A].

10. 求向量 $\boldsymbol{a}$ 与 $\boldsymbol{b}$ 的内积的命令:Dot[a,b].

实验举例

1. 矩阵 $\boldsymbol{A}$ 的转置函数 Transpose[A].

例1　求矩阵的转置.

输入

```
ma={{1,3,5,1},{7,4,6,1},{2,2,3,4}};
Transpose[ma]//MatrixForm
```

输出为

$$\begin{pmatrix} 1 & 7 & 2 \\ 3 & 4 & 2 \\ 5 & 6 & 3 \\ 1 & 1 & 4 \end{pmatrix}$$

如果输入

```
Transpose[{1,2,3}]
```

输出中提示命令有错误. 由此可见, 向量不区分行向量或列向量.

2. 矩阵线性运算.

例2　设 $\boldsymbol{A}=\begin{pmatrix} 3 & 4 & 5 \\ 4 & 2 & 6 \end{pmatrix}$, $\boldsymbol{B}=\begin{pmatrix} 4 & 2 & 7 \\ 1 & 9 & 2 \end{pmatrix}$, 求 $\boldsymbol{A}+\boldsymbol{B}$, $4\boldsymbol{B}-2\boldsymbol{A}$.

输入

```
A={{3,4,5},{4,2,6}};
B={{4,2,7},{1,9,2}};
A+B//MatrixForm
4B-2A//MatrixForm
```

输出为

$$\begin{pmatrix} 7 & 6 & 12 \\ 5 & 11 & 8 \end{pmatrix}$$

$$\begin{pmatrix} 10 & 0 & 18 \\ -4 & 32 & -4 \end{pmatrix}$$

如果矩阵 $\boldsymbol{A}$ 的行数等于矩阵 $\boldsymbol{B}$ 的列数, 则可进行求 $\boldsymbol{AB}$ 的运算. 系统中乘法运算符为"·", 即用 $A \cdot B$ 求 $\boldsymbol{A}$ 与 $\boldsymbol{B}$ 的乘积, 也可以用命令 Dot[A,B]实现. 对方阵 $\boldsymbol{A}$, 可用

MatrixPower[A,n]求其 n 次幂.

例 3 设 $\boldsymbol{ma}=\begin{pmatrix}3&4&5&2\\4&2&6&3\end{pmatrix}$,$\boldsymbol{mb}=\begin{pmatrix}4&2&7\\1&9&2\\0&3&5\\8&4&1\end{pmatrix}$,求矩阵 $\boldsymbol{ma}$ 与 $\boldsymbol{mb}$ 的乘积.

输入

```
Clear[ma,mb];
ma={{3,4,5,2},{4,2,6,3}};
mb={{4,2,7},{1,9,2},{0,3,5},{8,4,1}};
ma. mb//MatrixForm
```

输出为

$$\begin{pmatrix}32&65&56\\42&56&65\end{pmatrix}$$

3. 矩阵的乘法运算.

例 4 设 $\boldsymbol{A}=\begin{pmatrix}4&2&7\\1&9&2\\0&3&5\end{pmatrix}$,$\boldsymbol{B}=\begin{pmatrix}1\\0\\1\end{pmatrix}$,求 $\boldsymbol{AB}$ 与 $\boldsymbol{B}^{\mathrm{T}}\boldsymbol{A}$,并求 $\boldsymbol{A}^3$.

输入

```
Clear[A,B];
A={{4,2,7},{1,9,2},{0,3,5}};
B={1,0,1};
A · B
```

输出为

{11,3,5}

这是列向量 $\boldsymbol{B}$ 右乘矩阵 $\boldsymbol{A}$ 的结果. 如果输入

```
B · A
```

输出为

{4,5,12}

这是行向量 $\boldsymbol{B}^{\mathrm{T}}$ 左乘矩阵 $\boldsymbol{A}$ 的结果 $\boldsymbol{B}^{\mathrm{T}}\boldsymbol{A}$,这里不需要先求 $\boldsymbol{B}$ 的转置. 求方阵 $\boldsymbol{A}$ 的三次方,输入

```
MatrixPower[A,3]//MatrixForm
```

输出为

$$\begin{pmatrix}119&660&555\\141&932&444\\54&477&260\end{pmatrix}$$

例 5 设 $\boldsymbol{A}=\begin{pmatrix}-1&1&1\\1&-1&1\\1&2&3\end{pmatrix}$,$\boldsymbol{B}=\begin{pmatrix}3&2&1\\0&4&1\\-1&2&-4\end{pmatrix}$,求 $3\boldsymbol{AB}-2\boldsymbol{A}$ 及 $\boldsymbol{A}^{\mathrm{T}}\boldsymbol{B}$.

输入

```
A={{-1,1,1},{1,-1,1},{1,2,3}}
MatrixForm[A]
B={{3,2,1},{0,4,1},{-1,2,-4}}
MatrixForm[B]
3A·B-2A//MatrixForm
Transpose[A]·B//MatrixForm
```

则输出 $3\boldsymbol{AB}-2\boldsymbol{A}$ 及 $\boldsymbol{A}^{\mathrm{T}}\boldsymbol{B}$ 的运算结果分别为

$$\begin{pmatrix} -10 & 10 & -14 \\ 4 & 2 & -14 \\ -2 & 44 & -33 \end{pmatrix}$$

$$\begin{pmatrix} -4 & 4 & -4 \\ 1 & 2 & -8 \\ 0 & 12 & -10 \end{pmatrix}$$

4. 求方阵的逆.

例 6　设 $\boldsymbol{A}=\begin{pmatrix} 2 & 1 & 3 & 2 \\ 5 & 2 & 3 & 3 \\ 0 & 1 & 4 & 6 \\ 3 & 2 & 1 & 5 \end{pmatrix}$,求 $\boldsymbol{A}^{-1}$.

输入

```
Clear[ma]
ma={{2,1,3,2},{5,2,3,3},{0,1,4,6},{3,2,1,5}};
Inverse[ma]//MatrixForm
```

则输出

$$\begin{pmatrix} -\frac{7}{4} & \frac{21}{16} & \frac{1}{2} & -\frac{11}{16} \\ \frac{11}{2} & -\frac{29}{8} & -2 & \frac{19}{8} \\ \frac{1}{2} & -\frac{1}{8} & 0 & -\frac{1}{8} \\ -\frac{5}{4} & \frac{11}{16} & \frac{1}{2} & -\frac{5}{16} \end{pmatrix}$$

注: 如果输入

```
Inverse[ma//MatrixForm]
```

则得不到所要的结果, 即求矩阵的逆时必须输入矩阵的数表形式.

例 7　求矩阵 $\begin{pmatrix} 7 & 12 & 8 & 24 \\ 5 & 34 & 6 & -8 \\ 32 & 4 & 30 & 24 \\ -26 & 9 & 27 & 0 \end{pmatrix}$ 的逆矩阵.

输入

```
A={{7,12,8,24},{5,34,6,-8},{32,4,30,24},{-26,9,27,0}}
MatrixForm[A]
Inverse[A]//MatrixForm
```

例 8 设 $\boldsymbol{A}=\begin{pmatrix}3&0&4&4\\2&1&3&3\\1&5&3&4\\1&2&1&5\end{pmatrix}$，$\boldsymbol{B}=\begin{pmatrix}0&3&2\\7&1&3\\1&3&3\\1&2&2\end{pmatrix}$，求 $\boldsymbol{A}^{-1}\boldsymbol{B}$.

输入

```
Clear[A,B];
A={{3,0,4,4},{2,1,3,3},{1,5,3,4},{1,2,1,5}};
B={{0,3,2},{7,1,3},{1,3,3},{1,2,2}};
Inverse[ma]·B//MatrixForm
```

输出为

$$\begin{pmatrix}9&-\frac{61}{16}&\frac{9}{16}\\-25&\frac{93}{8}&-\frac{9}{8}\\-1&\frac{9}{8}&\frac{3}{8}\\5&-\frac{35}{16}&\frac{7}{16}\end{pmatrix}$$

对于线性方程组 $\boldsymbol{AX}=\boldsymbol{b}$，如果 $\boldsymbol{A}$ 是可逆矩阵，$\boldsymbol{X},\boldsymbol{b}$ 是列向量，则其解向量为 $\boldsymbol{A}^{-1}\boldsymbol{b}$.

例 9 解方程组 $\begin{cases}3x+2y+z=7\\x-y+3z=6\\2x+4y-4z=-2\end{cases}$.

输入

```
Clear[A,b];
A={{3,2,1},{1,-1,3},{2,4,-4}};
b={7,6,-2};
Inverse[A]·b
```

输出为

{1,1,2}

5. 求方阵的行列式.

例 10 求行列式 $D=\begin{vmatrix}3&1&-1&2\\-5&1&3&-4\\2&0&1&-1\\1&-5&3&-3\end{vmatrix}$.

输入

```
Clear[A];
A={{3,1,-1,2},{-5,1,3,-4},{2,0,1,-1},{1,-5,3,-3}};
Det[A]
```

输出为

$$40$$

例 11　求 $D=\begin{vmatrix} a^2+\frac{1}{a^2} & a & \frac{1}{a} & 1 \\ b^2+\frac{1}{b^2} & b & \frac{1}{b} & 1 \\ c^2+\frac{1}{c^2} & c & \frac{1}{c} & 1 \\ d^2+\frac{1}{d^2} & d & \frac{1}{d} & 1 \end{vmatrix}$.

输入

```
Clear[A,a,b,c,d];
A={{a^2+1/a^2,a,1/a,1},{b^2+1/b^2,b,1/b,1},
{c^2+1/c^2,c,1/c,1},{d^2+1/d^2,d,1/d,1}};
Det[A]//Simplify
```

则输出

$$-\frac{(a-b)(a-c)(b-c)(a-d)(b-d)(c-d)(-1+abcd)}{a^2b^2c^2d^2}$$

例 12　计算范德蒙行列式 $\begin{vmatrix} 1 & 1 & 1 & 1 & 1 \\ x_1 & x_2 & x_3 & x_4 & x_5 \\ x_1^2 & x_2^2 & x_3^2 & x_4^2 & x_5^2 \\ x_1^3 & x_2^3 & x_3^3 & x_4^3 & x_5^3 \\ x_1^4 & x_2^4 & x_3^4 & x_4^4 & x_5^4 \end{vmatrix}$.

输入

```
Clear[x];
Van=Table[x[j]^k,{k,0,4},{j,1,5}]//MatrixForm
```

输出为

$$\begin{pmatrix} 1 & 1 & 1 & 1 & 1 \\ x[1] & x[2] & x[3] & x[4] & x[5] \\ x[1]^2 & x[2]^2 & x[3]^2 & x[4]^2 & x[5]^2 \\ x[1]^3 & x[2]^3 & x[3]^3 & x[4]^3 & x[5]^3 \\ x[1]^4 & x[2]^4 & x[3]^4 & x[4]^4 & x[5]^4 \end{pmatrix}$$

再输入

```
Det[van]
```

则输出结果比较复杂(项很多),若改为输入

```
Det[van]//Simplify
```

或

```
Factor[Det[van]]
```

则有输出

```
(x[1]-x[2])(x[1]-x[3])(x[2]-x[3])(x[1]-x[4])
(x[2]-x[4])(x[3]-x[4])(x[1]-x[5])(x[2]-x[5])
(x[3]-x[5])(x[4]-x[5])
```

例 13 设矩阵 $\boldsymbol{A}=\begin{pmatrix}3 & 7 & 2 & 6 & -4\\ 7 & 9 & 4 & 2 & 0\\ 11 & 5 & -6 & 9 & 3\\ 2 & 7 & -8 & 3 & 7\\ 5 & 7 & 9 & 0 & -6\end{pmatrix}$，求 $|\boldsymbol{A}|$，$\mathrm{tr}(\boldsymbol{A})$，$\boldsymbol{A}^3$.

输入

```
A={{3,7,2,6,-4},{7,9,4,2,0},{11,5,-6,9,3},{2,7,-8,3,7},{5,7,9,0,-6}}
MatrixForm[A]
Det[A]
Tr[A]
MatrixPower[A,3]//MatrixForm
```

则输出 $|\boldsymbol{A}|$，$\mathrm{tr}(\boldsymbol{A})$，$\boldsymbol{A}^3$ 分别为

11592

3

$$\begin{pmatrix}726 & 2062 & 944 & 294 & -358\\ 1848 & 3150 & 26 & 1516 & 228\\ 1713 & 2218 & 31 & 1006 & 404\\ 1743 & 984 & -451 & 1222 & 384\\ 801 & 2666 & 477 & 745 & -125\end{pmatrix}$$

6. 向量的内积.

向量内积的运算仍用“·”表示，也可以用命令 Dot 实现

例 14 求向量 $\boldsymbol{u}=\{1,2,3\}$ 与 $\boldsymbol{v}=\{1,-1,0\}$ 的内积.

输入

```
u={1,2,3};
v={1,-1,0};
u·v
```

输出为

-1

或者输入

```
Dot[u,v]
```

所得结果相同.

6.1.2　矩阵的秩与向量组的极大无关组

上机目的

学习利用 Mathematica 求矩阵的秩,作矩阵的初等行变换；求向量组的秩与极大无关组.

基本命令

(1)求矩阵 $\boldsymbol{M}$ 的所有可能的 k 阶子式组成的矩阵的命令:Minors[M,k].

(2)把矩阵 $\boldsymbol{A}$ 化作行最简形的命令:RowReduce[A].

(3)把数表 1,数表 2,……,合并成一个数表的命令:Join[list1,list2,…]. 例如输入

```
Join[{{1,0,-1},{3,2,1}},{{1,5},{4,6}}]
```

则输出

```
{{1,0,-1},{3,2,1},{1,5},{4,6}}
```

上机举例

1. 求矩阵的秩.

例 15　已知矩阵 $\boldsymbol{M}=\begin{pmatrix}3 & 2 & -1 & -3\\ 2 & -1 & 3 & 1\\ 7 & 0 & t & -1\end{pmatrix}$的秩等于 2, 求常数 t 的值.

左上角的二阶子式不等于 0. 三阶子式应该都等于 0. 输入

```
Clear[M];
M={{3,2,-1,-3},{2,-1,3,1},{7,0,t,-1}};
Minors[M,3]
```

输出为

```
{{35-7t,45-9t,-5+t}}
```

当 $t=5$ 时, 所有的三阶子式都等于 0. 此时矩阵的秩等于 2.

例 16　求矩阵 $\boldsymbol{A}=\begin{pmatrix}6 & 1 & 1 & 7\\ 4 & 0 & 4 & 1\\ 1 & 2 & -9 & 0\\ -1 & 3 & -16 & -1\\ 2 & -4 & 22 & 3\end{pmatrix}$的行最简形及其秩.

输入

```
A={{6,1,1,7},{4,0,4,1},{1,2,-9,0},{-1,3,-16,-1},{2,-4,22,3}}
MatrixForm[A]
RowReduce[A]//MatrixForm
```

则输出矩阵 $\boldsymbol{A}$ 的行最简形

$$\begin{pmatrix}1 & 0 & 1 & 0\\ 0 & 1 & -5 & 0\\ 0 & 0 & 0 & 1\\ 0 & 0 & 0 & 0\\ 0 & 0 & 0 & 0\end{pmatrix}$$

根据矩阵的行最简形,便得矩阵的秩为3.

2. 矩阵的初等行变换.

命令 RowReduce[A]把矩阵 **A** 化作行最简形. 用初等行变换可以求矩阵的秩与矩阵的逆.

例17 设 $\boldsymbol{A}=\begin{pmatrix}2 & -3 & 8 & 2\\ 2 & 12 & -2 & 12\\ 1 & 3 & 1 & 4\end{pmatrix}$,求矩阵 **A** 的秩.

输入

```
Clear[A];
A={{2,-3,8,2},{2,12,-2,12},{1,3,1,4}};
RowReduce[A]//MatrixForm
```

输出为

$$\begin{pmatrix}1 & 0 & 3 & 2\\ 0 & 1 & -\frac{2}{3} & \frac{2}{3}\\ 0 & 0 & 0 & 0\end{pmatrix}$$

因此,**A** 的秩为2.

例18 用初等变换法求矩阵 $\begin{pmatrix}1 & 2 & 3\\ 2 & 2 & 1\\ 3 & 4 & 3\end{pmatrix}$ 的逆矩阵.

输入

```
A={{1,2,3},{2,2,1},{3,4,3}}
MatrixForm[A]
Transpose[Join[Transpose[A],IdentityMatrix[3]]]//MatrixForm
RowReduce[%]//MatrixForm
Inverse[A]//MatrixForm
```

则输出矩阵 **A** 的逆矩阵为

$$\begin{pmatrix}1 & 3 & -2\\ -\frac{3}{2} & -3 & \frac{5}{2}\\ 1 & 1 & -1\end{pmatrix}$$

3. 向量组的秩.

矩阵的秩与它的行向量组, 以及列向量组的秩相等, 因此可以用命令 RowReduce 求向量组的秩.

例19 求向量组 $\boldsymbol{\alpha}_1=(1,2,-1,1)$, $\boldsymbol{\alpha}_2=(0,-4,5,-2)$, $\boldsymbol{\alpha}_3=(2,0,3,0)$ 的秩.

将向量写作矩阵的行, 输入

```
Clear[A];
A={{1,2,-1,1},{0,-4,5,-2},{2,0,3,0}};
```

```
RowReduce[A]//MatrixForm
```

则输出

$$\begin{pmatrix} 1 & 0 & \frac{3}{2} & 0 \\ 0 & 1 & -\frac{4}{5} & \frac{1}{2} \\ 0 & 0 & 0 & 0 \end{pmatrix}$$

这里有两个非零行，矩阵的秩等于2. 因此，它的行向量组的秩也等于2.

例20　向量组 $\boldsymbol{\alpha}_1=(1,1,2,3),\boldsymbol{\alpha}_2=(1,-1,1,1),\boldsymbol{\alpha}_3=(1,3,4,5),\boldsymbol{\alpha}_4=(3,1,5,7)$ 是否线性相关?

输入

```
Clear[A];
A={{1,1,2,3},{1,-1,1,1},{1,3,4,5},{3,1,5,7}};
RowReduce[A]//MatrixForm
```

则输出

$$\begin{pmatrix} 1 & 0 & 0 & 2 \\ 0 & 1 & 0 & 1 \\ 0 & 0 & 1 & 0 \\ 0 & 0 & 0 & 0 \end{pmatrix}$$

向量组包含四个向量，而它的秩等于3，因此，这个向量组线性相关.

例21　向量组 $\boldsymbol{\alpha}_1=(2,2,7),\boldsymbol{\alpha}_2=(3,-1,2),\boldsymbol{\alpha}_3=(1,1,3)$ 是否线性相关?

输入

```
Clear[A];
A={{2,2,7},{3,-1,2},{1,1,3}};
RowReduce[A]//MatrixForm
```

则输出

$$\begin{pmatrix} 1 & 0 & 0 \\ 0 & 1 & 0 \\ 0 & 0 & 1 \end{pmatrix}$$

向量组包含三个向量，而它的秩等于3，因此，这个向量组线性无关.

4. 向量组的极大无关组.

例22　求向量组

$\boldsymbol{\alpha}_1=(1,-1,2,4),\boldsymbol{\alpha}_2=(0,3,1,2),\boldsymbol{\alpha}_3=(3,0,7,14),\boldsymbol{\alpha}_4=(1,-1,2,0),\boldsymbol{\alpha}_5=(2,1,5,0)$

的极大无关组，并将其他向量用极大无关组线性表示.

输入

```
Clear[A,B];
A={{1,-1,2,4},{0,3,1,2},{3,0,7,14},{1,-1,2,0},{2,1,5,0}};
B=Transpose[A];
```

```
RowReduce[B]//MatrixForm
```

则输出

$$\begin{pmatrix} 1 & 0 & 3 & 0 & -\frac{1}{2} \\ 0 & 1 & 1 & 0 & 1 \\ 0 & 0 & 0 & 1 & \frac{5}{2} \\ 0 & 0 & 0 & 0 & 0 \end{pmatrix}$$

在行最简形中有三个非零行，因此向量组的秩等于 3. 非零行的首元素位于第一、二、四列，因此 $\boldsymbol{\alpha}_1,\boldsymbol{\alpha}_2,\boldsymbol{\alpha}_4$ 是向量组的一个极大无关组. 第三列的前两个元素分别是 3,1，于是 $\boldsymbol{\alpha}_3=3\boldsymbol{\alpha}_1+\boldsymbol{\alpha}_2$. 第五列的前三个元素分别是 $-\frac{1}{2},1,\frac{5}{2}$，于是 $\boldsymbol{\alpha}_5=-\frac{1}{2}\boldsymbol{\alpha}_1+\boldsymbol{\alpha}_2+\frac{5}{2}\boldsymbol{\alpha}_4$.

5. 向量组的等价.

可以证明：两个向量组等价的充分必要条件是：以它们为行向量构成的矩阵的行最简形具有相同的非零行，因此，还可以用命令 RowReduce 证明两个向量组等价.

例 23 设向量

$$\boldsymbol{\alpha}_1=(2,1,-1,3),\boldsymbol{\alpha}_2=(3,-2,1,-2),\boldsymbol{\beta}_1=(-5,8,-5,12),\boldsymbol{\beta}_2=(4,-5,3,-7)$$

求证：向量组 $\boldsymbol{\alpha}_1,\boldsymbol{\alpha}_2$ 与 $\boldsymbol{\beta}_1,\boldsymbol{\beta}_2$ 等价.

将向量分别写作矩阵 $\boldsymbol{A}$, $\boldsymbol{B}$ 的行向量，输入

```
Clear[A,B];
A={{2,1,-1,3},{3,-2,1,-2}};
B={{-5,8,-5,12},{4,-5,3,-7}};
RowReduce[A]//MatrixForm
RowReduce[B]//MatrixForm
```

则输出

$$\begin{pmatrix} 1 & 0 & -\frac{1}{7} & \frac{4}{7} \\ 0 & 1 & -\frac{5}{7} & \frac{13}{7} \end{pmatrix}$$

与

$$\begin{pmatrix} 1 & 0 & -\frac{1}{7} & \frac{4}{7} \\ 0 & 1 & -\frac{5}{7} & \frac{13}{7} \end{pmatrix}$$

两个行最简形相同，因此两个向量组等价.

6.2 线性方程组的求解

上机目的

熟悉求解线性方程组的常用命令，能利用 Mathematica 命令求各类线性方程组的解.

理解计算机求解的实用意义.

基本命令

(1)命令 NullSpace[A],给出齐次方程组 $AX=\mathbf{0}$ 的解空间的一个基.

(2)命令 LinearSolve[A,b],给出非齐次线性方程组 $\boldsymbol{AX}=\boldsymbol{b}$ 的一个特解.

(3)解一般方程或方程组的命令 Solve 见 Mathematica 入门.

上机举例

1. 求齐次线性方程组的解空间.

设 $\boldsymbol{A}$ 为 $m\times n$ 矩阵,$\boldsymbol{X}$ 为 n 维列向量,则齐次线性方程组 $\boldsymbol{AX}=\mathbf{0}$ 必定有解. 若矩阵 $\boldsymbol{A}$ 的秩等于 n,则只有零解;若矩阵 $\boldsymbol{A}$ 的秩小于 n,则有非零解,且所有解构成一向量空间. 命令 NullSpace 给出齐次线性方程组 $\boldsymbol{AX}=\mathbf{0}$ 的解空间的一个基.

例 24　求解线性方程组 $\begin{cases}x_1+x_2+2x_3-x_4=0\\3x_1-2x_2-3x_3+2x_4=0\\5x_2+7x_3+3x_4=0\\2x_1-3x_2-5x_3-x_4=0\end{cases}$.

输入

```
Clear[A];
A={{1,1,2,-1},{3,-2,-3,2},{0,5,7,3},{2,-3,-5,-1}};
Nullspace[A]
```

输出为

```
{ }
```

因此解空间的基是一个空集,说明该线性方程组只有零解.

例 25　向量组

$$\boldsymbol{\alpha}_1=(1,1,2,3)^{\mathrm{T}},\boldsymbol{\alpha}_2=(1,-1,1,1)^{\mathrm{T}},\boldsymbol{\alpha}_3=(1,3,4,5)^{\mathrm{T}},\boldsymbol{\alpha}_4=(3,1,5,7)^{\mathrm{T}}$$

是否线性相关?

根据定义, 如果向量组线性相关, 则齐次线性方程组

$$x_1\boldsymbol{\alpha}_1+x_2\boldsymbol{\alpha}_2+x_3\boldsymbol{\alpha}_3+x_4\boldsymbol{\alpha}_4=0$$

有非零解.

输入

```
Clear[A,B];
A={{1,1,2,3},{1,-1,1,1},{1,3,4,5},{3,1,5,7}};
B=Transpose[A];
NullSpace[B]
```

输出为

```
{{-2,-1,0,1}}
```

说明向量组线性相关,且 $-2\boldsymbol{\alpha}_1-\boldsymbol{\alpha}_2+\boldsymbol{\alpha}_4=\mathbf{0}$.

2. 非齐次线性方程组的特解.

例 26 求线性方程组$\begin{cases}x_1+x_2+2x_3-x_4=4\\3x_1-2x_2-x_3+2x_4=2\\5x_2+7x_3+3x_4=-2\\2x_1-3x_2-5x_3-x_4=4\end{cases}$的特解.

输入

```
Clear[A,b];
A={{1,1,2,-1},{3,-2,-1,2},{0,5,7,3},{2,-3,-5,-1}};
b={4,2,-2,4}
Linearsolve[A,b]
```

输出为

{1,1,-1,0}

注:命令 Linearsolve 只给出线性方程组的一个特解.

例 27 求出通过平面上三点(0,7),(1,6)和(2,9)的二次多项式 ax^2+bx+c,并画出其图形.

根据题设条件有$\begin{cases}0\cdot a+0\cdot b+c=7\\1\cdot a+1\cdot b+c=6\\4\cdot a+2\cdot b+c=9\end{cases}$, 输入

```
Clear[x];
A={{0,0,1},{1,1,1},{4,2,1}}
y={7,6,9}
p=LinearSolve[A,y]
Clear[a,b,c,r,s,t];{a,b,c} · {r,s,t}
f[x]=p · {x^2,x,1};
Plot[f[x],{x,0,2},GridLines->Automatic,PlotRange->All];
```

则输出 a,b,c 的值为

{2,-3,7}

并画出二次多项式 $2x^2-3x+7$ 的图形(略).

3. 非齐次线性方程组的通解.

用命令 Solve 求非齐次线性方程组的通解.

例 28 当 a 为何值时,方程组$\begin{cases}ax_1+x_2+x_3=1\\x_1+ax_2+x_3=1\\x_1+x_2+ax_3=1\end{cases}$无解、有唯一解、有无穷多解?当方程组有解时,求通解.

先计算系数行列式,并求 a,使行列式等于 0.

输入

```
Clear[a];
Det[{{a,1,1},{1,a,1},{1,1,a}}];
```

```
Solve[%==0,a]
```

则输出

```
{{a→-2},{a→1},{a→1}}
```

当 $a\neq-2$, $a\neq1$ 时,方程组有唯一解. 输入

```
Solve[{a*x+y+z==1,x+a*y+z==1,x+y+a*z==1},{x,y,z}]
```

则输出

$$\{\{x\to\frac{1}{2+a},\ y\to\frac{1}{2+a},\ z\to\frac{1}{2+a}\}\}$$

当 $a=-2$ 时,输入

```
Solve[{-2x+y+z==1,x-2y+z==1,x+y-2z==1},{x,y,z}]
```

则输出

```
{ }
```

说明方程组无解.

当 $a=1$ 时,输入

```
Solve[{x+y+z==1,x+y+z==1,x+y+z==1},{x,y,z}]
```

则输出

```
{{x→1-y-z}}
```

说明有无穷多个解. 非齐次线性方程组的特解为(1,0,0),对应的齐次线性方程组的基础解系为为(-1,1,0)与(-1,0,1).

例 29　求非齐次线性方程组 $\begin{cases}2x_1+x_2-x_3+x_4=1\\3x_1-2x_2+x_3-3x_4=4\\x_1+4x_2-3x_3+5x_4=-2\end{cases}$ 的通解.

解法一　输入

```
A={{2,1,-1,1},{3,-2,1,-3},{1,4,-3,5}};b={1,4,-2};
particular=LinearSolve[A,b]
nullspacebasis=NullSpace[A]
generalsolution=t*nullspacebasis[[1]]+k*nullspacebasis[[2]]+Flatten[particular]
generalsolution//MatrixForm
```

解法二　输入

```
B={{2,1,-1,1,1},{3,-2,1,-3,4},{1,4,-3,5,-2}}
RowReduce[B]//MatrixForm
```

根据增广矩阵的行最简形,易知方程组有无穷多解. 其通解为

$$\begin{pmatrix}x_1\\x_2\\x_3\\x_4\end{pmatrix}=k\begin{pmatrix}\frac{1}{7}\\\frac{5}{7}\\1\\0\end{pmatrix}+t\begin{pmatrix}\frac{1}{7}\\-\frac{9}{7}\\0\\1\end{pmatrix}+\begin{pmatrix}\frac{6}{7}\\-\frac{5}{7}\\0\\0\end{pmatrix}\quad(k,t\text{ 为任意常数})$$

6.3 求矩阵的特征值与特征向量

上机目的

学习利用 Mathematica(4.0 以上版本)命令求方阵的特征值和特征向量;能利用软件计算方阵的特征值和特征向量及求二次型的标准形.

基本命令

(1)求方阵 ***M*** 的特征值的命令 Eigenvalues[M].

(2)求方阵 ***M*** 的特征向量的命令 Eigenvectors[M].

(3)求方阵 ***M*** 的特征值和特征向量的命令 Eigensystem[M].

注:在使用后面两个命令时,如果输出中含有零向量,则输出中的非零向量才是真正的特征向量.

(4)对向量组施行正交单位化的命令 GramSchmidt.

使用这个命令,先要调用"线性代数.向量组正交化"软件包,输入

```
<<Linear Algebra\Orthogonalization. m
```

执行后,才能对向量组施行正交单位化的命令.

命令 GramSchmidt[A]给出与矩阵 ***A*** 的行向量组等价的且已正交化的单位向量组.

(5)求方阵 ***A*** 的相似变换矩阵 ***S*** 和相似变换的约当标准型 ***J*** 的命令 Jordan Decomposition[A].

注:因为实对称阵的相似变换的标准型必是对角阵. 所以,如果 ***A*** 为实对称阵,则 Jordan Decomposition[A]同时给出 ***A*** 的相似变换矩阵 ***S*** 和 ***A*** 的相似对角矩阵 ***Λ***.

上机举例

例 30 求矩阵 $A=\begin{pmatrix}-1 & 0 & 2\\ 1 & 2 & -1\\ 1 & 3 & 0\end{pmatrix}$ 的特征值与特值向量.

(1)求矩阵 ***A*** 的特征值. 输入

```
A={{-1,0,2},{1,2,-1},{1,3,0}}
MatrixForm[A]
Eigenvalues[A]
```

则输出 ***A*** 的特征值

$$\{-1,1,1\}$$

(2)求矩阵 ***A*** 的特征向量. 输入

```
A={{-1,0,2},{1,2,-1},{1,3,0}}
MatrixForm[A]
Eigenvectors[A]
```

则输出

$$\{\{-3,1,0\},\{1,0,1\},\{0,0,0\}\}$$

即 $\boldsymbol{A}$ 的特征向量为$\begin{pmatrix}-3\\1\\0\end{pmatrix},\begin{pmatrix}1\\0\\1\end{pmatrix}$.

(3)利用命令 Eigensystem 同时求矩阵 $\boldsymbol{A}$ 的所有特征值与特征向量. 输入

```
A={{-1,0,2},{1,2,-1},{1,3,0}}
MatrixForm[A]
Eigensystem[A]
```

则输出矩阵 $\boldsymbol{A}$ 的特征值及其对应的特征向量.

例 31　求方阵 $\boldsymbol{M}=\begin{pmatrix}1&2&3\\2&1&3\\3&3&6\end{pmatrix}$的特征值和特征向量.

输入

```
Clear[M];
M={{1,2,3,},{2,1,3}{3,3,6}};
Eigenvalues[M]
Eigenvectors[M]
Eigensystem[M]
```

则分别输出

```
{-1,0,9}
{{-1,1,0},{-1,-1,1}{1,1,2}}
{{-1,0,9},{{-1,1,0},{-1,-1,1}{1,1,2}}}
```

例 32　求矩阵 $\boldsymbol{A}=\begin{pmatrix}\frac{1}{3}&\frac{1}{3}&-\frac{1}{2}\\\frac{1}{5}&1&-\frac{1}{3}\\6&1&-2\end{pmatrix}$的特征值和特征向量的近似值.

输入

```
A={{1/3,1/3,-1/2},{1/5,1,-1/3},{6,1,-2}};
Eigensystem[A]
```

则屏幕输出的结果很复杂,原因是矩阵 $\boldsymbol{A}$ 的特征值中有复数且其精确解太复杂. 此时,可采用近似形式输入矩阵 $\boldsymbol{A}$,则输出结果也采用近似形式来表达.

输入

```
A={{1/3,1/3,-1/2},{1/5,1,-1/3},{6,1,-2}};
Eigensystem[A]
```

则输出

```
{{-0.748989+1.27186i,-0.748989-1.27186i,0.831311},
{{0.179905+0.192168i,0.116133+0.062477i,0.955675+0.i},
{0.179905-0.192168i,0.116133-0.062477i,0.955675+0.i},
```

```
{-0.0872248,-0.866789,-0.490987}}}
```

从中可以看到 $\boldsymbol{A}$ 有两个复特征值与一个实特征值. 属于复特征值的特征向量也是复的；属于实特征值的特征向量也是实的.

例 33 已知2是方阵 $\boldsymbol{A}=\begin{pmatrix}3&0&0\\1&t&3\\1&2&3\end{pmatrix}$ 的特征值,求 t.

输入

```
Clear[A,q];
A={{2-3,0,0},{-1,2-t,-3},{-1,-2,2-3}};
q=Det[A]
Solve[q==0,t]
```

则输出

```
{{t→8}}
```

即当 $t=8$ 时,2是方阵 $\boldsymbol{A}$ 的特征值.

例 34 已知 $\boldsymbol{x}=(1,1,-1)$ 是方阵 $\boldsymbol{A}=\begin{pmatrix}2&-1&2\\5&a&3\\-1&b&-2\end{pmatrix}$ 的一个特征向量,求参数 a,b 及特征向量 $\boldsymbol{x}$ 所属的特征值.

设所求特征值为 t,输入

```
Clear[A,B,v,a,b,t];
A={{t-2,1,-2},{-5,t-a,-3},{1,-b,t+2}};
v={1,1,-1};
B=A.v;
Solve[{B[[1]]==0,B[[2]]==0,B[[3]]==0},{a,b,t}]
```

则输出

```
{{a→-3, b→0, t→-1}}
```

即 $a=-3,b=0$ 时,向量 $\boldsymbol{x}=(1,1,-1)$ 是方阵 $\boldsymbol{A}$ 的属于特征值-1的特征向量.

1. 矩阵的相似变换.

例 35 设矩阵 $\boldsymbol{A}=\begin{pmatrix}4&1&1\\2&2&2\\2&2&2\end{pmatrix}$,求一可逆矩阵 $\boldsymbol{P}$,使 $\boldsymbol{P}^{-1}\boldsymbol{AP}$ 为对角矩阵.

解法一 输入

```
Clear[A,P];
A={{4,1,1},{2,2,2},{2,2,2}};
Eigenvalues[A]
P=Eigenvectors[A]//Transpose
```

则输出

{0,2,6}

{{0,-1,1},{-1,1,1},{1,1,1}}

即矩阵 $\boldsymbol{A}$ 的特征值为0,2,6. 特征向量为$\begin{pmatrix}0\\-1\\1\end{pmatrix}$,$\begin{pmatrix}-1\\1\\1\end{pmatrix}$与$\begin{pmatrix}1\\1\\1\end{pmatrix}$,矩阵 $\boldsymbol{P}=\begin{pmatrix}0&-1&1\\-1&1&1\\1&1&1\end{pmatrix}$.

可验证 $\boldsymbol{P}^{-1}\boldsymbol{AP}$ 为对角阵，事实上,输入

```
Inverse[P]·A·P
```

则输出

{{0,0,0},{0,2,0},{0,0,6}}

因此,矩阵 $\boldsymbol{A}$ 在相似变换矩阵 $\boldsymbol{P}$ 的作用下,可化作对角阵.

解法二　直接使用 JordanDecomposition 命令，输入

```
jor=JordanDecomposition[A]
```

则输出

{{{0,-1,1},{-1,1,1},{1,1,1}},{{0,0,0},{0,2,0},{0,0,6}}}

可取出第一个矩阵 $\boldsymbol{S}$ 和第二个矩阵 $\boldsymbol{\Lambda}$,事实上,输入

```
jor[[1]]
jor[[2]]
```

则输出

{{0,-1,1},{-1,1,1},{1,1,1}}

{{0,0,0},{0,2,0},{0,0,6}}

输出结果与解法一得到的结果完全相同.

例36　已知方阵 $\boldsymbol{A}=\begin{pmatrix}-2&0&0\\2&x&2\\3&1&1\end{pmatrix}$与 $B=\begin{pmatrix}-1&0&0\\0&2&0\\0&0&y\end{pmatrix}$相似，求 x,y.

注意矩阵 $\boldsymbol{B}$ 是对角矩阵,特征值是 $-1,2,y$. 又矩阵 $\boldsymbol{A}$ 是分块下三角矩阵,-2 是矩阵 $\boldsymbol{A}$ 的特征值. 矩阵 $\boldsymbol{A}$ 与 $\boldsymbol{B}$ 相似,则 $y=-2$,且 $-1,2$ 也是矩阵 $\boldsymbol{A}$ 的特征值.

输入

```
Clear[c,v];
v={{4,0,0},{-2,2-x,-2},{-3,-1,1}};
Solve[Det[v]==0,x]
```

则输出

{{x→0}}

所以 $x=0,y=-2$.

例37　对实对称矩阵 $\boldsymbol{A}=\begin{pmatrix}0&1&1&0\\1&0&1&0\\1&1&0&0\\0&0&0&2\end{pmatrix}$,求一个正交阵 $\boldsymbol{P}$,使 $\boldsymbol{P}^{-1}\boldsymbol{AP}$ 为对角阵.

输入

```
<<LinearAlgebra\Orthogonalization. m
Clear[A,P]
A={{0,1,1,0},{1,0,1,0},{1,1,0,0},{0,0,0,2}};
Eigenvalues[A]
Eigenvectors[A]
```

输出的特征值与特征向量为

```
{-1,-1,2,2}
{{-1,0,1,0},{-1,1,0,0},{0,0,0,1},{1,1,1,0}}
```

再输入

```
P=GramSchmidt[Eigenvectors[A]]//Transpose
```

输出为已经正交化和单位化的特征向量并且经转置后的矩阵 $\boldsymbol{P}$

$$\left\{\left\{-\frac{1}{\sqrt{2}},-\frac{1}{\sqrt{6}},0,\frac{1}{\sqrt{3}}\right\},\left\{0,\sqrt{\frac{2}{3}},0,\frac{1}{\sqrt{3}}\right\}\right\},\left\{\left\{\frac{1}{\sqrt{2}},-\frac{1}{\sqrt{6}},0,\frac{1}{\sqrt{3}}\right\},\{0,0,1,0\}\right\}$$

为了验证 $\boldsymbol{P}$ 是正交阵，以及 $\boldsymbol{P}^{-1}\boldsymbol{AP}=\boldsymbol{P}^{\mathrm{T}}\boldsymbol{AP}$ 是对角阵，输入

```
Transpose[P]. P
Inverse[P]. A. P//Simplify
Transpose[P]. A. P//Simplify
```

则输出

```
{{1,0,0,0},{0,1,0,0},{0,0,1,0},{0,0,0,1}}
{{-1,0,0,0},{0,-1,0,0},{0,0,2,0},{0,0,0,2}}
{{-1,0,0,0},{0,-1,0,0},{0,0,2,0},{0,0,0,2}}
```

第一个结果说明 $\boldsymbol{P}^{\mathrm{T}}\boldsymbol{P}=\boldsymbol{E}$，因此 $\boldsymbol{P}$ 是正交阵；第二个与第三个结果说明

$$\boldsymbol{P}^{-1}\boldsymbol{AP}=\boldsymbol{P}^{\mathrm{T}}\boldsymbol{AP}=\begin{pmatrix}-1&&&\\&-1&&\\&&2&\\&&&2\end{pmatrix}$$

例 38　已知二次型

$$f(x_1,x_2,x_3)=x_1^2-2x_2^2+x_3^2+2x_1x_2-4x_1x_3+2x_2x_3$$

(1)求标准形；(2)求正惯性指数；(3)判断二次型是否正定.

输入

```
A={{1,1,-2},{1,-2,1},{-2,1,1}}
Eigenvalues[A]
```

则输出矩阵 $\boldsymbol{A}$ 的特征值为

```
{-3,0,3}
```

所以二次型的标准形为 $f=3y_1^2+3y_2^2$，正惯性指数为 1，该二次型不是正定的.

例 39　求正交变换将二次型

$$f(x_1,x_2,x_3)=x_1^2+x_2^2+x_3^2+x_4^2+2x_1x_2-2x_1x_4+2x_2x_3-2x_3x_4$$

化为标准形.

输入

```
A={{1,1,0,-1},{1,1,1,0},{0,1,1,-1},{-1,0,-1,1}}
MatrixForm[A]
X={x1,x2,x3,x4};
Expand[X. A. X]
<<LinearAlgebra\Orthogonalization. m
P=GramSchmidt[Eigenvectors[A]]
P. A. Inverse[P]//MatrixForm
```

则输出所求的正交变换矩阵 $\boldsymbol{P}$ 与二次型矩阵 $\boldsymbol{A}$ 的标准形. 从结果知，所求二次型的标准型为

$$g=-y_1^2+y_2^2+y_3^2+y_4^2$$

习　题　六

1. 设 $\boldsymbol{A}=\begin{pmatrix}\lambda & 1 & 0\\ 0 & \lambda & 1\\ 0 & 0 & \lambda\end{pmatrix}$. 求 $\boldsymbol{A}^{10}$,并求出 $\boldsymbol{A}^k$ 的表达式?（k 是正整数）

2. 求 $\begin{pmatrix}1+a & 1 & 1 & 1 & 1\\ 1 & 1+a & 1 & 1 & 1\\ 1 & 1 & 1+a & 1 & 1\\ 1 & 1 & 1 & 1+a & 1\\ 1 & 1 & 1 & 1 & 1+a\end{pmatrix}$ 的逆.

3. 设 $\boldsymbol{A}=\begin{pmatrix}4 & 2 & 3\\ 1 & 1 & 0\\ -1 & 2 & 3\end{pmatrix}$,且 $\boldsymbol{AB}=\boldsymbol{A}+2\boldsymbol{B}$,求 $\boldsymbol{B}$.

4. 利用逆矩阵解线性方程组 $\begin{cases}x_1+2x_2+3x_3=1\\ 2x_1+2x_2+5x_3=2.\\ 3x_1+5x_2+x_3=3\end{cases}$

5. 求矩阵 $\boldsymbol{A}=\begin{pmatrix}1 & -1 & 2 & 1 & 0\\ 2 & -2 & 4 & -2 & 0\\ 3 & 0 & 6 & -1 & 1\\ 2 & 1 & 4 & 2 & 1\end{pmatrix}$ 的秩.

6. 求 t，使得矩阵 $\boldsymbol{A}=\begin{pmatrix}1 & 3 & 2\\ 2 & -1 & 3\\ 3 & 2 & t\end{pmatrix}$ 的秩等于2.

7. 求向量组 $\boldsymbol{\alpha}_1=(0,0,1),\boldsymbol{\alpha}_2=(0,1,1),\boldsymbol{\alpha}_3=(1,1,1),\boldsymbol{\alpha}_4=(1,0,0)$ 的秩.

8. 当 t 取何值时，向量组 $\boldsymbol{\alpha}_1=(1,1,1),\boldsymbol{\alpha}_2=(1,2,3),\boldsymbol{\alpha}_3=(1,3,t)$ 的秩最小?

9. 向量组 $\boldsymbol{\alpha}_1=(1,1,1,1),\boldsymbol{\alpha}_2=(1,-1,-1,1),\boldsymbol{\alpha}_3=(1,-1,1,-1),\boldsymbol{\alpha}_4=(1,1,-1,1)$ 是否线性相关?

10. 求向量组 $\boldsymbol{\alpha}_1=(1,2,3,4)$，$\boldsymbol{\alpha}_2=(2,3,4,5)$，$\boldsymbol{\alpha}_3=(3,4,5,6)$ 的最大线性无关组. 并用极大无关组线性表示其他向量.

11. 设向量 $\boldsymbol{\alpha}_1=(-1,3,6,0)$，$\boldsymbol{\alpha}_2=(8,3,-3,18)$，$\boldsymbol{\beta}_1=(3,0,-3,6)$，$\boldsymbol{\beta}_2=(2,3,3,6)$，求证:向量组 $\boldsymbol{\alpha}_1,\boldsymbol{\alpha}_2$ 与 $\boldsymbol{\beta}_1,\boldsymbol{\beta}_2$ 等价.

12. 解方程组 $\begin{cases}2x_1-x_2+3x_3=0\\2x_1+x_2+x_3=0\\4x_1+x_2+2x_3=0\end{cases}$.

13. 解方程组 $\begin{cases}2x_1-4x_2+5x_3+3x_4=0\\3x_1-6x_2+4x_3+2x_4=0\\4x_1-8x_2+17x_3+11x_4=0\end{cases}$.

14. 解方程组 $\begin{cases}x_1-2x_2+3x_3-4x_4=4\\x_2-x_3+x_4=-3\\x_1+x_3-2x_4=-2\end{cases}$.

15. 解方程组 $\begin{cases}x_1+2x_2+x_3-x_4=2\\x_1+x_2+2x_3+x_4=3\\x_1-x_2+4x_3+5x_4=2\end{cases}$.

16. 用三种方法求方程组 $\begin{cases}2x_1+5x_2-8x_3=8\\4x_1+3x_2-9x_3=9\\2x_1+3x_2-5x_3=7\\x_1+8x_2-7x_3=12\end{cases}$ 的唯一解.

17. 当 a,b 为何值时,方程组 $\begin{cases}x_1+x_2+x_3+x_4=0\\x_2+2x_3+2x_4=1\\-x_2+(a-3)x_3-2x_4=b\\3x_1+2x_2+x_3+ax_4=-1\end{cases}$ 有唯一解、无解、有无穷多解？对后者求通解.

18. 求方阵 $\boldsymbol{A}=\begin{pmatrix}-1&2&2\\2&-1&-2\\2&-2&-1\end{pmatrix}$ 的特征值与特征向量.

19 . 求方阵 $\boldsymbol{A}=\begin{pmatrix}1&1&1&1\\1&1&-1&-1\\1&-1&1&-1\\1&-1&-1&1\end{pmatrix}$ 的特征值与特征向量.

20. 已知:0 是方阵 $\begin{pmatrix}1&0&1\\0&2&0\\1&0&t\end{pmatrix}$ 的特征值,求 t.

21. 设向量 $\boldsymbol{x}=(1,k,1)^{\mathrm{T}}$ 是方阵 $\boldsymbol{A}=\begin{pmatrix}2&1&1\\1&2&1\\1&1&2\end{pmatrix}$ 的特征向量,求 k.

22. 方阵 $\boldsymbol{A}=\begin{pmatrix}0&-1&2\\0&1&0\\1&-1&1\end{pmatrix}$ 是否与对角阵相似?

23. 已知:方阵 $\boldsymbol{A}=\begin{pmatrix}2&0&0\\0&0&1\\0&1&x\end{pmatrix}$ 与 $\boldsymbol{B}=\begin{pmatrix}2&0&0\\0&y&0\\0&0&-1\end{pmatrix}$ 相似.

(1)求 x 与 y;

(2)求一个满足关系 $\boldsymbol{P}^{-1}\boldsymbol{A}\boldsymbol{P}=\boldsymbol{B}$ 的方阵 $\boldsymbol{P}$.

24. 设方阵 $\boldsymbol{A}=\begin{pmatrix}1&2&4\\2&-2&2\\4&2&1\end{pmatrix}$,求正交阵 $\boldsymbol{C}$,使得 $\boldsymbol{B}=\boldsymbol{C}^{\mathrm{T}}\boldsymbol{A}\boldsymbol{C}$ 是对角阵.

习题答案

习题一

1. (1)0,0;(2)6;(3) ± 1, ± 2;(4)$3 \cdot 2^n$.
2. CBAA
3. (1) 0; (2) $(-1)^{n-1} \cdot n!$.
4. (1) $(a+b+c)(a-b)(b-c)(c-a)$; (2) $\prod_{1 \leq j \leq i \leq 4}(a_i - a_j)$.
5. 证明略.
6. (1)$(n+2) \cdot 2^{n-1}$; (2) $[x+(n-1)a](x-a)^{n-1}$;

(3) $3^{n+1} - 2^{n+1}$; (4) $a_1 a_2 \cdots a_n \left(1 + \sum_{i=1}^{n} \frac{1}{a_i}\right)$.

7. $x_1 = 1$, $x_2 = 2$, $x_3 = 3$, $x_4 = -1$.
8. $\lambda \neq 0,2$ 或 3.

习题二

1. (1)2;(2)2; (3)$\boldsymbol{E}$;(4) $|\boldsymbol{A}|^{n-1}$.
2. BDDCBBBD
3. $\begin{pmatrix} x_1 \\ x_2 \\ x_3 \end{pmatrix} = \begin{pmatrix} 2 & 2 & 1 \\ 3 & 1 & 5 \\ 3 & 2 & 3 \end{pmatrix} \begin{pmatrix} y_1 \\ y_2 \\ y_3 \end{pmatrix}$.
4. $\begin{pmatrix} x_1 \\ x_2 \\ x_3 \end{pmatrix} = \begin{pmatrix} -6 & 1 & 3 \\ 12 & -4 & 9 \\ -10 & -1 & 16 \end{pmatrix} \begin{pmatrix} z_1 \\ z_2 \\ z_3 \end{pmatrix}$
5. $3\boldsymbol{AB} - 2\boldsymbol{A} = \begin{pmatrix} -2 & 13 & 22 \\ -2 & -17 & 20 \\ 4 & 29 & -2 \end{pmatrix}$, $\boldsymbol{A}^{\mathrm{T}}\boldsymbol{B} = \begin{pmatrix} 0 & 5 & 8 \\ 0 & -5 & 6 \\ 2 & 9 & 0 \end{pmatrix}$.

6. (1) $\begin{pmatrix}35\\6\\49\end{pmatrix}$; (2) (10); (3) $\begin{pmatrix}-2&4\\-1&2\\-3&6\end{pmatrix}$; (4) $\begin{pmatrix}6&-7&8\\20&-5&-6\end{pmatrix}$;

(5) $a_{11}x_1^2+a_{22}x_2^2+a_{33}x_3^2+2a_{12}x_1x_2+2a_{13}x_1x_3+2a_{23}x_2x_3$;

(6) $\begin{pmatrix}1&2&5&2\\0&1&2&-4\\0&0&-4&3\\0&0&0&-9\end{pmatrix}$.

7. (1) $\boldsymbol{AB}\neq\boldsymbol{BA}$; (2) $(\boldsymbol{A}+\boldsymbol{B})^2\neq\boldsymbol{A}^2+2\boldsymbol{AB}+\boldsymbol{B}^2$; (3) $(\boldsymbol{A}+\boldsymbol{B})(\boldsymbol{A}-\boldsymbol{B})\neq\boldsymbol{A}^2-\boldsymbol{B}^2$.

8. (1) 取 $\boldsymbol{A}=\begin{pmatrix}0&1\\0&0\end{pmatrix}$, $\boldsymbol{A}^2=\boldsymbol{0}$, 但 $\boldsymbol{A}\neq\boldsymbol{0}$;

(2) 取 $\boldsymbol{A}=\begin{pmatrix}1&1\\0&0\end{pmatrix}$, $\boldsymbol{A}^2=\boldsymbol{A}$, 但 $\boldsymbol{A}\neq\boldsymbol{0}$ 且 $\boldsymbol{A}\neq\boldsymbol{E}$;

(3) 取 $\boldsymbol{A}=\begin{pmatrix}1&0\\0&0\end{pmatrix}$, $\boldsymbol{X}=\begin{pmatrix}1&1\\-1&1\end{pmatrix}$, $\boldsymbol{Y}=\begin{pmatrix}1&1\\0&1\end{pmatrix}$, $\boldsymbol{AX}=\boldsymbol{AY}$ 且 $\boldsymbol{A}\neq\boldsymbol{0}$, 但 $\boldsymbol{X}\neq\boldsymbol{Y}$.

9. $\boldsymbol{A}^2=\begin{pmatrix}1&0\\2\lambda&1\end{pmatrix}$, $\boldsymbol{A}^3=\begin{pmatrix}1&0\\3\lambda&1\end{pmatrix}$, $\cdots$, $\boldsymbol{A}^k=\begin{pmatrix}1&0\\k\lambda&1\end{pmatrix}$.

10. $\boldsymbol{A}^k=\begin{pmatrix}\lambda^k&k\lambda^{k-1}&\frac{k(k-1)}{2}\lambda^{k-2}\\0&\lambda^k&k\lambda^{k-1}\\0&0&\lambda^k\end{pmatrix}$.

13. (1) $\boldsymbol{A}^{-1}=\begin{pmatrix}5&-2\\-2&1\end{pmatrix}$; (2) $\boldsymbol{A}^{-1}=\begin{pmatrix}\cos\theta&\sin\theta\\-\sin\theta&\cos\theta\end{pmatrix}$;

(3) $\boldsymbol{A}^{-1}=\begin{pmatrix}-2&1&0\\-\frac{13}{2}&3&-\frac{1}{2}\\-16&7&-1\end{pmatrix}$; (4) $\boldsymbol{A}^{-1}=\begin{pmatrix}1&0&0&0\\-\frac{1}{2}&\frac{1}{2}&0&0\\-\frac{1}{2}&-\frac{1}{6}&\frac{1}{3}&0\\\frac{1}{8}&-\frac{5}{24}&-\frac{1}{12}&\frac{1}{4}\end{pmatrix}$;

(5) $\boldsymbol{A}^{-1}=\begin{pmatrix}1&-2&0&0\\-2&5&0&0\\0&0&2&-3\\0&0&-5&8\end{pmatrix}$; (6) $\boldsymbol{A}^{-1}=\begin{pmatrix}\frac{1}{a_1}&&&\boldsymbol{0}\\&\frac{1}{a_2}&&\\&&\ddots&\\\boldsymbol{0}&&&\frac{1}{a_n}\end{pmatrix}$.

14. (1)$\begin{pmatrix}2 & -23\\0 & 8\end{pmatrix}$；(2)$\begin{pmatrix}-2 & 2 & 1\\-\frac{8}{3} & 5 & -\frac{2}{3}\end{pmatrix}$；(3)$\begin{pmatrix}1 & 1\\\frac{1}{4} & 0\end{pmatrix}$；(4)$\begin{pmatrix}2 & -1 & 0\\1 & 3 & -4\\1 & 0 & -2\end{pmatrix}$.

15. (1)$\begin{cases}x_1=1\\x_2=0\\x_3=0\end{cases}$；(2)$\begin{cases}x_1=5\\x_2=0\\x_3=3\end{cases}$.

16. 证明略.

17. $A^{-1}=\frac{1}{2}(A-E)$，$(A+2E)^{-1}=\frac{1}{4}(3E-A)$.

18. $\begin{pmatrix}0 & 3 & 3\\-1 & 2 & 3\\1 & 1 & 0\end{pmatrix}$.

19. $\begin{pmatrix}2\ 731 & 2\ 732\\-683 & -684\end{pmatrix}$.

20. 证明略.

21. 证明略.

22. (1)$\begin{pmatrix}1 & 0 & 0 & 0\\0 & 0 & 1 & 0\\0 & 0 & 0 & 1\end{pmatrix}$；(2)$\begin{pmatrix}0 & 1 & 0 & 5\\0 & 0 & 1 & 3\\0 & 0 & 0 & 0\end{pmatrix}$；(3)$\begin{pmatrix}1 & -1 & 0 & 2 & -3\\0 & 0 & 1 & -2 & 2\\0 & 0 & 0 & 0 & 0\\0 & 0 & 0 & 0 & 0\end{pmatrix}$；

(4)$\begin{pmatrix}1 & 0 & 2 & 0 & -2\\0 & 1 & -1 & 0 & 3\\0 & 0 & 0 & 1 & 4\\0 & 0 & 0 & 0 & 0\end{pmatrix}$.

23. 在秩是 r 的矩阵中，可能存在等于 0 的 $r-1$ 阶子式，也可能存在等于 0 的 r 阶子式.

24. $R(A)\geqslant R(B)$.

25. $\begin{pmatrix}1 & 0 & 1 & 0 & 0\\1 & -1 & 0 & 0 & 0\\0 & 0 & 0 & 1 & 0\\0 & 0 & 0 & 0 & 1\\0 & 0 & 0 & 0 & 0\end{pmatrix}$.

26. (1) 秩为 2，二阶子式 $\begin{vmatrix}3 & 1\\1 & -1\end{vmatrix}=-4$；(2) 秩为 2，二阶子式 $\begin{vmatrix}3 & 2\\2 & -1\end{vmatrix}=-7$；

(3) 秩为 3，三阶子式 $\begin{vmatrix}0 & 7 & -5\\5 & 8 & 0\\3 & 2 & 0\end{vmatrix}=70$.

27. (1) $\begin{pmatrix} \frac{7}{6} & \frac{2}{3} & -\frac{3}{2} \\ -1 & -1 & 2 \\ -\frac{1}{2} & 0 & \frac{1}{2} \end{pmatrix}$; (2) $\begin{pmatrix} 1 & 1 & -2 & -4 \\ 0 & 1 & 0 & -1 \\ -1 & -1 & 3 & 6 \\ 2 & 1 & -6 & -10 \end{pmatrix}$.

28. 方程组无解.

29. (1) 当 $a \neq -1$ 时;(2) 当 $a = -1$,$b \neq 0$ 时;(3) 当 $a = -1$,$b = 0$ 时.

30. (1) $x_1 = 1, x_2 = 2, x_3 = -2$; (2) 方程组无解;

(3) $\begin{pmatrix} x_1 \\ x_2 \\ x_3 \\ x_4 \end{pmatrix} = \begin{pmatrix} 1 \\ 0 \\ 3 \\ 0 \end{pmatrix} + c_1 \begin{pmatrix} 1 \\ 1 \\ 0 \\ 0 \end{pmatrix} + c_2 \begin{pmatrix} -1 \\ 0 \\ -4 \\ 1 \end{pmatrix}$ (c_1, c_2 为任意常数).

31. (1) 当 $k \neq 1$ 且 $k \neq -2$ 时, $x_1 = \frac{D_1}{|\boldsymbol{A}|} = -\frac{k+1}{k+2}, x_2 = \frac{D_2}{|\boldsymbol{A}|} = \frac{1}{k+2}$, $x_3 = \frac{D_3}{|\boldsymbol{A}|} = \frac{(k+1)^2}{k+2}$;(2) 当 $k = -2$ 时;

(3) 当 $k = 1$ 时,$\begin{pmatrix} x_1 \\ x_2 \\ x_3 \end{pmatrix} = \begin{pmatrix} 1 \\ 0 \\ 0 \end{pmatrix} + c_1 \begin{pmatrix} -1 \\ 1 \\ 0 \end{pmatrix} + c_2 \begin{pmatrix} -1 \\ 0 \\ 1 \end{pmatrix}$ (c_1, c_2 为任意常数).

32. 有非零解.

33. 当 $\lambda = 4$ 时.

34. (1) $x_1 = 0, x_2 = 0, x_3 = 0$; (2) $\begin{pmatrix} x_1 \\ x_2 \\ x_3 \\ x_4 \end{pmatrix} = c_1 \begin{pmatrix} -2 \\ 1 \\ 0 \\ 0 \end{pmatrix} + c_2 \begin{pmatrix} 1 \\ 0 \\ 0 \\ 1 \end{pmatrix}$ (c_1, c_2 为任意常数).

35. (1) $\begin{pmatrix} 10 & 2 \\ -15 & -3 \\ 12 & 4 \end{pmatrix}$; (2) $\begin{pmatrix} 2 & -1 & -1 \\ -4 & 7 & 4 \end{pmatrix}$.

36. 证明略.

37. $|\boldsymbol{A}^8| = 10^{16}, \boldsymbol{A}^4 = \begin{pmatrix} 5^4 & 0 & & \\ 0 & 5^4 & & \boldsymbol{0} \\ & & 2^4 & 0 \\ & \boldsymbol{0} & 2^6 & 2^4 \end{pmatrix}$.

38. $\begin{pmatrix} \boldsymbol{0} & \boldsymbol{A} \\ \boldsymbol{B} & \boldsymbol{0} \end{pmatrix}^{-1} = \begin{pmatrix} \boldsymbol{0} & \boldsymbol{B}^{-1} \\ \boldsymbol{A}^{-1} & \boldsymbol{0} \end{pmatrix}$.

习题三

1. (1) $\left(-\frac{7}{3}, -\frac{5}{3}, -4, -6\right)^{T}$； (2) -8； (3) $k \neq 0, -3$； (4) $\frac{1}{4}$；

(5) 2； (6) 1 ； (7) 1； (8) 2； (9) 7； (10) $-3,2$.

2. ADCDCBDAAA

3. (1) 线性无关；(2) 线性相关；(3) 线性无关；(4) 线性无关.

4. (1) $\boldsymbol{\alpha}_1,\boldsymbol{\alpha}_2,\boldsymbol{\alpha}_3$ 为最大无关组，$\boldsymbol{\alpha}_4 = \frac{8}{5}\boldsymbol{\alpha}_1 - \boldsymbol{\alpha}_2 + 2\boldsymbol{\alpha}_3$；

(2) $\boldsymbol{\alpha}_1,\boldsymbol{\alpha}_2,\boldsymbol{\alpha}_3$为最大无关组，$\boldsymbol{\alpha}_4 = \boldsymbol{\alpha}_1 + 3\boldsymbol{\alpha}_2 - \boldsymbol{\alpha}_3, \boldsymbol{\alpha}_5 = -\boldsymbol{\alpha}_2 + \boldsymbol{\alpha}_3$.

5. 证明略.

6. $mpl = 1$

7. 证明略.

8. 证明略.

9. 证明略.

10. $a = 3b$.

11. $-\frac{3}{2}, \frac{1}{2}, -\frac{3}{2}$.

12. (1) 此方程组的基础解系

$$\boldsymbol{\xi}_1 = (2, -1, 0, 0, 0)^{T}, \quad \boldsymbol{\xi}_2 = (4, 0, 1, -1, 0)^{T}, \quad \boldsymbol{\xi}_3 = (3, 0, 1, 0, 1)^{T}$$

通解为

$$x = k_1\boldsymbol{\xi}_1 + k_2\boldsymbol{\xi}_2 + k_3\boldsymbol{\xi}_3 \quad (k_1, k_2, k_3 \text{ 为任意实数})$$

(2) 此方程组的基础解系

$$\boldsymbol{\xi}_1 = (-1, -1, 1, 2, 0)^{T}, \quad \boldsymbol{\xi}_2 = (7, 5, -5, 0, 8)^{T}$$

通解为

$$x = k_1\boldsymbol{\xi}_1 + k_2\boldsymbol{\xi}_2 \quad (k_1, k_2 \text{ 为任意实数})$$

13. (1) 此方程组的通解为

$$x = k_1\boldsymbol{\xi}_1 + k_2\boldsymbol{\xi}_2 + \boldsymbol{\eta} \quad (k_1, k_2 \text{ 为任意实数})$$

其中$\boldsymbol{\xi}_1 = (-9, 1, 7, 0)^{T}$， $\boldsymbol{\xi}_2 = \left(-4, 0, \frac{7}{2}, 1\right)^{T}$， $\boldsymbol{\eta} = (-17, 0, 14, 0)^{T}$.

(2) 此方程组的通解为

$x = k_1\boldsymbol{\xi}_1 + k_2\boldsymbol{\xi}_2 + \boldsymbol{\eta} \quad (k_1, k_2 \text{ 为任意实数})$

其中$\boldsymbol{\xi}_1 = (1, -2, 0, 1, 0)^{T}$， $\boldsymbol{\xi}_2 = (5, -6, 0, 0, 1)^{T}$， $\boldsymbol{\eta} = (-16, 23, 0, 0, 0)^{T}$.

14. 当 $\lambda = -2$ 时，方程组无解；

当 $\lambda \neq -2$ 且 $\lambda \neq 1$ 时，方程组有唯一解；

当 $\lambda = 1$ 时，方程组有无穷多解，其通解为

$$x = k_1\boldsymbol{\xi}_1 + k_2\boldsymbol{\xi}_2 + \boldsymbol{\eta} \quad (k_1, k_2 \text{ 为任意实数})$$

其中$\boldsymbol{\xi}_1=(-1,1,0)^{\mathrm{T}}$，$\boldsymbol{\xi}_2=(-1,0,1)^{\mathrm{T}}$，$\boldsymbol{\eta}=(-2,0,0)^{\mathrm{T}}$.

15. (1) $a=-4$ 且 $b\neq 0$;(2) $a\neq -4$;

(3) $a=-4$ 且 $b=0$, $\beta=k\alpha_1-(2k+1)\alpha_2+\alpha_3$.

16. 证明略.

习题四

1. (1)$\lambda_1=4,\lambda_2=-2$;(2) $y_1^2+y_2^2-y_3^2$;(3) $(2,+\infty)$.

2. CCDA

3. (1) $(\boldsymbol{b}_1,\boldsymbol{b}_2,\boldsymbol{b}_3)=\begin{pmatrix}1&-1&\frac{1}{3}\\1&0&-\frac{2}{3}\\1&1&\frac{1}{3}\end{pmatrix}$;(2) $(\boldsymbol{b}_1,\boldsymbol{b}_2,\boldsymbol{b}_3)=\begin{pmatrix}1&\frac{1}{3}&-\frac{1}{5}\\0&-1&\frac{3}{5}\\-1&\frac{2}{3}&\frac{3}{5}\\1&\frac{1}{3}&\frac{4}{5}\end{pmatrix}$.

4. (1) 不是;(2) 是.

5. 证明略.

6. (1)$\boldsymbol{A}$ 的特征值为 $\lambda_1=2,\lambda_2=3$; $k_1\begin{pmatrix}-1\\1\end{pmatrix}$ $(k_1\neq 0)$ 是对应于 $\lambda_1=2$ 的全部特征向量; $k_2\begin{pmatrix}-\frac{1}{2}\\1\end{pmatrix}$ $(k_2\neq 0)$ 是对应于 $\lambda_3=3$ 的全部特征向量;不正交.

(2)$\boldsymbol{A}$ 的特征值为 $\lambda_1=0,\lambda_2=-1,\lambda_3=9$;$k_1\begin{pmatrix}-1\\-1\\1\end{pmatrix}$ $(k_1\neq 0)$ 是对应于 $\lambda_1=0$ 的全部特征向量;$k_2\begin{pmatrix}-1\\1\\0\end{pmatrix}$ $(k_2\neq 0)$ 是对应于 $\lambda_2=-1$ 的全部特征向量;$k_3\begin{pmatrix}\frac{1}{2}\\\frac{1}{2}\\1\end{pmatrix}$ $(k_3\neq 0)$ 是对应于 $\lambda_3=9$ 的全部特征向量;正交.

7. $x=4,y=5$.

8. 证明略.

9. $\boldsymbol{A}=\frac{1}{3}\begin{pmatrix}-1&0&2\\0&1&2\\2&2&0\end{pmatrix}$.

10. $\boldsymbol{A}=\begin{pmatrix}4&1&1\\1&4&1\\1&1&4\end{pmatrix}$.

11. (1) $\boldsymbol{P}=\frac{1}{3}\begin{pmatrix}1&2&2\\2&1&-2\\2&-2&1\end{pmatrix}$, $\boldsymbol{P}^{-1}\boldsymbol{AP}=\begin{pmatrix}-2&0&0\\0&1&0\\0&0&4\end{pmatrix}$.

(2) $\boldsymbol{P}=\begin{pmatrix}-\frac{2}{\sqrt{5}}&\frac{2\sqrt{5}}{15}&-\frac{1}{3}\\\frac{1}{\sqrt{5}}&\frac{4\sqrt{5}}{15}&-\frac{2}{3}\\0&\frac{\sqrt{5}}{3}&\frac{2}{3}\end{pmatrix}$, $\boldsymbol{P}^{-1}\boldsymbol{AP}=\begin{pmatrix}1&0&0\\0&1&0\\0&0&1\end{pmatrix}$.

12. (1) $\varphi(\boldsymbol{A})=-2\begin{pmatrix}1&1\\1&1\end{pmatrix}$; (2) $\varphi(\boldsymbol{A})=2\begin{pmatrix}1&1&-2\\1&1&-2\\-2&-2&4\end{pmatrix}$.

13. (1) $f=(x,y,z)\begin{pmatrix}1&2&1\\2&4&2\\1&2&1\end{pmatrix}\begin{pmatrix}x\\y\\z\end{pmatrix}$;

(2) $f=(x,y,z)\begin{pmatrix}1&-1&-2\\-1&1&-2\\-2&-2&-7\end{pmatrix}\begin{pmatrix}x\\y\\z\end{pmatrix}$;

(3) $f=(x_1,x_2,x_3,x_4)\begin{pmatrix}1&-1&2&-1\\-1&1&3&-2\\2&3&1&0\\-1&-2&0&1\end{pmatrix}\begin{pmatrix}x_1\\x_2\\x_3\\x_4\end{pmatrix}$.

14. (1) 于是正交变换为

$$\begin{pmatrix}x_1\\x_2\\x_3\end{pmatrix}=\begin{pmatrix}1&0&0\\0&\frac{1}{\sqrt{2}}&-\frac{1}{\sqrt{2}}\\0&\frac{1}{\sqrt{2}}&\frac{1}{\sqrt{2}}\end{pmatrix}\begin{pmatrix}y_1\\y_2\\y_3\end{pmatrix}$$

且有

$$f=2y_1^2+5y_2^2+y_3^2$$

(2) 于是正交变换为

$$
\begin{pmatrix} x_1 \\ x_2 \\ x_3 \\ x_4 \end{pmatrix} = \begin{pmatrix} \frac{1}{2} & \frac{1}{2} & \frac{1}{\sqrt{2}} & 0 \\ -\frac{1}{2} & \frac{1}{2} & 0 & \frac{1}{\sqrt{2}} \\ -\frac{1}{2} & -\frac{1}{2} & \frac{1}{\sqrt{2}} & 0 \\ \frac{1}{2} & -\frac{1}{2} & 0 & \frac{1}{\sqrt{2}} \end{pmatrix} \begin{pmatrix} y_1 \\ y_2 \\ y_3 \\ y_4 \end{pmatrix}
$$

且有

$$
f = -y_1^2 + 3y_2^2 + y_3^2 + y_4^2
$$

15. 证明略.

16. (1) 负定;(2) 正定.

17. 证明略.

18. 证明略.

参考文献

[1] 同济大学数学系. 线性代数[M]. 北京:高等教育出版社, 2003.
[2] 孔繁亮. 线性代数[M]. 哈尔滨:哈尔滨工业大学出版社, 1994.
[3] 武汉大学数学系. 线性代数[M]. 北京:人民教育出版社, 1987.
[4] 谢邦杰. 线性代数[M]. 北京:人民教育出版社, 1988.
[5] 吴赣昌. 线性代数[M]. 北京:中国人民大学出版社, 2006.
[6] 中国人民大学数学系. 线性代数[M]. 北京:中国人民大学出版社, 2002.

读者反馈表

尊敬的读者：

您好！感谢您多年来对哈尔滨工业大学出版社的支持与厚爱！为了更好地满足您的需要，提供更好的服务，希望您对本书提出宝贵意见，将下表填好后，寄回我社或登录我社网站（http://hitpress.hit.edu.cn）进行填写。谢谢！您可享有的权益：

☆ 免费获得我社的最新图书书目　　☆ 可参加不定期的促销活动

☆ 解答阅读中遇到的问题　　☆ 购买此系列图书可优惠

读者信息

姓名__________　□先生　□女士　年龄_______　学历_______

工作单位____________________________　职务__________

E-mail ______________________________　邮编__________

通讯地址__________________________________

购书名称__________________________　购书地点__________________________

1. 您对本书的评价

内容质量　□很好　□较好　□一般　□较差

封面设计　□很好　□一般　□较差

编排　□利于阅读　□一般　□较差

本书定价　□偏高　□合适　□偏低

2. 在您获取专业知识和专业信息的主要渠道中，排在前三位的是：

①__________　②__________　③__________

A. 网络 B. 期刊 C. 图书 D. 报纸 E. 电视 F. 会议 G. 内部交流 H. 其他：________

3. 您认为编写最好的专业图书（国内外）

书名	著作者	出版社	出版日期	定价

4. 您是否愿意与我们合作，参与编写、编译、翻译图书？

____

5. 您还需要阅读哪些图书？

____

网址：http://hitpress.hit.edu.cn

技术支持与课件下载：网站课件下载区

服务邮箱 wenbinzh@hit.edu.cn　duyanwell@163.com

邮购电话 0451－86281013　0451－86418760

组稿编辑及联系方式　赵文斌（0451－86281226）　杜燕（0451－86281408）

回寄地址：黑龙江省哈尔滨市南岗区复华四道街10号　哈尔滨工业大学出版社

邮编：150006　传真 0451－86414049